Deepen Your Mind

前言

當前，我們正面臨著一場前所未有的科技革命，以巨量資料、人工智慧、5G、雲端運算等為代表的新興技術正在推動人類社會向數位化、智慧化轉變。隨著新一代資訊技術應用的不斷發展和深化，數位基礎設施建設的承載需求也與日俱增，資料量的激增導致資料的傳輸、計算和儲存都面臨著巨大的挑戰。同時，在各領域中，不同的應用場景都面臨著其獨特的資料處理需求。舉例來説，在邊緣和嵌入式裝置中，支持低耗電、小尺寸和低成本的設計非常重要；在網路應用中，需要應對最高資料流量和乙太網速度；在資料中心，則需要提供高頻寬、低延遲時間計算加速。面對上述需求及挑戰，FPGA 以其獨特的性能和優勢恰好可為企業提供極具競爭力的解決方案。

FPGA 具備出色的靈活性和低延遲時間性，能夠透過改變和重組邏輯電路的方式滿足不同應用場景的資料處理和加速需求。高性能和高效率不僅能最佳化企業的產品和解決方案性能，還能加快從研發到上市的處理程序，以化解市場需求不確定性所帶來的風險等。5G、人工智慧、資料中心和工業網際網路等是新基礎建設的重要組成部分，而FPGA 以其靈活性、可程式化、低延遲時間及低耗電的特性，恰恰是這些領域中需要的核心技術之一，在這樣的熱潮下，FPGA 也將迎來前所未有的發展機遇。

本書作為英特爾 FPGA 創新中心系列叢書之一，以提高開發人員的FPGA 技術知識和應用能力為目標，圍繞 FPGA 技術基礎篇、FPGA 開發方法篇及 FPGA 人工智慧應用篇三大板塊進行説明，以 FPGA 核心知識為基礎、設計方法為重要內容，結合 FPGA 在人工智慧領域的應用實踐，用充實的案例幫助讀者瞭解和掌握 FPGA 技術及應用。本書分為三個部分，共計 11 章，具體內容如下。

第一部分內容貫穿了 FPGA 的基礎知識及開發流程。首先，介紹了 FPGA 的基本概念和入門知識，從 FPGA 的抽象化解釋，到 FPGA 如何從早期的邏輯門元件，演變為當前的現場可程式化邏輯閘陣列的整個發展歷程，讓讀者明白 FPGA 的概念及特點。其次，介紹了 FPGA 的內部結構，進一步解讀 FPGA 的晶片內建資源，包括查閱資料表、可程式化暫存器、自我調整邏輯模組、內部儲存模組和時脈網路等，讓讀者能夠從 FPGA 的最基本邏輯單元和最底層結構的角度加深對 FPGA 的瞭解。然後，介紹了 FPGA 的 Verilog HDL 語言開發方法，包括基本語法，如 if-else 敘述、case 敘述等和進階開發技巧，如鎖相器和暫存器的區別、阻塞與非阻塞的區別，並且根據編碼器、解碼器、雙向暫存器和上浮排序等實例具體介紹 Verilog HDL 語言的開發。最後，介紹了 FPGA 在 Quartus Prime 軟體中的開發流程，結合 FPGA 基礎知識、FPGA 的內部結構及 Verilog 硬體描述語言系列內容，形成了一個基本的 FPGA 開發知識系統。

第二部分內容主要介紹了 FPGA 開發方法和工具，在對第一部分內容進行深化的同時，進一步介紹了針對軟體工程師的 FPGA 開發方法。首先，介紹了 FPGA 傳統開發過程中使用到的分析與偵錯工具，如綜合工具、約束工具、時序分析工具、偵錯工具等，介紹了編譯報告和網路表查看工具。其次，介紹了基於 FPGA 的可程式化系統單晶片（SOPC）的建構方法及其軟硬體的開發流程，介紹了 IP 核心與 Nios 處理器。然後，介紹了使用高層次綜合設計的 FPGA 設計工具 HLS 進行 FPGA 開發的方法，包括基於 HLS 的開發流程、程式最佳化、Modelsim 模擬及 HLS 多種介面的使用場景分析。最後，介紹了在異質計算場景下，如何使用 OpenCL 進行 FPGA 開發的方法，包括主機端和裝置端的程式編寫。

第三部分內容作為 FPGA 開發的擴充，主要介紹 FPGA 在人工智慧領域的應用。首先，介紹了人工智慧的發展歷史和深度學習技術的基礎，包括常用的深度學習網路模型和程式設計框架。其次，介紹了深度學習的概念、基本組成及深度學習的應用挑戰，包括神經網路基本組成、常見的神經網路模型和資料集。最後，以電腦機器視覺為例，介紹了如何使用英特爾 OpenVINO 工具在英特爾 FPGA 上部署深度學習推理計算。

關於本書涉及的 FPGA 內容，讀者可以直接存取 www.intel.com.cn 和 www.fpga-china.com 獲取線上影片、遠端 FPGA 加速資源等豐富的學習和開發資源。

鑑於筆者學識有限，本書內容可能有不足之處，懇請讀者們不吝賜教。

張瑞

目錄

第一部分
FPGA 技術基礎篇

01 FPGA 的特點及其歷史

1.1 無處不在的 FPGA 1-1

1.2 創造性地解釋 FPGA 1-3

   1.2.1 珠串法 1-3

   1.2.2 樂高積木法 1-4

1.3 FPGA 的可訂製性 1-5

1.4 早期的邏輯功能實現 1-6

   1.4.1 數位設計與 TTL 邏輯1-7

   1.4.2 從 TTL 到可程式化
邏輯 1-9

1.5 可簡單程式設計邏輯元件
（PAL）.................................1-10

   1.5.1 可程式化陣列邏輯
優勢 1-11

   1.5.2 PAL 程式設計技術.....1-12

1.6 可程式化邏輯元件（PLD）...1-14

1.7 複雜可程式化邏輯元件
（CPLD）...............................1-15

   1.7.1 普通 CPLD 邏輯區塊
的特點 1-16

   1.7.2 CPLD 的一般優勢......1-17

   1.7.3 非揮發性 FPGA..........1-17

1.8 現場可程式化邏輯閘陣列
（FPGA）..............................1-19

02 FPGA 架構

2.1 FPGA 全晶片架構 2-1

2.2 FPGA 邏輯陣列模組 2-3

   2.2.1 查閱資料表（LUT）...2-4

   2.2.2 可程式化暫存器 2-5

   2.2.3 LABs 和 LE：更進一
步的觀察 2-7

   2.2.4 自我調整邏輯模組
（ALM）......................2-9

2.3 FPGA 嵌入式儲存 2-10

   2.3.1 儲存資源的利用 2-10

   2.3.2 M9K 資源介紹...........2-11

2.4 時脈網路 2-13

   2.4.1 FPGA 時脈架構.........2-13

   2.4.2 PLL（鎖相迴路）........2-15

2.5 DSP 模組 2-15

2.6 FPGA 佈線 2-16

2.7 FPGA 程式設計資源 2-17

2.8 FPGA I/O 元件 2-18

   2.8.1 典型的 I/O 元件邏輯..2-19

   2.8.2 高速收發器 2-20

2.9 英特爾 SoC FPGA 2-21

03 Verilog HDL

3.1 Verilog HDL 概述 3-1

   3.1.1 Verilog HDL 的介紹 ...3-1

   3.1.2 Verilog HDL 的發展
歷史 3-2

3.1.3 Verilog HDL 的相關
術語 3-4

3.1.4 Verilog HDL 的開發
流程 3-6

3.2 Verilog HDL 基礎知識 3-8

3.2.1 程式結構 3-8

3.2.2 程式實例 3-9

3.2.3 資料類型 3-10

3.2.4 模組實體化 3-12

3.2.5 運算子 3-14

3.3 Verilog HDL 的基本語法 3-19

3.3.1 if-else 敘述 3-19

3.3.2 case 敘述 3-20

3.3.3 for 迴圈 3-21

3.3.4 Verilog HDL 常用
關鍵字彙總 3-22

3.4 Verilog HDL 進階基礎知識 ..3-24

3.4.1 阻塞與非阻塞的區別 .3-24

3.4.2 assign 敘述和 always
敘述的區別 3-27

3.4.3 鎖相器與暫存器的
區別 3-28

3.4.4 狀態機 3-29

3.5 Verilog HDL 開發實例篇 3-34

3.5.1 漢明文編碼器 3-34

3.5.2 數位管解碼器 3-40

3.5.3 雙向移位暫存器 3-42

3.5.4 上浮排序 3-46

04 Quartus Prime 基本開發流程

4.1 Quartus Prime 軟體介紹 4-2

4.1.1 英特爾 FPGA 軟體與
硬體簡介 4-2

4.1.2 Quartus Prime 標準版
設計軟體簡介 4-4

4.1.3 Quartus Prime 主視窗
介面 4-6

4.1.4 Quartus Prime 預設作
業環境 4-7

4.1.5 Quartus Prime主工具列4-8

4.1.6 Quartus Prime 內建
說明系統 4-10

4.1.7 Quartus Prime 可分離
的視窗 4-10

4.1.8 Quartus Prime 任務
視窗 4-11

4.1.9 Quartus Prime 自訂
任務流程 4-12

4.2 Quartus Prime 開發流程 4-14

4.2.1 典型的 FPGA 開發
流程 4-14

4.2.2 創建 Quartus Prime
專案 4-17

4.2.3 設計輸入 4-25

4.2.4 編譯 4-33

4.2.5 分配接腳 4-38

4.2.6 模擬 4-40

4.2.7 元件設定 4-41

4.3 實驗指導 4-46

4.3.1 流水燈實驗 4-46

4.3.2 按鍵實驗 4-58

4.3.3 PLL 實驗 4-67

第二部分 FPGA 開發方法篇

05 FPGA 設計工具

5.1 編譯報告 5-1

   5.1.1 原始檔案讀取報告 5-3

   5.1.2 資源使用報告 5-4

   5.1.3 動態綜合報告 5-6

5.2 網路列表查看工具 5-6

   5.2.1 RTL Viewer 5-7

   5.2.2 Technology Map Viewer 5-8

   5.2.3 State Machine Viewer..5-10

5.3 物理約束 5-11

   5.3.1 物理約束設計 5-11

   5.3.2 Assignment Editor.......5-12

   5.3.3 QSF 檔案設定..............5-14

5.4 時序分析工具 5-17

   5.4.1 TimeQuest Timing Analyzer 的 GUI 圖形 互動介面 5-17

   5.4.2 任務面板（Tasks）......5-18

   5.4.3 創建時序資料庫 （Netlist Setup ）............5-19

   5.4.4 常用的約束報告 5-20

   5.4.5 報告面板（Report Pane）.........................5-21

   5.4.6 時序異常 （Exceptions ）...............5-22

   5.4.7 關於SDC的最後説明 .5-26

5.5 耗電分析工具 5-26

   5.5.1 耗電考慮因素 5-26

   5.5.2 耗電分析工具比較 5-26

   5.5.3 EPE 試算表 5-27

   5.5.4 Power Analyzer 5-29

5.6 晶片內建偵錯工具 5-29

   5.6.1 Quartus Prime 軟體中 的晶片內建偵錯工具.5-30

   5.6.2 Signal Probe Pin（訊 號探針）......................5-32

   5.6.3 SignalTap II 嵌入式邏 輯分析儀 5-34

06 基於英特爾 FPGA 的 SOPC 開發

6.1 SOPC 技術簡介 6-1

6.2 IP 核心與 Nios 處理器 6-2

   6.2.1 基於 IP 硬核心的 SOPC 6-3

   6.2.2 基於 IP 軟核心的 SOPC 6-5

6.3 建構 SOPC 系統 6-6

   6.3.1 Platform Designer........6-6

   6.3.2 SOPC 設計工具 6-9

6.4 SOPC 開發實戰 6-10

   6.4.1 SOPC 系統設計 6-10

   6.4.2 SOPC 硬體設計 6-11

   6.4.3 SOPC 軟體設計 6-32

07 基於英特爾 FPGA 的 HLS 開發

7.1 HLS 的基本概念.....................7-1

7.2 HLS 的基本開發流程............7-2

7.2.1 HLS 的安裝 7-3

7.2.2 核心演算法程式.........7-4

7.2.3 功能驗證 7-4

7.2.4 生成硬體程式............7-5

7.2.5 模組程式最佳化........7-8

7.2.6 HLS 的 Modelsim
模擬 7-12

7.2.7 整合 HLS 程式到
FPGA 系統.................7-13

7.2.8 HDL 實體化................7-14

7.2.9 增加 IP 路徑到 Qsys
系統 7-15

7.3 HLS 的多種介面及其使用
場景 7-17

7.3.1 標準介面 7-18

7.3.2 隱式的 Avalon MM
Master 介面 7-19

7.3.3 顯性的 Avalon MM
Master 介面 7-22

7.3.4 Avalon MM Slave
介面 7-24

7.3.5 Avalon Streaming介面 7-29

7.4 HLS 簡單的最佳化技巧........7-31

**08 基於英特爾 FPGA 的
OpenCL 異質技術**

8.1 OpenCL 基本概念.................8-1

8.1.1 異質計算簡介 8-1

8.1.2 OpenCL 基礎知識 8-3

8.1.3 OpenCL 語言簡介 8-7

8.2 基於英特爾 FPGA 的
OpenCL 開發環境..................8-11

8.2.1 英特爾 FPGA 的
OpenCL 解決方案 8-11

8.2.2 系統要求 8-14

8.2.3 環境安裝 8-15

8.2.4 設定環境變數 8-15

8.2.5 初始化並檢測
OpenCL 環境 8-16

8.3 主機端 Host 程式設計...........8-18

8.3.1 建立 Platform 環境......8-18

8.3.2 創建 Program 與
Kernel 8-21

8.3.3 Host與Kernel的互動...8-23

8.3.4 OpenCL 的核心執行 ..8-26

8.3.5 Host 端程式範例 8-28

8.4 裝置端 Kernel 程式設計
流程 8-29

8.4.1 Kernel 編譯 8-30

8.4.2 功能驗證 8-35

8.4.3 靜態分析 8-37

8.4.4 動態分析 8-38

**第三部分
人工智慧應用篇**

09 人工智慧簡介

9.1 FPGA 在人工智慧領域的
獨特優勢 9-1

9.1.1 確定性低延遲 9-2

9.1.2 靈活可設定 9-3

9.1.3 針對卷積神經網路的
特殊最佳化 9-4

9.2 人工智慧的概念 9-4

9.3 人工智慧的發展史 9-6

9.3.1 早期的興起與低潮 9-6

9.3.2 人工智慧的誕生 9-7

9.3.3 人工智慧的「冬天」...9-7

9.3.4 交換學科的興起 9-8

9.3.5 雲端運算與巨量資料
時代的來臨 9-8

9.4 人工智慧的應用 9-9

9.4.1 智慧決策 9-9

9.4.2 最佳路徑規劃 9-9

9.4.3 智慧計算系統 9-10

9.5 人工智慧的限制 9-11

9.6 人工智慧的分類 9-11

9.6.1 弱人工智慧 9-11

9.6.2 強人工智慧 9-12

9.6.3 超人工智慧 9-12

9.7 人工智慧的發展及其基礎 9-13

9.7.1 矩陣論 9-14

9.7.2 應用統計 9-15

9.7.3 回歸分析與方差分析 .9-15

9.7.4 數值分析 9-16

10 深度學習

10.1 深度學習的優勢 10-1

10.2 深度學習的概念 10-4

10.3 神經網路的基本組成 10-6

10.3.1 神經元的基本原理 10-6

10.3.2 全連接神經網路 10-8

10.3.3 卷積神經網路 10-9

10.3.4 常見的卷積神經網路 .10-13

10.4 常見的深度學習資料集 10-14

10.5 深度學習的應用挑戰 10-16

11 基於英特爾 FPGA 進行深度學習推理

11.1 視訊監控 11-1

11.2 視覺系統架構 11-2

11.2.1 物理特徵的捕捉 11-3

11.2.2 前置處理 11-3

11.2.3 進階處理 11-4

11.3 電腦視覺的常見任務 11-5

11.3.1 圖形圖型分割 11-6

11.3.2 物件檢測 11-7

11.3.3 物件分類 11-7

11.3.4 臉部辨識 11-8

11.3.5 其他任務 11-9

11.4 電腦視覺的基礎 11-11

11.4.1 深度學習框架 11-11

11.4.2 OpenCL 11-12

11.4.3 OpenCV 11-13

11.4.4 OpenVINO 11-14

11.5 使用 OpenVINO 工具在英特爾 FPGA 上部署深度學習推理應用 11-15

11.5.1 OpenVINO 工具 11-15

11.5.2 點對點機器學習 11-17

11.5.3 OpenVINO 安裝 11-18

11.5.4 模型最佳化器 11-20

11.5.5 推理引擎 11-27

第一部分

FPGA 技術基礎篇

Chapter
01 | FPGA 的特點及其歷史

1.1 無處不在的 FPGA

隨著技術發展和科技產業對計算任務需求的提高，作為具備高性能、低耗電特點的晶片，FPGA 在諸多領域的關鍵環節獲得了廣泛應用。在通訊與影片影像處理領域，通常利用 FPGA 的低延遲時間及管線平行的特點來做即時編解碼處理；在消費、汽車及醫療器械等領域，FPGA可以提供靈活可程式化的解決方案；在半導體晶片設計領域，使用FPGA 對晶片功能進行原型驗證也是不可或缺的環節。為滿足來自不同產業不同背景開發人員的需求，英特爾提供了從硬體描述語言到進階綜合設計等多種開發工具，包括 Quartus Prime、HLS 與 OpenCL 等。這些開發工具能夠滿足各種應用場景的各種需求，極大地降低了 FPGA的開發難度，縮短了 FPGA 的開發週期。

近年來，隨著半導體設計、製造和封測技術的發展，FPGA 元件得到快速發展。以英特爾最新的 FPGA 元件 Agilex 為例（如圖 1-1 所示），晶片設計基於第二代英特爾® Hyperflex™ FPGA 架構，製程製程採用業內領先的 10nm 製程技術；封裝方法採用 3D 系統級封裝（SiP）技術。與前一代的 Stratix 10 系列相比，Agilex 的性能提高 40%，耗電降低40%，運算速度提升到了 40TFlops。此外，Agilex 支援 HBM 記憶體與DDR5 記憶體，提供了頻寬高達 112Gbit/s 的高速收發器。

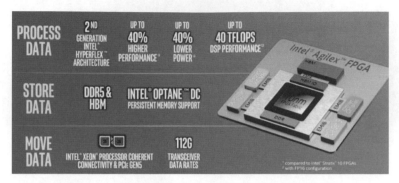

圖 1-1 採用異質 3D 封裝技術的 Agilex FPGA

作為半導體產業最重要的產品之一，FPGA 已經擁有 30 多年的歷史，
為各種產業應用提供優秀的解決方案。從高畫質電視到手機基地台，
再到銀行自動櫃員機，以可程式化邏輯裝置形式存在的數位邏輯為我
們日常生活提供便利。從保全領域的視訊監控到網路通訊技術，FPGA
像工作在晶片內建的交通管理員一樣，控制並處理著各種資料流程。
可程式化邏輯的使用範圍參見圖 1-2。

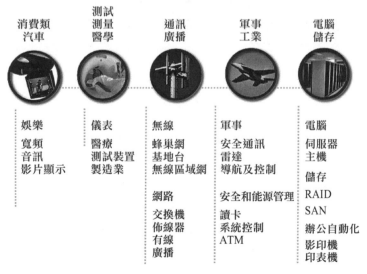

圖 1-2 可程式化邏輯的使用範圍

從系統工作方式的控制到資料訊號的處理，它就像電腦處理器一樣無處不在。但這究竟是什麼樣的技術呢？為什麼這種可程式化的積體電路能夠運用如此廣泛呢？它有什麼神奇的地方？本書將透過嚴謹的理論和生動的語言幫助讀者瞭解 FPGA 的強大之處，同時針對 FPGA 的各種開發方式進行深入剖析。

1.2 創造性地解釋 FPGA

在上一節初步介紹 FPGA 後，你可能還是不太清楚它到底有什麼特別的地方，到底為何能應用在各種場景裡。與其相關的一些專有名詞聽起來也比較抽象，似乎只有經驗豐富的工程師才能真正瞭解。

其實，並不是這樣的！在這一節，我們將使用通俗易懂的方式來說明 FPGA 是怎樣工作的。我們可以把 FPGA 比作專案中的珠串，甚至可以把 FPGA 比作樂高積木。

那麼我們在專案中，設計數位電子系統時，使用「珠串」和「樂高積木」可以做什麼呢？

1.2.1 珠串法

利用珠串法，設計人員可以使用細繩把小珠串起來，得到一種最好的控制模式，一種漂亮的、複雜的模式。但是這種細珠控制模式成本較高，模式不易改變，除非取消所有工作，一切從頭開始。當你將珠串映射到數位電子設計中時，這種設計就與 ASIC 或 ASSP 十分類似。

想像一下，使用不同顏色的珠子，按照不同的順序用線將珠子字串成一個珠飾品；使用這些簡單的部件，可以串成任何類型珠飾品；根據珠子的數量、顏色和排列順序由簡單到複雜。圖 1-3 所示為用簡單的珠子字串成的珠飾作品——熊貓。

圖 1-3　珠飾作品——熊貓

假設珠子代表暫存器和邏輯門，細繩代表導線，如同珠子和細繩一樣，使用上述 3 種元件可以製成一個系統——非常複雜的各種計算系統。可以假設不同顏色的珠子代表不同類型的邏輯門，如及閘、或閘、反閘，當使用細線將不同顏色的普通珠子按照不同順序串起來時，這些簡單的演算法運算就會變成複雜的計算。

按照不同的順序排列珠子可以串成漂亮的飾品，但是當你想透過重新排列這些珠子，或改變珠子顏色將串好的飾品改成其他東西時，會發生什麼呢？這時會變得有點複雜。在你想改變珠飾品時，必須解開所有細繩才能重新排列珠子。但是，很快你就會發現，這些細繩繫得非常緊，根本無法取消部分設計，必須打破整個設計，才能稍微改變排列模式。

1.2.2　樂高積木法

樂高積木法與珠串法稍微有所不同。樂高積木比較大、厚實，只能透過積木上的某些連接點才能疊起來。使用樂高積木法，可以很容易地改變一小部分設計，且不用全部拆散後再重新開始疊。雖然樂高積木設計得沒有珠串飾品美觀、複雜，但是可以不用推倒整個積木重新開始疊就能改變部分設計，由此為我們提供了一種數位電路設計方法：FPGA。

如圖 1-4 所示為一位名叫 Marshal Banana 的星戰迷，他花費一年時間用 7500 塊樂高積木堆出了經典太空船——Millennium Falcon。

圖 1-4　太空船——Millennium Falcon

同理，我們也可以使用樂高積木建造一個桌子，建構一個漂亮的數位系統，假設一些積木塊代表邏輯門，一些積木塊代表暫存器，剩餘的是連接二者的導線。

現在，假設有人告訴你，他想更改桌子的右下角，或改變樂高積木的顏色。因為樂高積木塊都是可互相連接的，他可以輕而易舉地把右下角的積木塊換成不同的樂高積木塊。而桌子剩餘的樂高積木塊保持不變，這樣你無須重新進行整體設計，就可以改變其中的一小部分。

1.3 FPGA 的可訂製性

透過前面小節的說明，對 FPGA 應該有了一些抽象的認識。本小節將結合實際的硬體電路系統，進一步說明 FPGA 的可訂製性。我們首先來看看傳統典型的系統設計方案，如圖 1-5 所示，這是一塊帶有許多晶片的電路板，如 CPU、I/O 介面晶片、Flash、SDRAM 記憶體、DSP 晶片和 FPGA 晶片。

該方案因為包含所有的這些晶片，所以電路必須有較大的面積，這就增加了設計成本和複雜性。是否可以在一個晶片中同時包含 CPU、I/O 控制和 DSP 處理核心呢？當然，這正是可程式化邏輯做的事情，如圖 1-6 所示，利用 FPGA 內部的各種邏輯資源，可以在單一 FPGA 晶片內架設一個系統單晶片，包括 CPU、DSP、I/O 控制邏輯，以及其他功能演算法邏輯，就如同架設樂高積木一樣。

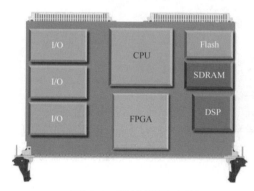 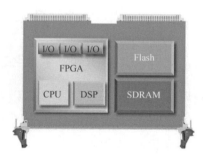

圖 1-5　傳統電路方案　　　圖 1-6　可程式化邏輯替換外部裝置

1.4 早期的邏輯功能實現

我們再來看 FPGA 是如何從最早期的邏輯元件發展而來的。早期的數位邏輯設計要求設計人員在電路板或麵包板上使用多個晶片連接在一起，類似此處所示。每個晶片包括一個或多個邏輯門（如 NAND、AND、OR 或反相器）或簡單的邏輯結構（如觸發器或多工器）。20 世紀 60 年代、70 年代的許多設計都是使用流行的德州儀器 7400 系列 TTL 元件或電晶體 - 電晶體邏輯元件建構的。如圖 1-7 所示的是透過

7400 系列的 TTL 元件設計的 LED 燈顯示電路，該設計使用了 11 個 TTL 晶片才實現了一個簡單的功能。

圖 1-7 早期的數位邏輯電路

在使用 TTL 元件進行設計時，我們的目標通常是盡可能少地使用晶片，以降低成本並最大限度地縮小電路板空間，還必須考慮當前的裝置庫存。舉例來説，如果沒有可用的 OR 門，是否可以調整設計以使用 NAND 門，這可能會減少元件容量，並提高性能嗎？這些類型的「最佳化」有時需要對邏輯函數方程式進行複雜的操作並進行驗證，以確保更改不會影響設計的基本功能。

1.4.1 數位設計與 TTL 邏輯

看一下邏輯設計創建的基本流程，就可以看到它是如何完成對應功能的。邏輯函數從創建真值表（如圖 1-8 所示）開始，真值表列出了邏輯的所有可能輸入，以及相關輸出應該與某些輸入組合的內容。對於 n 個輸入，有 2^n 種可能的輸入組合，必須將它們考慮在內。

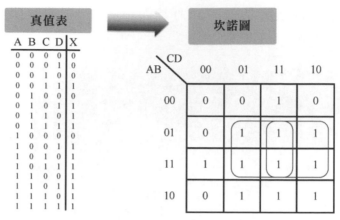

圖 1-8　真值表

透過真值表，我們可以創建坎諾圖，如圖 1-8（右圖）所示。坎諾圖根據行和列組織的輸入將可能的輸出組織成網格。當輸入組合產生 1 的輸出時，它被稱為最小項。將最小項放置在網格中的適當位置，以匹配真值表中定義的輸出。

一旦在坎諾圖中輸入所有的最小項，就可以在最小項周圍繪製方框，以簡化所需的輸入組合。利用這些方框可以輕鬆創建更加簡化的邏輯運算式，即所謂的坎諾圖化簡。

坎諾圖上的每個框都包含 1 個或多個最小項。採用每個框的公共輸入，我們可以為函數創建一個邏輯運算式作為「乘積之和」。每個乘積對應一個 AND 門，它使用對應的輸入創建正確的輸出。舉例來說，當 A 和 B 均為 1 時，輸出始終為 1，因此表達項包含在運算式中。

要在硬體中直接實現圖 1-9 這個功能，我們需要 6 個雙輸入 AND 門、一個六輸入 OR 門，如果想要同步輸出，還需要一個輸出暫存器或觸發器。在 TTL 元件中，一般不提供六輸入 OR 門，因此需要串聯更小的 OR 門，但這會增加延遲和元件數。

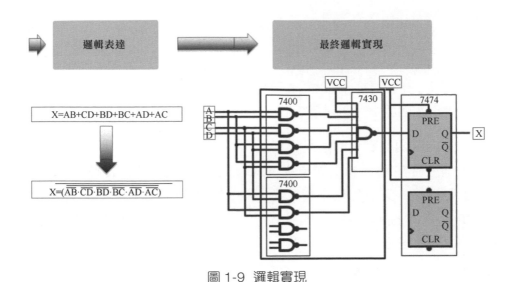

圖 1-9　邏輯實現

1.4.2　從 TTL 到可程式化邏輯

邏輯實現的一般特徵：

（1）乘積和 AND-OR 門（組合邏輯）；

（2）儲存結果（暫存器輸出）；

（3）連線資源。

設想一下：

（1）將邏輯功能固定（如 TTL 元件），但是它們組合到一個裝置裡將怎樣？

（2）佈線（路由）連接透過某種方式控制（程式設計）將怎麼樣？

一般來說大多數邏輯函數可以使用上節範例中的方法簡化為乘積和。這些功能可以使用兩級組合邏輯來實現：AND 門用於創建乘積，OR 門用於將乘積相加。同時，在一些應用中，也需要在輸入端加入反相器以實現特定的邏輯功能。

要儲存輸出或將輸出同步到其他輸出，需要使用暫存器。如果不需要儲存或同步，則可以繞過暫存器。

使用 TTL 邏輯元件，可以將這些獨立的元件連接在一起，元件可以放在實驗室麵包板上，也可以透過印刷電路板上銅質走線來進行連接。

考慮到邏輯函數實現的通用化實現，如果可以將這些門和暫存器組合到一個元件中會怎樣？如果從 AND 門到 OR 門和從 OR 門到暫存器有固定連接，又會怎樣呢？更進一步，如果有一種方法可以對輸入與 AND 門之間的連接進行程式設計，從而決定應該使用哪些輸入以及在哪裡使用這些輸入，又會怎樣呢？

1.5 可簡單程式設計邏輯元件（PAL）

隨著技術的發展，早期的邏輯功能元件需要實現最簡單的可程式化邏輯，並需要將邏輯門和暫存器固定起來，以及能提供控制可程式化的積與陣列和輸出的功能，如此，第一個可程式化陣列邏輯（PAL）裝置出現。

PAL 有 3 個主要部分，這 3 個部分被複製（replicated）多次以形成完整的 PAL 裝置。可程式化陣列如圖 1-10 所示，選擇所需的輸入並佈線到所需的 AND 門，形成有效的 AND 操作。

及閘的輸出形成乘積項，乘積項透過 OR 門生成最終的乘積之和函數輸出，然後透過暫存器進行儲存或同步輸出。PAL 的這一部分通常被稱為巨晶元。雖然在這個基本的 PAL 中沒有顯示，但是有些 PAL 包含了一些選項，用於將回饋輸入陣列以實現更複雜的功能，或完全繞過輸出暫存器來創建非同步輸出。

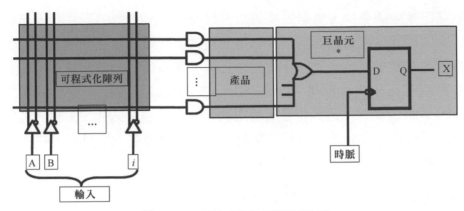

圖 1-10 可程式化陣列邏輯裝置

應當注意的是，在當前大多數裝置中，所有這 3 個部分共同組成了所謂的巨晶元。這通常是 CPLD 晶片的形態，我們稍後會看到。

1.5.1 可程式化陣列邏輯優勢

可程式化陣列邏輯具有以下優勢：

（1）需要的裝置更少；
（2）更少的電路板；
（3）降低成本；
（4）省電；
（5）更容易測試和偵錯；
（6）設計安全（防止逆向工程）；
（7）設計靈活；
（8）自動化工具簡化並整合了設計流程；
（9）系統內可重程式設計性（在某些情況下）。

綜上所述，這種元件的優點是顯而易見的。由於單一元件中包含更多邏輯，因此電路板上需要的元件更少。更少的裝置表示實現邏輯所需的電路板空間更少，這些區域可放置其他元件。更少的元件也表示更低的整體成本和更低的耗電。它還使測試和偵錯邏輯功能變得更加容易，因為連接不再分散在多個元件之間，其中任何一個元件都可能發生接線不正確或被損壞。PAL 還可以提供設計安全性，使用單獨的 7400 系列的元件，透過查看所使用的元件及其連接方式，對設計進行逆向工程是一件簡單的事情，但使用 PAL，由於整個設計包含在一個裝置中，逆向工程變得非常困難。

PAL 還提供了極大的設計靈活性，允許設計人員使用單一類型的元件創建許多不同的設計，而無須擔心邏輯的可用性。這種靈活性看起來使可程式化邏輯設計實現起來更加複雜，但是豐富的自動化設計工具使得該過程更加簡單，耗時更少。

也許 PAL 最大的優勢之一是它支援系統內可程式化性和可重程式設計性的能力，這使得在不更換電路板元件的情況下很容易修復錯誤或更新設計。下面介紹如何程式設計或重新程式設計 PAL。

1.5.2　PAL 程式設計技術

陣列交換處的浮柵電晶體在施加程式設計電壓後設定為永不導通。

早期 PAL 元件程式設計乃至當前快閃記憶體技術的關鍵，在於可程式化陣列中用於導線交換口的特殊電晶體，如圖 1-11 所示。這些特殊的電晶體被稱為浮柵電晶體，因為它們包含第二個柵極，該柵極基本上漂浮在標準選擇柵極和元件襯底的其餘部分之間。浮柵電晶體最常見的兩種類型是 FAMOS 浮柵雪崩注入 MOS 電晶體和 FLOTOX 浮柵隧道氧化物電晶體。

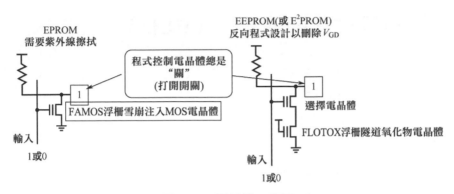

圖 1-11　電晶體示意圖

在沒有任何程式設計的情況下，兩種類型的電晶體都表現得像標準的 N 型電晶體：當電壓施加到柵極時，電晶體源極和漏極導通，具有指定的輸入和輸出。兩種類型的電晶體都以類似的方式程式設計，在漏極和柵極之間施加足夠的程式設計電壓時，電子在浮柵上被「卡住」，即使標準工作電壓施加到選擇柵極，也會阻止電晶體導通。因此，對浮柵電晶體進行程式設計會使電晶體始終處於「關閉」狀態，本質上是一個開路開關。FLOTOX 電晶體需要額外地選擇電晶體，因為未程式設計的 FLOTOX 電晶體有時表現得像 P 型電晶體，當柵極接地時導通。選擇電晶體可以防止這種情況發生。

兩種類型的浮柵電晶體之間的主要區別在於它們是如何程式設計和重新程式設計的。FAMOS 電晶體需要高強度 UV 光以迫使被捕捉的電子返回到襯底中。使用 FAMOS 電晶體的元件稱為可擦拭可程式化 ROM 或 EPROM。FLOTOX 電晶體可以透過簡單地反轉漏極 - 柵極程式設計電壓來擦拭。由於 FLOTOX 電晶體可以只用電擦拭，所以它們被用來製造可擦拭可程式化 ROM 或 EEPROM。這使得它們非常適合系統內程式設計，這也是我們將要討論的一些可程式化元件的基礎。

1.6 可程式化邏輯元件（PLD）

在 CPLD 之前，只有可程式化邏輯元件（PLD）。PLD 與之前的 PAL 元件十分類似，但 PLD 增加了一些功能，使其真正可程式化且更有用。這裡展示的是早期的 PLD 晶片的部分結構示意圖，如圖 1-12 所示。該元件與可程式化陣列邏輯（PAL）元件的主要區別是，該元件包含了完全可程式化的巨晶元以及乘積項。

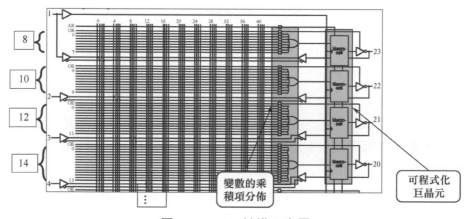

圖 1-12 PLD 結構示意圖

可變乘積項的結構比較簡單，並非每一種功能都需要使用它，但透過可變乘積項可以改變邏輯運算門數，可以更有效地利用邏輯資源實現對應功能，同時避免元件上邏輯資源的不必要浪費。

PLD 元件還有一個重要的可程式化巨晶元，它提供了以下特性：

（1）提供了許多可程式化選擇，用於如何處理乘積和功能的輸出；

（2）提供了回饋到陣列或使用輸出接腳作為輸入的能力；

（3）兩個可程式化控制訊號控制輸出選擇多工器，該輸出選擇多工器直接從組合邏輯輸出或反相輸出，或從巨晶元暫存器輸出或反相輸出；

（4）如果選擇了組合邏輯輸出，並且輸出使能未啟動，則輸出接腳將
　　　透過輸入／回饋多工器成為陣列的附加輸入。

可程式化巨晶元的這種靈活性使 PLD 成為實現邏輯功能的真正有用的
元件。從圖 1-13 中可以看到，PLD 巨晶元中的一些功能結構依然存在
於當今的很多元件中。

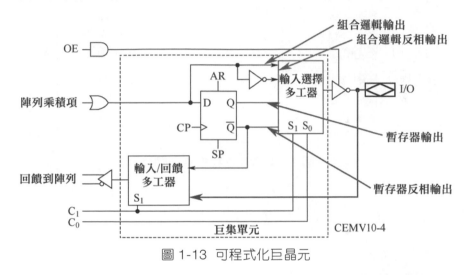

圖 1-13　可程式化巨晶元

1.7　複雜可程式化邏輯元件（CPLD）

進一步擴充 PLD 的想法，將單一元件中的多個 PLD 與可程式化互連，
和 I/O 相結合，進一步產生了 CPLD。與由多個 PAL 和巨晶元組成
PLD 的創建類似，CPLD 由多個 PLD 邏輯區塊組成，這些邏輯區塊透
過可程式化互連結構連接到 I/O 接腳並相互連接，如圖 1-14 所示。

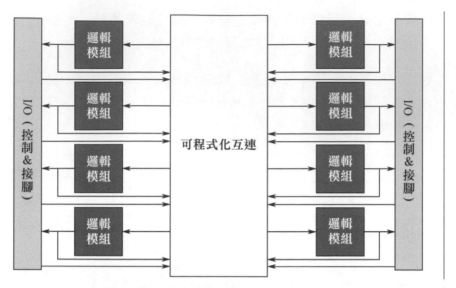

圖 1-14 CPLD 結構示意圖

1.7.1 普通 CPLD 邏輯區塊的特點

以英特爾的 CPLD 晶片 MAX7000 為例，其他型號的結構與其都十分類似。這種 CPLD 結構可分為 3 塊：巨晶元（Marocell）、可程式化連線陣列（Programmable Interconnect Array，PIA）和 I/O 控制區塊。巨晶元是 CPLD 的基本結構，由它來實現基本的邏輯功能。

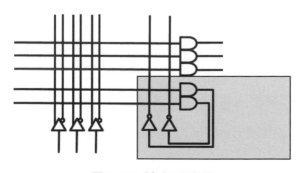

圖 1-15 擴充乘積項

一個 CPLD 晶片通常包含多個巨晶元，巨晶元的局部可程式化互連就像一個 PLD。巨晶元中的擴充乘積項邏輯以額外的延遲為代價，提供受控的乘積項分佈和擴充，如圖 1-15 所示。

1.7.2 CPLD 的一般優勢

CPLD 與 PLD 前代產品相比具有以下優勢：

（1）大量邏輯和進階可設定 I/O；
（2）可程式化佈線；
（3）高效的即開即用；
（4）低成本；
（5）非揮發性設定；
（6）可再程式設計。

在這些優勢當中，CPLD 最大的優勢是邏輯和佈線選擇的數量。LAB 邏輯和 PI 是完全可程式化的，在單一元件中提供了大量的設計靈活性。CPLD 的 I/O 特性和功能遠遠超過 PLD 上的簡單 I/O，具有更多選項，並且可以更進一步地控制 I/O 的工作方式。

與 PAL 和 PLD 一樣，CPLD 可在電路板通電時提供即時操作。它們成本低，並且只需要很少的電路板空間。它們的非揮發性 EEPROM 程式設計架構，使其成為使用系統內程式設計進行測試和偵錯的理想選擇，無須在電路板通電時進行重新程式設計。

1.7.3 非揮發性 FPGA

英特爾一直以 MAX 系列產品參與傳統的 CPLD 市場，直到 20 世紀 90 年代末，CPLD 被 FPGA 取代，取而代之的是晶片內建非揮發性設定 Flash 快閃記憶體的 FPGA，如圖 1-16 所示，如 MAX II、MAX V 和

MAX 10 裝置中的設定。MAX 系列是單晶片、非揮發性的低成本可程
式化邏輯元件（PLD），旨在整合最佳的系統元件集。這種元件具有全
功能的 FPGA 功能，以及使用者快閃記憶體（UFM）與設定快閃記憶
體（CFM），具有即時開啟與低成本的特點。

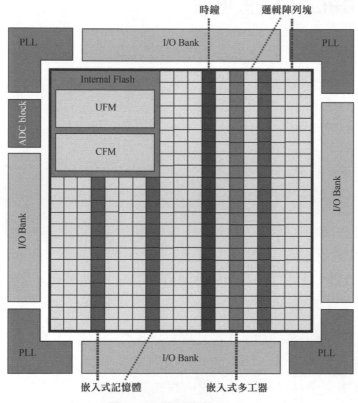

圖 1-16 非揮發性 FPGA

對於基於 SRAM 結構設計的 FPGA 而言，每次電路板通電都需要從外
部設定 FPGA。英特爾的 MAX 系列是非揮發性 FPGA，仍然是基於
SRAM 的 FPGA，但它們都在同一晶片內建包含內部快閃記憶體。內部
快閃記憶體包含使用者快閃記憶體和設定快閃記憶體。通電時，設定
快閃記憶體中包含的設定資料將被用來載入 FPGA 的設定 RAM。

非揮發性 FPGA 系列具有與傳統 CPLD 類似的特性，因為它們是即時開啟的，因此可以用作電路板上第一個啟動的元件，用於其他元件的啟動和控制，並且成本低廉。

1.8 現場可程式化邏輯閘陣列（FPGA）

早期 PLD 元件的共同特點是可以實現速度特性較好的邏輯功能，但其過於簡單的結構也使它們只能實現規模較小的電路。為了彌補這一缺陷，20 世紀 80 年代中期，Altera 公司（現已被英特爾收購，為英特爾可程式化事業部──PSG）推出了現場可程式化閘陣列 FPGA。FPGA 具有系統結構和邏輯單元靈活、整合度高以及適用範圍寬等特點，可以替代幾十塊甚至幾千塊通用 IC 晶片，這使得 FPGA 得到廣泛的關注與好評。

如圖 1-17 所示為 FPGA 典型架構，它的主要組成是邏輯單元或 LE，分佈於整個 FPGA 的網路結構當中。LE 由兩部分組成：實現組合邏輯功能（如 AND 門和 OR 門）的查閱資料表，以及實現同步邏輯的暫存器，如 D 觸發器。

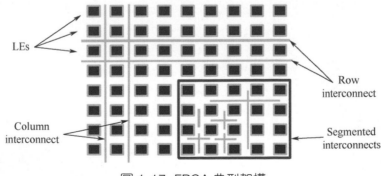

圖 1-17　FPGA 典型架構

除 LE 之外，還有其他專用硬體結構可用於實現特定功能和提高性能。這些特殊裝置資源通常在整個裝置中按列排列。一種專用資源是嵌入式記憶體，嵌入式記憶體模組可以具有不同的尺寸，並且可以串聯或並聯地串聯在一起，以實現更大的記憶體結構。

嵌入式乘法器也以列的形式排列，具有不同的形狀和大小，可以以類似的方式串聯在一起，以實現更複雜的 DSP 功能。大多數元件包括多個高速鎖相迴路或 PLL，以實現複雜的時脈結構。所有元件都包含大量使用者可選的 I/O 元件，可以放置和設定這些元件，以將 FPGA 設計連接到印刷電路板上的其他外部元件。

一些元件型號包括硬核心處理器系統 HPS，採用多核心 Arm * Cortex* 系列處理器，透過許多高速橋接器和控制訊號與 FPGA 緊密整合。HPS 的嵌入提供了兩全其美的優勢：具有軟體控制和應用級處理器性能的進階 FPGA 的硬體靈活性和可重程式設計性。

所有這些裝置資源透過可設定暫存器設定，和控制的路由結構連接在一起。路由非常靈活，確保特定設計所需的硬體能夠正確連接並滿足所有設計目標。

FPGA 架構

本章主要介紹 FPGA 的基本組成架構，以及 FPGA 內部的各種可用資源。一方面能夠加深對 FPGA 的認識，另一方面能夠為更進一步地用 FPGA 去實現複雜功能打下基礎。

2.1 FPGA 全晶片架構

如圖 2-1 所示為典型 FPGA 晶片的結構。該元件包括可程式化 I/O、可程式化邏輯、可程式化記憶體和可程式化 DSP 模組。DSP 模組透過高速乘法器和加法器邏輯執行數位訊號處理功能。圖中顯示了串列收發器模組的擴充視圖，該模組用於許多常見的高速 I/O 標準。FPGA 外部是一個設定元件，通常是一個快閃記憶體，包含 FPGA 元件中所有可程式化功能的設定。

FPGA 具有高性能、低成本的特點，它的高密度性能夠滿足創建複雜邏輯功能的需求，內部除核心的邏輯模組外還整合了各種功能與資源模組，如嵌入式儲存模組、DSP 模組、時脈網路、佈線資源、I/O 資源、高速收發器等。因此，很容易看出 FPGA 具有諸多優勢。它們在高密度封裝中包含許多使用者邏輯，可以創建從簡單到非常複雜的各種邏輯功能。FPGA 是高性能元件，較舊的可程式化邏輯元件通常不用作 ASIC 或專用邏輯晶片的替代品，因為其無法實現這些專用元件的時脈速度。

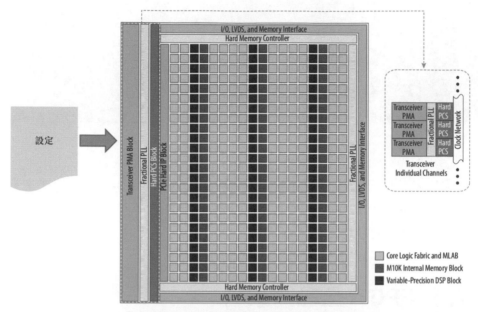

圖 2-1 典型 FPGA 晶片的結構

然而，現代 FPGA 具備了許多高速應用所需的性能，使其成為許多不同類型系統設計中經濟實惠的解決方案。FPGA 套件括不同類型的專用硬體，如記憶體或 DSP 模組，可以輕鬆地將不同功能組合到一個設計中。FPGA I/O 非常靈活，具有許多支持的 I/O 標準和功能，可針對特定應用進行訂製。利用 SRAM 程式設計單元，可以非常快速地對 FPGA 進行程式設計，這使得在通電時所需程式設計的缺點可忽略不計。

英特爾提供了不同系列的 FPGA 元件，如 MAX、Cyclone、Arria 和 Stratix 系列，以及最新的 Agilex 系列 FPGA 元件。其中，英特爾 Cyclone 系列元件是具有大量邏輯單元的低成本、高性能元件，適用於大多數中低端應用。較新的英特爾 Cyclone 元件甚至包括高速收發器，這種硬體功能通常只存在於高端裝置中。在中階市場，英特爾®Arria® 元件是成本最低的元件，包括高速收發器，其性能高於英特爾 Cyclone

收發器。英特爾 Stratix® 系列是高性能元件，具有更高的邏輯密度、高速收發器和在晶片內建創建完整系統的能力。英特爾的 Agilex 系列提供了比 Stratix 系列更高性能的 FPGA 晶片。

2.2 FPGA 邏輯陣列模組

FPGA 最核心的邏輯陣列模組由邏輯單元（LEs）或自我調整邏輯模組（ALM）組成，如圖 2-2 所示。

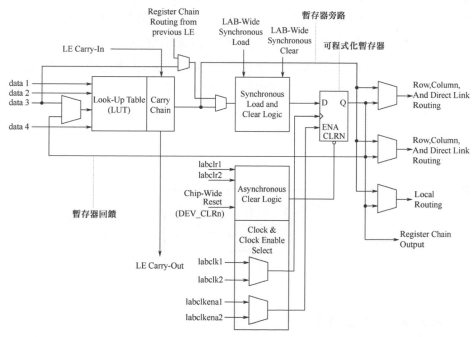

圖 2-2　FPGA 邏輯陣列模組

FPGA 與之前的 CPLD 差別很大。FPGA 邏輯陣列模組（LAB）由許多邏輯單元 LE 組成，在更進階的裝置中由自我調整邏輯模組（ALM）組成。這些邏輯區塊中的每一個都包含查閱資料表、暫存器和其他可設定功能。佈線互連，與這些邏輯區塊隔開。

LE 或 ALM 看起來與 CPLD 巨晶元類似，但它們更易於設定，並提供許多額外功能以提高性能，且最大限度地減少邏輯資源的浪費。典型 FPGA 的邏輯模組主要由 3 個主要部分組成：查閱資料表（LUT）、進位邏輯和輸出暫存器邏輯。

2.2.1　查閱資料表（LUT）

LUT 是 FPGA 中生成乘積函數和等組合邏輯的關鍵。LUT 取代了 CPLD 中的乘積表達項陣列。FPGA 使用四輸入或更多輸入 LUT 來創建複雜的功能。LUT 由一系列串聯多工器組成，其中 LUT 輸入用作選擇線。多工器的輸入被程式設計為高或低邏輯電位。該邏輯被稱為查閱資料表，因為輸出是透過「尋找」正確的程式設計電位並根據 LUT 輸入訊號透過多工器的正確佈線來選擇的，所選程式電位基於函數的真值表。舉例來說，圖中的查閱資料表值為 16 進位的 9889 時，對於輸入訊號 ABCD，得到的邏輯運算式值為：$\overline{AB}$ + AB$\overline{CD}$ +ABCD，如圖 2-3 所示。

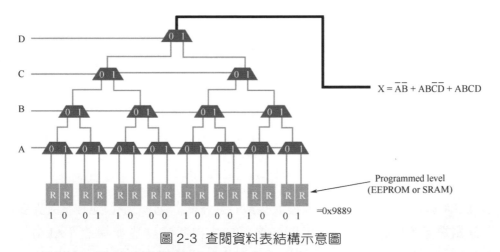

圖 2-3　查閱資料表結構示意圖

2.2.2 可程式化暫存器

LE 的同步部分來自可程式化暫存器，如圖 2-4 所示。它通常由全域時脈驅動，但任何時脈域都可以驅動 LE。暫存器的非同步控制訊號，如清除、重置或預置，可以由其他邏輯產生，也可以來自 I/O 接腳。暫存器的輸出可以驅動 LE 到裝置的佈線通道，或回饋到 LUT，類似 CPLD 巨晶元中的回饋。暫存器可以被旁路，產生嚴格的組合邏輯功能，類似 CPLD。我們也可以完全繞過 LUT 進行暫存或同步。LE 輸出級的這種靈活性使其對所有類型的邏輯運算都非常有用。

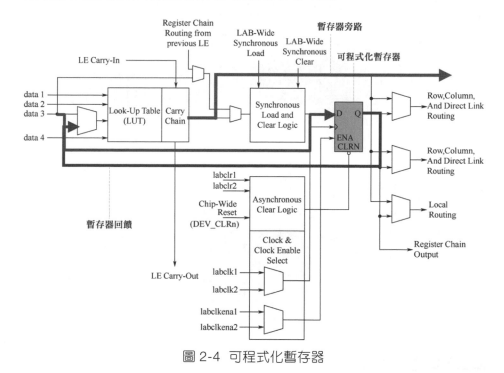

圖 2-4 可程式化暫存器

2.2.2.1 進位和暫存器鏈

區分 LE 和 CPLD 巨晶元的關鍵部分是進位和暫存器鏈邏輯，如圖 2-5 所示。在 CPLD 中，進位和巨晶元輸出可以輸入到其他巨晶元，但這通常需要返回到乘積項陣列。FPGA LE 包含 LAB 內的特定進位邏輯和暫存器連結佈線，以提供這些訊號的快捷連線方式。進位可以來自 LAB 內的其他 LE 或來自裝置中的其他 LAB。生成的進位可以輸出到其他 LE 或互聯的裝置。LUT 和進位邏輯可以在 LAB 內完全旁路，連結 LAB 中的所有 LE 暫存器，將它們轉為移位暫存器，非常適合 DSP 類型的操作。進位邏輯和暫存器連結佈線的通用性提供了比 CPLD 更好的性能和資源管理效率。

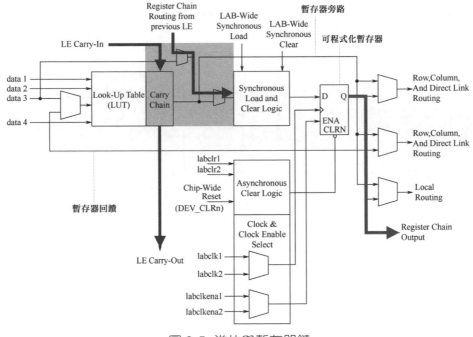

圖 2-5 進位與暫存器鏈

2.2.2.2 暫存器封裝

無論是在同一個 LAB 中，還是透過元件的佈線通道，LUT 或暫存器都可以輸出到元件中的其他位置，FPGA LE 可以被設定來形成一個函數，這稱為暫存器封裝，如圖 2-6 所示。透過暫存器封裝，可以從單一

LE 輸出兩個獨立的功能，一個來自 LUT 和進位鏈邏輯，另一個來自輸出暫存器。這可以節省裝置資源，因為完全不相關的暫存器函數可以打包到僅使用模組合邏輯部分的 LE 中。

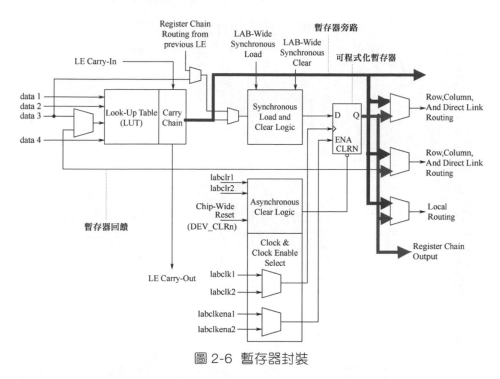

圖 2-6 暫存器封裝

2.2.3 LABs 和 LE：更進一步的觀察

了解了這些建構模組之後，讓我們再仔細研究它們是如何連接在一起來建構 FPGA 晶片的。FPGA 元件中 LAB 視圖如圖 2-7 所示。圖 2-7來自英特爾 Quartus Prime 軟體中名為 Chip Planner 的工具，可以輕鬆查看 FPGA 設計中的邏輯位置。圖中，顏色較深的 LAB 表明 LAB 中包含更多資源，還可以看到 LAB 之間運行的佈線通道。要獲得有關特定結構特徵的更多細節，可以放大該特徵，如突出顯示的 LAB。放大這個特定的 LAB，可以看到沒有使用任何邏輯資源、由淺藍色背景表

示及 LAB 中的資源都是白色的現象。該 LAB 和該元件中的所有 LAB
都包含 16 個 LE，它們相互連接，並透過許多可見的線相互連接成行
和列。

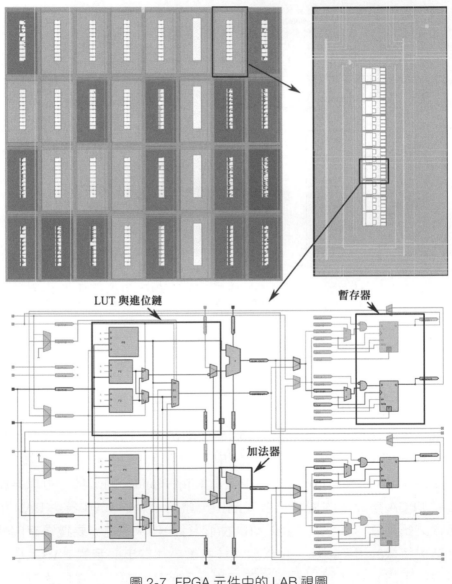

圖 2-7 FPGA 元件中的 LAB 視圖

查看單一 LE，可以很容易地看到 LE 是如何由 LUT 和進位邏輯及同步
暫存器邏輯組成的。

2.2.4 自我調整邏輯模組（ALM）

雖然到目前為止所討論的 FPGA LE 與 CPLD 巨晶元相比具有明確的
設計靈活性優勢，但是仍然需要串聯和回饋來生成輸入多於可用輸入
的函數。為了更進一步地解決這個問題，所有新 FPGA 都使用更加通
用的邏輯區塊作為 LE 的替代，稱為自我調整邏輯模組（ALM），如圖
2-8 所示。ALM 類似 LE，但更具一些核心優勢。

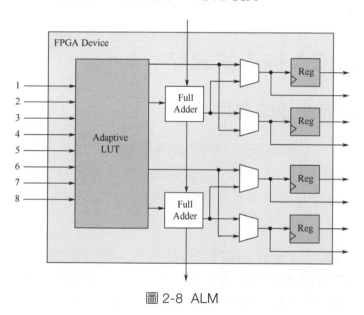

圖 2-8 ALM

ALM 套件括 2 個或 4 個輸出暫存器，為邏輯鏈、暫存器封裝及在單一
邏輯區塊內生成多個函數提供了更多選項。ALM 還具有內建硬體加法
器模組。ALM 中的加法器是專用資源，可以執行標準算數運算，而無
須在 LUT 或 DSP 中生成這些數學函數，這可以提高計算性能並簡化
LUT 邏輯。

ALM 中的 LUT 是其與 LE 的主要區別。ALM 中的 LUT 是自我調整 LUT 或 ALUT。ALUT 類似 LUT，但它可以拆分並設定成不同大小的 LUT，以適應任何類型的兩個獨立的函數，從非常簡單到非常複雜。所有八輸入都可用於執行複雜的算術功能，但 ALUT 可以以不同的方式分割，以實現更簡單的功能。舉例來説，兩個 LUT，每個 LUT 分別具有三輸入和五輸入。ALUT 也可以被拆分，以支援更複雜的七輸入功能，其中額外的輸入用於暫存器打包，分成兩個四輸入的 LUT，使 ALUT 向後相容標準 LE 中的四輸入 LUT 技術。如果可以在兩個函數之間共用輸入，則可以進行一些其他分割。基於 ALM 的 FPGA 可以使用少量資源和智慧資源管理提供高性能的邏輯運算。

2.3 FPGA 嵌入式儲存

2.3.1 儲存資源的利用

除 LAB 之外，大多數現代 FPGA 元件都包含專用硬體模組。這些專用資源區塊佔用陣列中的一個或多個模組，並且透過 FPGA 佈線通道可以完全存取。一般來説這些專用資源被安排在裝置中的特定行或列的區塊中。

記憶體模組是可以設定為不同類型記憶體裝置的專用模組。FPGA 記憶體模組可以創建為單通訊埠 RAM、雙通訊埠 RAM、唯讀記憶體 ROM。它們也可以用作移位暫存器或 FIFO 緩衝器。由於 FPGA 記憶體模組的程式設計與元件中的其他結構類似，因此可以使用通電時所需的任何記憶體內容初始化。這對於設計偵錯非常有用，因為可以初始化和測試任何記憶體模式。

嵌入式記憶體模組用作雙通訊埠 RAM 記憶體，如圖 2-9 所示。

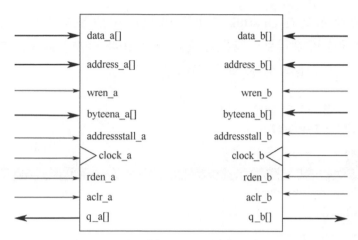

圖 2-9 嵌入式記憶體模組用作雙通訊埠 RAM 記憶體

MLAB 套件括記憶體 LAB。MLAB 可以用作標準 LAB，也可以設定為簡單的雙通訊埠 SRAM。MLAB 的容量比專用記憶體模組小得多，但作為寬而淺的記憶體，它可以實現 DSP 應用所需的移位和 FIFO 操作，而不會浪費更高容量的記憶體模組資源。

2.3.2 M9K 資源介紹

在英特爾的 FPGA 各系列中，英特爾為各種元件提供了各種大小不同的嵌入式儲存模組，如 M9K、M144K、M10K 及 M20K 等。這裡以 M9K 資源為例說明。

在 M9K 模組中，每個模組支援 8192 個儲存位元（加上驗證位元，則為 9216 個儲存位元）。該儲存模組支援各種深度與位元寬的記憶體設定，如設定深度為 8192、位元寬為 1 的 RAM 記憶體，深度為 1024、位元寬為 8 的記憶體，深度為 512、位元寬為 16 的記憶體等。當實現 FIFO Buffer 及移位暫存器時，會需要額外的邏輯單元來實現控制部分邏輯。

如圖 2-10 所示為在 Quartus 中使用 IP 核心來實現雙介面 RAM 的介面，從介面中可以看到，當把深度設定為 2048、位元寬設定為 8 時，軟體自動設定了兩個 M9K 資源來實現。

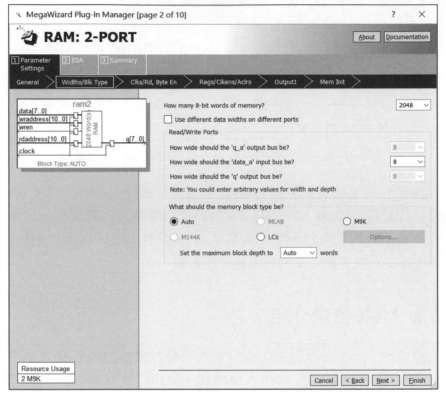

圖 2-10　M9K 資源實現晶片內建 RAM 記憶體

為什麼是兩個 M9K 資源呢？因為深度為 8192、位元寬為 16 的記憶體要消耗的儲存位元總數就是兩個 M9K 支持的儲存量。

綜合後，從 Quartus 提供的 RTL Viewer 中可以看到兩個 M9K 模組成一個記憶體，如圖 2-11 所示。

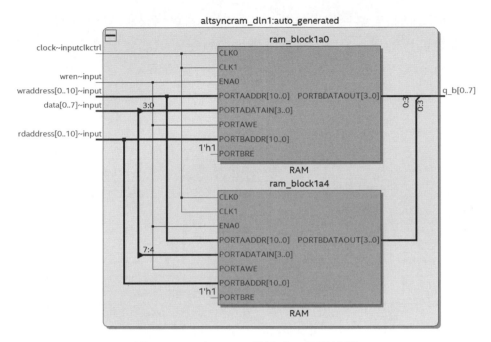

圖 2-11 兩個 M9K 模組成一個記憶體

2.4 時脈網路

2.4.1 FPGA 時脈架構

由於 FPGA 基於同步暫存器邏輯，因此時脈和時脈控制結構是 FPGA 架構的重要組成部分。時脈基本上是高扇出控制訊號，因此 FPGA 元件包括用於控制時脈訊號應該去的位置，以及時脈訊號如何到達目的地的硬體資源。FPGA 中時脈網路範例圖如圖 2-12 所示。

時脈佈線網路由將時脈到裝置中所有邏輯的佈線通道組成。這些特殊的佈線通道，通常將正常的行和列互連分開。一個時脈互連的全域網路可以連接到所有邏輯，但是，一些裝置可能包含區域或層次時脈網路,這些時脈網路只提供裝置的某些部分。舉例來説,時脈網路可以僅驅動裝置的單一象限。這樣,僅用於特定區域或裝置部分的時脈不會耗盡全域時脈的佈線網路,從而節省了時脈資源。

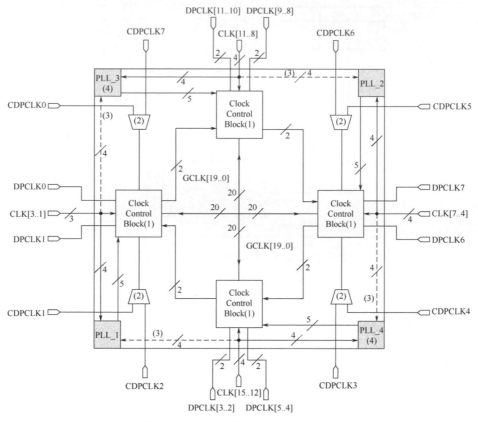

圖 2-12 FPGA 中時脈網路範例圖

時脈控制區塊可以視為時脈控制的管理員,一方面,它們決定了提供給裝置的時脈佈線網路,另一方面,在通電或斷電期間,所選時脈的啟用或禁用也由時脈控制區塊決定。大部分的情況下,被時脈驅動所禁用的邏輯功能部分都不會工作,在實際的應用場景下,一般採取啟用或禁用所選時脈的手段,實現耗電的動態控制。

2.4.2 PLL（鎖相迴路）

PLL 模組是 FPGA 的硬核心模組，它由輸入時脈、可程式化模組以及生成時脈（時脈域）組成，可以在整個元件中使用，並具有最小的時脈漂移。如圖 2-13 所示為典型的 FPGA 中的 PLL 模組原理圖。

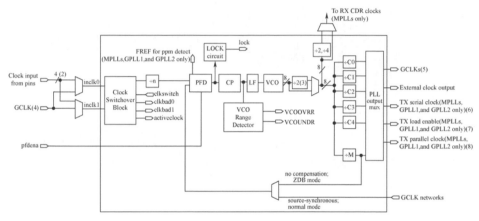

圖 2-13 PLL 模組原理圖

PLL 是可以生成不同時脈域並確保生成的輸出時脈之間的最小偏差的結構。PLL 是可設定的，允許設計人員在各種頻率、工作週期比或相移中輕鬆創建多個時脈域，以便在整個設計中使用。

2.5 DSP 模組

FPGA 裝置中常見的一種專用資源模組稱為 DSP 模組。DSP 模組包含嵌入式乘法器和加法器，用於執行算數運算和乘法／累加運算。可以使用它們代替 ALM 邏輯來提高設計中的算術性能。如圖 2-14 所示為可調精度的 DSP 模組的結構方塊圖。

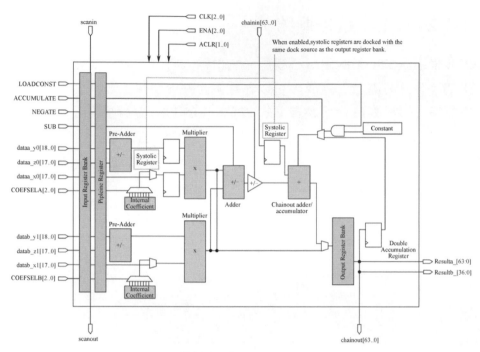

圖 2-14　可調精度的 DSP 模組的結構方塊圖

2.6 FPGA 佈線

FPGA 元件中的佈線通道看起來比 CPLD 中的互連陣列更簡單，但它們實際上提供了更多功能和連接。FPGA 佈線通道允許所有裝置資源與晶片內建任何位置的所有其他資源進行通訊，這在一些較舊的非 FPGA 元件中並非總是如此。

FPGA 佈線通道可分為兩種類型：局部互連和行列互連。局部互連直接在單一 LAB 內的 LE 或 ALM 之間佈線，同時在相鄰 LAB 之間提供稱為直接鏈路的連接。這幾乎類似 CPLD LAB 中的可程式化陣列，但 FPGA 局部互連，與它所服務的 LAB 邏輯是分開的。行列互連具有固定長度，並且跨越選定數量的 LAB 或裝置的整個長度或寬度。LAB I/

O 可以連接到本地互連，以進行高速局部操作，也可以直接連接到行列互連，以將資料傳輸到晶片的其他位置。

2.7 FPGA 程式設計資源

大多數 FPGA 使用 SRAM 單元技術來程式設計互連和 LUT 功能單元，但需要注意的是，基於 SRAM 方式的 FPGA 具有揮發性，即每次停電時，FPGA 上重置，必須在每次通電時對 FPGA 進行重新設定。如圖 2-15 所示為 SRAM 單元的 FPGA 底層結構示意圖。

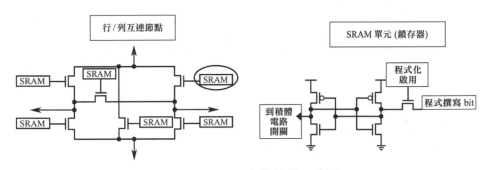

圖 2-15　FPGA 底層結構示意圖

設定和控制 FPGA 中的所有這些不同類型的結構，需要更多的程式設計資訊。此外，為了支援所有單元之間可能的連接，同時仍然包括大量可用的使用者邏輯，需要更簡單和更小的程式設計結構。為了實現這些目標，FPGA 使用 SRAM 單元來程式設計邏輯電位並建立路由連接。

為了解 FPGA 程式設計如何與 SRAM 單元一起工作，圖 2-15 中左側是行和列之間的典型互連節點。互連包括在垂直方向佈線與水平方向佈線，以連接所有可能連接上的開關電晶體。每個電晶體上選擇的柵極控制來自 SRAM 單元。圖 2-15 中右側顯示了典型的 SRAM 單元。SRAM 單元基本上是鎖相器，使在程式設計時，程式設計位元被鎖存到單元中。單元的輸出是程式設計位元的補數，因此，為建立路由連接，程式設計位元為 0，在程式設計的互連電晶體的柵極上放置 1，關閉開關並進行連接。

顯然，這種類型的程式設計架構需要比 CPLD 程式設計陣列更多的電晶體，但是所有電晶體都是標準的，不需要浮柵電晶體，因此不需要特殊的製造。這種程式設計架構的主要問題不是所需的電晶體數量，而是它的揮發性。無論何時斷電，鎖相器都會被清除。這表示必須始終在通電時對 FPGA 元件進行設定，以設定元件 SRAM 單元。

FPGA 是基於 SRAM 的可程式化邏輯元件，設定資訊必須儲存在非揮發性的其他地方，以便可以在通電時設定元件。一般來說 EEPROM、CPU 甚至 CPLD 的外部裝置被用於實現 FPGA 元件程式設計。

對於大多數 FPGA 元件，可以透過兩種方式進行設定。透過主動設定，FPGA 在通電時自動開始與外部裝置通訊，並基本上自行設定。透過被動設定，外部裝置（通常是 CPU）控制 FPGA 如何及何時使用儲存在 EEPROM 或其他設定裝置中的資料進行設定。無論哪種方式，只要 FPGA 重置或重新通電，就需要進行相同的設定過程。

與 CPLD 元件一樣，FPGA 具有 JTAG 介面，可在 PC 中透過 JTAG 進行設定。但是，在生產中，必須使用其他程式設計方法在通電時設定 FPGA。

2.8 FPGA I/O 元件

FPGA I/O 控制包含在陣列外緣周圍的模組中，並透過 FPGA 佈線通道提供給所有元件資源。FPGA 元件中的 I/O 模組通常稱為 I/O 元件。I/O 元件包含了以前 CPLD I/O 控制模組中大多數相同的基本功能，但它們增加了更多功能，使得 FPGA I/O 元件對於所有類型的設計都是非常通用的。除基本輸入、輸出和雙向訊號外，I/O 接腳還支持各種 I/O 標準，包括許多最新的低電壓高速標準，可以組合成對的 I/O 接腳，以支援差分訊號 I/O 標準，如 LVDS。其他功能包括可變電流驅動強度和壓擺率控制，以幫助提高電路板等級訊號的完整性。可以啟用上拉電阻形式的晶片內建終端，以幫助減少電路板上的端接元件使用。一些元件包括 I/O 元件中的箝位二極體，當用作 PCI 匯流排的 I/O 時可以被啟動。根據設計需要，元件上任何未使用的 I/O 接腳可以設定為漏極開路或三極體。以上這些只是典型 I/O 元件功能的一些範例。某些裝置可能提供更多功能。I/O 功能整理如下：

（1）輸入／輸出／雙向；
（2）多個 I/O 標準；
（3）差分訊號；
（4）電流驅動強度；
（5）轉換速率；
（6）晶片內建終端／上拉電阻；
（7）開漏／三態。

2.8.1 典型的 I/O 元件邏輯

如圖 2-16 所示為典型 I/O 元件的基本邏輯。圖中未表示用於控制 I/O 元件上述特徵的所有其他硬體。I/O 元件分為三個主要部分。輸入路徑捕捉輸入暫存器接腳上的資料，或透過佈線通道將輸入直接連接到元件。輸出路徑包含用於同步邏輯或用於記憶體使用的輸出暫存器，類似 CPLD 巨晶元中的輸出暫存器。由於暫存器既可以在主 LAB 邏輯中找到，也可以在 I/O 元件中找到，因此可以使用任何一個，從而釋放暫存器邏輯，以用於其他用途。當然，如果需要，可以繞過 I/O 元件中的暫存器。I/O 元件的最後一部分是輸出啟動邏輯，該邏輯控制輸出使能緩衝區。如果 I/O 已設定為雙向接腳或將輸出資料與元件上的其他輸出同步，則可以使用此部分。

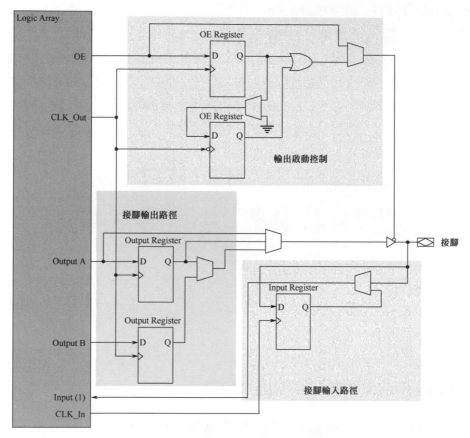

圖 2-16 典型 I/O 元件的基本邏輯

2.8.2 高速收發器

某些 FPGA 元件還具有高速收發器。這些 I/O 結構支援高速協定，傳輸速率為每秒千兆位元或更高。這些高傳輸速率通常用於通訊和網路裝置。英特爾 FPGA 元件支援在各種不同應用中使用的數十種 I/O 標準。

不同的 FPGA 元件包含不同數量的這些類型的專用資源。參考元件資料手冊以確定晶片是否為指定設計提供了足夠的資源。如圖 2-17 所示為 Stratix 10 系列的高速收發器 SERDES 的電路發送器和接收器結構圖及其介面訊號。

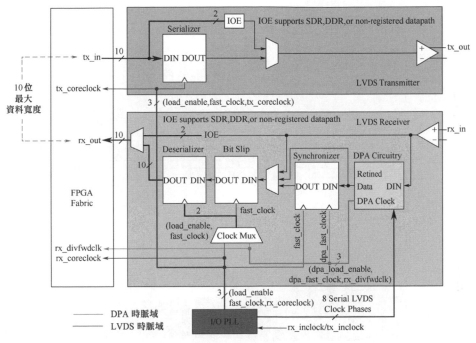

圖 2-17　高速收發器

2.9　英特爾 SoC FPGA

新一代的 FPGA 包含了嵌入式 ARM 處理器和外圍子系統,如圖 2-18 所示為英特爾 28 nm SoC FPGA 內部結構示意圖。黑色部分為硬核心處理器系統 HPS,為多核心處理器,如多核心 Cortex-A9 處理器。處理器擁有 512KB L2 Cache 及豐富的外接裝置介面,如乙太網、USB、Flash 記憶體介面、UART、SPI、CAN、I2C 及 DDR 控制器介面。

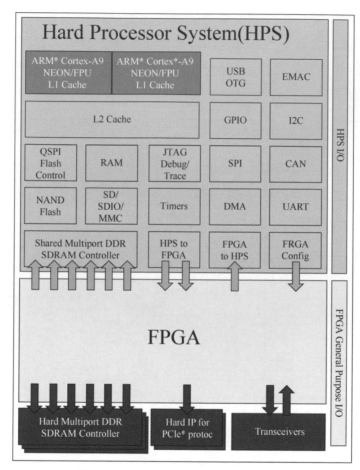

圖 2-18 SoC FPGA 內部結構示意圖

HPS 與 FPGA 邏輯間具有多個高速、高頻寬廣介面，同時處理器還直接連接 FPGA 的設定控制器，因此可對 FPGA 進行程式設計設定。

淺灰色部分代表 FPGA 邏輯，深灰色部分代表晶片內另外的硬核心邏輯功能，如 SDRAM 控制器、PCIE 介面、高速收發器。

HPS 和 FPGA 邏輯擁有共用的 I/O，以及各自獨立專用的 I/O 功能介面。

Chapter

03 | **Verilog HDL**

Verilog HDL（Hardware Description Language）是一種硬體描述語言，是一種以文字形式描述數位系統硬體結構和行為的語言，是從我們熟知的 C 語言基礎上發展而來的。Verilog HDL 具有簡單靈活的語法特點，使之能夠在較短的時間裡被掌握，目前在 FPGA 開發設計領域以及在 IC 設計領域被廣泛使用。

3.1 Verilog HDL 概述

3.1.1 Verilog HDL 的介紹

Verilog HDL 是一種硬體描述語言，是以文字形式來描述數位系統硬體結構和行為的語言，用它可以表示邏輯電路圖、邏輯運算式，還可以表示數位邏輯系統所完成的邏輯功能。

Verilog HDL 包含一組豐富的內建基本操作，包括邏輯門、開關、線路邏輯及使用者可定義基本操作。它還具有元件接腳到接腳的延遲與時序檢查功能。它抽象的表述主要基於兩種資料類型：網路（Net）和變數（Variable）。在運算式中，網路和變數這兩種資料類型可以對網路上的節點進行持續驅動。程式設定值提供了基本的行為級建模方式，可以將網路和變數兩種資料類型參與計算得到的結果儲存到變數中。

在 Verilog HDL 語言中，一個設計包含了多個模組，每個模組都有一組 I/O 介面，其功能的描述可以使用結構級建模方式，也可以使用行為級建模方式，或兩種方式混合使用。這些模組形成了一個相互連接的層次結構。

數位電路設計者利用這種語言，首先可以從頂層到底層逐層描述自己的設計思想，用一系列分層次的模組來表示極其複雜的數位系統；然後利用電子設計自動化（EDA）工具，逐層進行模擬驗證，把其中需要變為實際電路的模組合，經過自動綜合工具轉換到閘級電路網路列表；最後用專用積體電路 ASIC 或 FPGA 自動佈局佈線工具，把網路列表轉為要實現的具體電路結構。

3.1.2 Verilog HDL 的發展歷史

Verilog HDL 最初是於 1983 年由 Gateway Design Automation 公司為其模擬器產品開發的硬體建模語言。由於該公司的模擬器、模擬器產品的廣泛使用，Verilog HDL 作為便於使用且實用的語言逐漸為許多設計者所接受。1990 年，在一次努力增加語言普及性的活動中，Verilog HDL 被推向公眾領域。1995 年，Verilog HDL 成為 IEEE（電氣和電子工程師協會）的標準，稱為 IEEE Std 1364-1995，也就是通常所說的 Verilog 95。它的發展歷史如下。

1983 年，Gateway Design Automation 公司的 Philip Moorby 首創 Verilog HDL，並用在公司的模擬器產品開發中。

1986 年，Moorby 提出用於快速閘級模擬的 XL 演算法。隨著 Verilog-XL 的成功，Verilog HDL 得到迅速發展。

1987年，Synonsys 公司開始把 Verilog HDL 作為綜合工具的輸入方法。

1989 年，Cadence 公司收購 Gateway Design Automation 公司，Verilog HDL 成為 Cadence 公司的私有財產。

1990 年，Cadence 公司公開發佈 Verilog HDL。隨後成立的 OVI（Open Verilog International）負責 Verilog HDL 的發展，制定標準。

1993 年，幾乎所有的 ASIC 廠商都開始支持 Verilog HDL，並且認為 Verilog-XL 是最好的模擬器。同年，OVI 推出 Verilog 2.0 規範，並把它提交給 IEEE。

1995 年，IEEE 發佈 Verilog HDL 的標準 IEEE1364-1995。

2001 年，IEEE 發佈 Verilog HDL 的標準 IEEE1364-2001，增加了一些新特性，但是驗證能力和建模能力依然較弱。

2005 年，IEEE 發佈 Verilog HDL 的標準 IEEE1364-2005，只是對 Verilog 2001 做一些小的修訂。

2005 年，IEEE 發佈 SystemVerilog 的標準 IEEE1800-2005，極大地提高了驗證能力和建模能力。

2009 年，IEEE 發佈 SystemVerilog 的標準 IEEE1800-2009，把 System Verilog 和 Verilog HLD 合併到一個標準中。

2012 年，IEEE 發佈 SystemVerilog 的標準 IEEE1800-2012。

2017 年，IEEE 發佈 SystemVerilog 的標準 IEEE1800-2017。

從上面的發展歷史中可以看到 Verilog HDL 的標準經過了不斷的升級與完善，當前已經更新到 IEEE1800-2017，且較新的幾個版本都是 SystemVerilog 標準。在本章重點介紹的是 Verilog HDL，因為 Verilog HDL 與 SystemVerilog 的差別猶如 C 語言與 C++ 的差異，雖然 C++ 有更多的特性，但 C 語言依然被廣泛應用，同樣，Verilog HDL 也被廣泛使用於 FPGA 或 IC 相關的開發中。

3.1.3 Verilog HDL 的相關術語

下面對 Verilog HDL 中的一些主要的術語介紹。

3.1.3.1 HDL

HDL（Hardware Description Language，硬體描述語言），是一種對硬體電路進行描述建模的文字程式語言。

3.1.3.2 行為級建模

行為級建模偏重於對模組輸入／輸出行為功能的描述。

在行為級建模中，描述的是電路的功能，而非電路的結構，輸出行為被描述為與輸入的關係。如圖 3-1 所示是一個行為級 HDL 程式的例子，描述的是移位暫存器的移位操作，這種類型的建模需要使用綜合工具來創建符合所描述行為的正確電路。

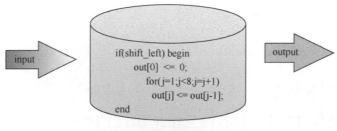

圖 3-1 行為級建模示意圖

3.1.3.3 結構級建模

結構級建模偏重於對模組內部實現的具體底層結構的描述。

在結構級建模中，規定了電路的功能和結構。編寫 HDL 的工程師呼叫
特定的硬體元素並將它們連接在一起。對於硬體元素的描述就如同及
閘反及閘一樣簡單，當然也可以是另一抽象層模組的描述。在一個典
型的現代設計中，會同時發現結構級模型和行為級模型。如圖 3-2 所
示，結構級建模中既有反及閘的描述，也有抽象層模組的描述，其中
抽象層模組可以是行為級建模的模型，也可以是結構級建模的模型。

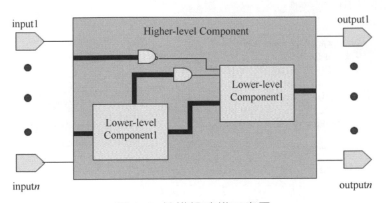

圖 3-2 結構級建模示意圖

3.1.3.4 Register Transfer Level（RTL）

Register Transfer Level（RTL），即暫存器傳輸級，一種可綜合的行為
級描述。

在數位電路與 FPGA 中出現得非常多的術語是 RTL。RTL 描述了一種
行為模型，以資料流程的方式定義了電路輸入／輸出關係。RTL 結構
是可以綜合的，即可映射為實際電路。

3.1.3.5 Synthesis

Synthesis，即綜合，將 HDL 轉為實際的邏輯電路。

3.1.3.6 RTL Synthesis

RTL Synthesis，即暫存器傳輸級綜合，將 RTL 描述的硬體模型綜合並最佳化為實際的閘級電路。

如圖 3-3 所示，一個行為級描述的多路選擇器，首先會被直接轉為一個電路，其次產生一個經過最佳化的、簡潔的閘級電路，最後實現多路選擇器的功能。

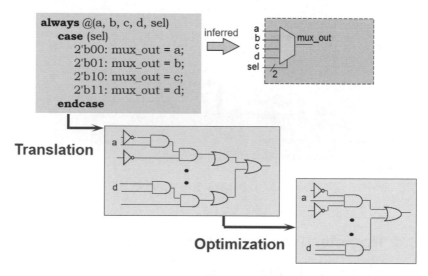

圖 3-3 RTL Synthesis 圖示

3.1.4 Verilog HDL 的開發流程

Verilog HDL 可以透過兩種不同的開發流程實現：綜合與模擬。其開發流程如圖 3-4 所示。

在綜合開發流程中，首先使用綜合編譯器（如 Synopsys 的 Synplify，或 Intel 公司 Quartus 軟體中的 Synthesis Engine）將 Verilog HDL 及使

用的函數庫模組轉為數位電路網路列表（Netlist），然後透過該網路列表進行時序分析，並進一步將其透過佈線操作（Place/Route），轉為與 FPGA 匹配的更接近底層的數位電路網路列表，最後可在該基礎上生成下載檔案，下載到特定的裝置中。

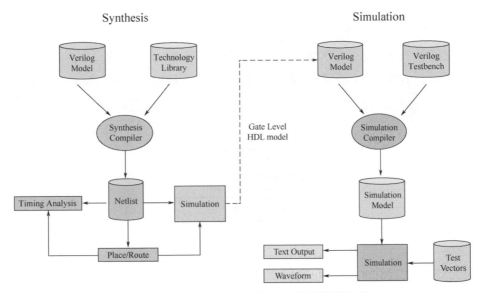

圖 3-4　Verilog HDL 的綜合與模擬開發流程

在模擬開發流程中，首先使用模擬編譯器（如 Mentor Graphics Modelsim）將 Verilog HDL 以及使用的函數庫模組轉為模擬模型，然後透過建立測試平台或測試向量來模擬測試。

大多數綜合工具還可以寫出綜合後的 Verilog HDL 檔案，以便設計人員在執行佈局和佈線之前檢查綜合結果。在這種情況下，綜合工具輸出的 Verilog HDL 檔案，可以替換設計中使用的原始 Verilog HDL 檔案，然後使用相同的測試平台和測試向量進行此驗證。

3.2 Verilog HDL 基礎知識

3.2.1 程式結構

Verilog HDL 模組由關鍵字模組和通訊埠模組封裝而成，它有幾個主要組成部分，如圖 3-5 所示。首先是通訊埠列表，它是由「通訊埠定義」指定的。其次在「通訊埠定義」中定義通訊埠。然後在「資料類型定義」部分定義設計使用的變數。接著是在「電路功能描述」中對要實現的功能進行描述。最後是為模擬過程制定「時序規範」。

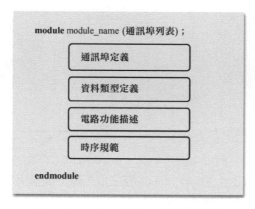

圖 3-5　Verilog HDL 模組結構圖

根據圖 3-5 可知，Verilog HDL 的模組，從關鍵字 module 開始，結束時使用關鍵字 endmodule 結束。除此之外，它還有以下典型的特點。

（1）在使用 Verilog HDL 進行程式設計時，定義的資料類型名稱需要區分大小寫，即僅有大小寫區別的同一個變數名稱，將指向兩個完全不同的訊號。

（2）在敘述之間可以使用空白字元來作為間隔符號。

（3）每一個敘述都使用分號結束。

（4）Verilog HDL 的關鍵字全部為小寫。

（5）使用 "//" 來對單行程式進行註釋。

（6）使用 "/* */" 來對多行程式進行註釋。

（7）可以指定時序參數用於模擬。

3.2.2 程式實例

我們以一個實例來幫助大家快速熟悉 Verilog HDL 的程式結構，這個實例實現的是一個乘累加功能的模組，也是一個典型的 Verilog HDL 模組，如圖 3-6 所示，我們可以看到該程式頂部以關鍵字 module 開始，mult_acc 是該模組的名稱，正如該模組名稱所示該模組實現的功能為乘累加功能。緊接模組名稱的括號裡是該模組的輸入輸出通訊埠清單。

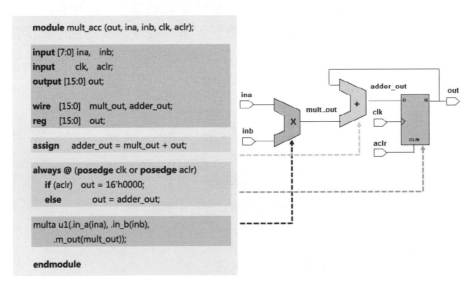

圖 3-6 程式結構範例及其對應的電路示意圖

圖 3-6 中，橙色部分是輸入輸出介面及程式中用到的變數與訊號的定義；綠色部分是持續設定陳述式，在本例中該敘述將被綜合為一個加法器，對應綠色部分；粉色部分描述的是一個暫存器時序邏輯；藍色部分則是一個實體化了的乘法器模組。最後，以關鍵字 endmodule 結束。

3.2.3 資料類型

Verilog HDL 的資料類型主要分為網路（Net）與變數（Variable）兩種。其中，網路資料類型代表實際的物理連線。如圖 3-7 所示，兩個功能模組是透過網路型連接到一起的，並可透過網路型再與其他功能模組連接到一起。

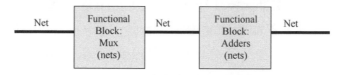

圖 3-7　網路資料類型示意圖

變數資料類型則用於臨時儲存資料。其類似其他語言中的變數。變數資料類型會根據實際情況綜合為觸發器、暫存器或連接節點，其示意圖如圖 3-8 所示，與網路資料類型不同，變數資料類型不再是實際的物理連線，而是一個儲存單元或一個節點。

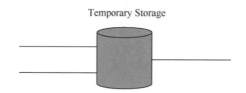

圖 3-8　變數資料類型示意圖

3.2.3.1　網路資料類型

網路資料類型表示 Verilog HDL 結構化元件間的物理連線。它的值由驅動元件的值決定，驅動通訊埠訊號的改變會立即傳遞到輸出的連線上。如果沒有驅動元件連接到網路，其預設值為 z（高阻態）。場景的網路資料類型有以下幾種，如表 3-1 所示。

表 3-1 網路資料類型的種類

類型	定義
wire	它是指物理連線或一個節點
tri	它是指物理連線或一個三態節點
supply0	它是指邏輯 0 連接的物理連線
supply1	它是指邏輯 1 連接的物理連線

如果沒有明確說明連接是何種類型，一般都是指 wire 資料類型。

3.2.3.2 變數資料類型

變數資料類型用於資料臨時儲存，它只能在過程區段 always、task 或 function 裡被設定值。通常變數資料類型如下。

- reg：暫存器變數，可以是任意位元寬的無號暫存器變數。如需要表示有號暫存器變數，可使用關鍵字 "reg signed"。
- integer：整數類型資料變數，代表 32 位元有號整數。
- real，time，realtime：實數與時間型變數，是不可綜合為電路的類型，僅用於模擬驗證。

3.2.3.3 參數資料類型

我們經常用參數來定義程式執行時期的常數。參數也常被用於定義狀態機的狀態、資料位元寬和延遲大小等。參數通常是本地的，其定義只在本模組中有效。

3.2.3.4 匯流排的定義

定義匯流排通常使用以下兩種方式：

（1）<data_type>　[MSB : LSB]　<signal name>;

（2）<data_type>　[LSB : MSB]　<signal name>;

舉例來說，定義 8 位元的物理連線與 16 位元的暫存器匯流排：

wire [7:0] out；
reg [16:0] count;

3.2.3.5 數字進位格式的表示

Verilog HDL 數位進位格式包括二進位、八進位、十進位和十六進位，一般常用的為二進位、十進位和十六進位。

（1）二進位表示如下：4'b0101 表示 4 位元二進位數字 0101。
（2）十進位表示如下：4'd2 表示 4 位元十進位數字 2（二進位數字 0010）。
（3）十六進位表示如下：4'ha 表示 4 位元十六進位數字 a（二進位數字 1010）。十六進位的計數方式為 0，1，2，…，9，a，b，c，d，e，f，最大計數為 f（f：十進位表示為 15）。

當程式中沒有指定數字的位元寬與進位時，預設為 32 位元的十進位，比如 100，實際上表示的值為 32'd100。

3.2.4 模組實體化

Verilog HDL 模組的實體化，格式如下所示：

```
<component_name> #<delay> <instance_name> (port_list);
```

一旦定義了一個模組，如要在更進階的模組裡呼叫該模組，或將該模組與其他模組或節點連接起來，就需要使用上面這個格式。首先需要列出該模組的模組名稱；其次可以透過 <delay> 定義模擬時的通訊埠延遲時間（可選項）；然後使用 <instance_name> 來對實體化的模組命名，如該模組被呼叫多次，將透過該實體化名進行區別，與此同時該實體化的模組將被綜合為一個新的模組電路,如多次實體化同一個模組,綜合時間生成多個獨立的模組電路;最後在實體化中需要指定的是實體化模組的通訊埠,即該模組的實際線路連接清單。

定義通訊埠連接的方式有兩種,一種是按順序連接,一種是按指定通訊埠名稱連接。按順序連接的方式,連接的順序與通訊埠的位元寬需要與要實體化的模組一致。按指定通訊埠名稱連接的方式,不需要按與實體化模組一致的通訊埠順序進行實體化,但需要指定誰與誰連接到一起。

這裡以呼叫兩個半加器模組來實現一個全加器模組為例說明,其實現方式如圖 3-9 所示。

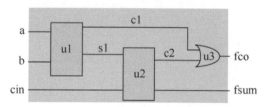

圖 3-9 兩個半加器模組實現一個全加器模組的通訊埠連接圖

該半加器模組名稱與通訊埠如下所示:

```
module half_adder(co,sum,a,b)
```

在全加器模組中需要使用該模組來完成功能的實現,需要使用全加器的 c1 與該模組的 fco 進行連接,s1 與該模組的 fsum 進行連接,a 與該模組的 a 進行連接,b 與該模組的 b 進行連接,按順序連接的方式進行實體化,如下所示:

```
half_adder  u1 (c1, s1, a, b);
```

在這裡如需實現全加器的完整功能,還需要對這個半加器進行一次實體化。第二次實體化採用指定通訊埠名稱的方式進行,需要實現的通

訊埠連接方式為：第一個半加器的輸出 s1 連接到第二個半加器的 a 通
訊埠，將全加器的輸入進位口 cin 連接到第二個半加器的 b 通訊埠，第
二個半加器的輸出連接到全加器的輸出。使用指定通訊埠名稱的實體
化方式如下所示：

```
half_adder  u2 (.a(s1),  .b(cin),.sum(fsum), .co(c2));
```

該全加器程式的 Verilog HDL 的內容如下所示：

```
module full_adder (fco,fsum,cin,a,b)
    input cin;
    input a;
    input b;
    output fco;
    output fsum;
    wire c1, s1, c2;
    half_adder  u1 (c1, s1, a, b);
    half_adder  u2 (.a(s1),  .b(cin),  .sum(fsum), .co(c2));
endmodule
```

3.2.5 運算子

Verilog HDL 中的運算子按照功能可以分為以下幾種類型：①算術運算
子；②關係運算子；③邏輯運算子；④條件運算子；⑤位元運算符號；
⑥移位運算符號；⑦位元拼接運算子。下面我們分別對這些運算子介紹。

3.2.5.1 算術運算子

算術運算子，簡單來說，就是數學運算裡面的加減乘除，數位邏輯處
理有時候也需要進行數學運算，所以需要算術運算子。常用的算術運
算子主要包括加減乘除和模除（模除運算也叫取餘數運算）。算術運算
子的使用方法如表 3-2 所示。

表 3-2 算術運算子的使用方法

符號	使用方法	說明
+	a+b	a 加上 b
-	a-b	a 減去 b
*	a * b	a 乘以 b
/	a / b	a 除以 b
%	a％b	a 模除 b

需要注意的是,如果 Verilog HDL 實現除法與模除,則會比較浪費組合邏輯資源,尤其是除法。2 的指數次冪的乘除法一般使用移位運算符號來完成運算,詳情參見移位運算符號小節。非 2 的指數次冪的乘除法一般呼叫現成的 IP,Quartus Prime 等工具軟體可提供 IP,不過這些工具軟體提供的 IP 也是由最底層的組合邏輯(與反或閘等)架設而成的。

3.2.5.2 關係運算子

關係運算子主要是做一些條件判斷用的,在進行關係運算時,如果宣告的關係是假的,則返回值是 0;如果宣告的關係是真的,則返回值是 1。所有的關係運算子具有相同的優先順序別,關係運算子的優先順序別低於算術運算子的優先順序別。關係運算子的使用方法如表 3-3 所示。

表 3-3 Verilog 關係運算子使用方法

符號	使用方法	說明
>	a > b	a 大於 b,值為 1;反之為 0
<	a < b	a 小於 b,值為 1;反之為 0
>=	a >= b	a 大於等於 b
<=	a <= b	a 小於等於 b
==	a == b	a 等於 b
!=	a != b	a 不等於 b

3.2.5.3 邏輯運算子

邏輯運算子是連接多個關聯運算式用的,可實現更加複雜的判斷,一般不單獨使用,需要配合具體敘述來實現完整的意思。邏輯運算子的使用方法如表 3-4 所示。

表 3-4 邏輯運算子的使用方法

符號	使用方法	說明
!	! a	a 的非,如果 a 為 0,那麼! a 的值為 1
&&	a &&b	a 和 b 做與運算,a 和 b 的值都為 1 時,值為 1;否則為 0
||	a || b	a 和 b 做或運算,a 和 b 的值都為 0 時,值為 0,否則為 1

3.2.5.4 條件運算子

條件運算子一般用來建構從兩個輸入中選擇一個作為輸出的條件選擇結構,功能等於 always 中的 if-else 敘述。條件運算子的使用方法如表 3-5 所示。

表 3-5 條件運算子的使用方法

符號	使用方法	說明
? :	a ? b : c	如果 a 為真,則運算式的值為 b;否則為 c

3.2.5.5 位元運算符號

位元運算符號是一種最基本的運算子,可以認為它們直接對應數位邏輯中的及閘、或閘、反閘等邏輯門。位元運算符號的與、或、非與邏輯運算子的邏輯與、邏輯或、邏輯非在使用時容易混淆,邏輯運算子一般用在條件判斷上,位元運算符號一般用在訊號設定值上。位元運算符號的使用方法如表 3-6 所示。

表 3-6 位元運算符號的使用方法

符號	使用方法	說明
～	～ a	對 a 的值逐位元反轉
&	a & b	a 和 b 逐位元做與運算
|	a | b	a 和 b 逐位元做或運算
^	a ^ b	a 和 b 逐位元做互斥運算

3.2.5.6 移位運算符號

移位運算符號包括左移位運算符號和右移位運算符號,這兩種移位運算符號都用 0 來填補移出的空位元。移位運算符號的使用方法如表 3-7 所示。

表 3-7 移位運算符號的使用方法

符號	使用方法	說明
<<	a << b	將 a 進行左移,移動 b 位
>>	a >> b	將 a 進行右移,移動 b 位

如果 a 有 8 bit 資料位元寬,那麼 a<<2,表示 a 左移 2 bit,a 還是有 8 bit 資料位元寬,a 的最高 2 bit 資料被移位捨棄了,最低 2 bit 資料固定補 0。如果 a 是 3(二進位:00000011),那麼 3 左移 2 bit,3<<2,就是 12(二進位:00001100)。一般,使用左移位運算代替乘法,使用右移位運算代替除法,但是這種操作也只能表示 2 的指數次冪的乘除法。

3.2.5.7 位元拼接運算子

Verilog HDL 中有一個特殊的運算子是 C 語言中所沒有的,就是位元拼接運算子。用這個運算子可以把兩個或多個訊號的某些位元拼接起來進行運算操作。位元拼接運算子的使用方法如表 3-8 所示。

表 3-8 位元拼接運算子的使用方法

符號	使用方法	說明
{ }	{ a, b }	將 a 與 b 拼接起來，作為一個新的訊號

3.2.5.8 運算子的優先順序

介紹完以上幾種運算子，大家可能會想知道究竟哪種運算子優先順序高，哪種運算子優先順序低。為了便於大家查看這些運算子的優先順序，我們將它們製作成了表格，如表 3-9 所示。

表 3-9 運算子的優先順序

	運算符	優先級
位元運算符號（一元）	+ - ! ～ & ～& 等	最高
算數運算子	**	由高到低
	* / %	
	+ - （二元運算子）	
移位運算符	<< >> <<< >>>	
關係運算子	< > <= >=	
	== != === !==	
邏輯運算子（二元）	&（二元運算子）	
	^ ～^ ^～（二元運算子）	
	|（二元運算子）	
	&&	
條件運算子	?:	
位拼接運算子	{ } { { } }	最低

3.3 Verilog HDL 的基本語法

3.3.1 if-else 敘述

if-else 敘述在 Verilog HDL 中的使用方法與在 C 語言中的相同，其格式如下所示：

```
if <condition1>
    {sequence of statement(s)}
else if <condition2>
    {sequence of statement(s)}
    ...
else
  {sequence of statement(s)}
```

使用 if-else 敘述可以便捷地對選擇電路進行描述，典型的選擇器電路示意圖如圖 3-10 所示。

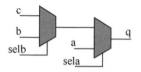

圖 3-10 典型的選擇器電路示意圖

其實現的 Verilog HDL 程式範例如下所示：

```
always @  (*)
begin
    if (sela)
        q = a;
    else if (selb)
        q = b;
    else
        q = c;
end
```

如程式範例所示，該敘述以關鍵字 if 開頭，後跟條件，然後是條件為真時要執行的敘述序列。如果條件為假，則執行 else 的子句。

如圖 3-10 所示，上面的程式範例將在綜合後生成了兩個選擇器，而且使用了兩個 if 敘述，生成了前後級連的兩個選項選擇器，從而使其具有優先順序順序。如果不需要在電路中確定優先順序，則使用 case 敘述將更有效。

3.3.2 case 敘述

Verilog HDL 中的 case 敘述是一個常用的敘述，其使用方法也比較簡單，其實現格式如下所示：

```
case {expression}
    <condition1> :
        {sequence of statements}
    <condition2> :
        {sequence of statements}
    ...
    default : -- (optional)
        {sequence of statements}
endcase
```

case 敘述常用來實現無優先順序差別的多路選擇器，多路選擇器電路示意圖如圖 3-11 所示。

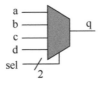

圖 3-11　多路選擇器電路示意圖

多路選擇器的程式範例如下所示：

```
always @ (*)
begin
    case (sel)
        2'b00 :   q = a;
        2'b01 :   q = b;
        2'b10 :   q = c;
        default :  q = d;
    endcase
end
```

在 case 敘述中，將針對運算式核對所有條件，將會生成一個具有多個輸入的多路選擇器。與 C 語言中的 case 敘述不同的是，在 Verilog HDL 中的各個條件是沒有先後順序的，各個條件都是同一個優先順序的。

首先 case 敘述以關鍵字 case 開始，後跟要進行判斷的運算式。其次是一系列運算式成立的條件。然後是對應的敘述序列。對於所有其他未指定的條件，可以選擇使用預設條件（default）作為所有其他未指定條件的全部選擇（catch all）。最後以關鍵字 endcase 結束。

3.3.3　for 迴圈

for 迴圈在 Verilog HDL 中的使用方法與在 C 語言中的使用方法類似，但在 Verilog HDL 中 for 迴圈內的內容並不是循序執行，而是並存執行的。舉例來説，迴圈的次數為 8，但 for 迴圈內的內容並不會真的迴圈 8 次，而是將 for 迴圈內的描述敘述複製 8 份。

這裡使用 for 迴圈來實現一組資料搬移，其電路結構示意圖如圖 3-12 所示。

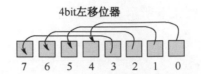

圖 3-12 資料搬移電路結構示意圖

其對應的 Verilog HDL 語言如下所示：

```
// declare the index for the FOR loop
integer  i;
always @(inp, cnt) begin
    result[7:4] = 0;
    result[3:0] = inp;
    if (cnt == 1) begin
        for (i = 4; i <= 7; i = i + 1) begin
            result[i] = result[i-4];
        end
        result[3:0] = 0;
    end
end
```

在這個例子中，i 在迴圈執行開始時被設定值為 4，然後在每次迴圈之前都遞增 1，直到 i 大於 7。在 Verilog HDL 中，每次迴圈都將複製一次複製敘述，在這裡，最終將生成 4 個平行的複製敘述，實現資料的左移。

3.3.4 Verilog HDL 常用關鍵字彙總

這裡對 Verilog HDL 常用關鍵字進行整理，如表 3-10 所示。這些關鍵字都是可綜合的關鍵字，僅使用它們就可以上手 Verilog HDL 這個開發語言。

表 3-10 Verilog HDL 常用關鍵字

關鍵字	定義	說明
module	模組開始定義	模組定義
endmodule	模組結束定義	
input	輸入通訊埠定義	通訊埠定義
output	輸出通訊埠定義	
inout	雙向通訊埠定義	
parameter	訊號的參數定義	資料類型定義
wire	wire 訊號定義	
reg	reg 訊號定義	
begin	敘述的起始標示	區塊的範圍指定，相當於 C 語言中的 { }
end	敘述的結束標示	
always	產生 reg 訊號敘述的關鍵字	敘述的使用
assign	產生 wire 訊號敘述的關鍵字	
posedge/negedge	時序電路的標示	
case	Case 敘述起始標記	Case 敘述
default	Case 敘述的預設分支標示	
endcase	Case 敘述結束標記	
if	if/else 敘述標記	if 敘述
else	if/else 敘述標記	
for	for 敘述標記	for 敘述

需要注意的是，只有小寫的關鍵字才是保留字。舉例來説，識別符號 always（關鍵字）與識別符號 ALWAYS（非關鍵字）是不同的。

3.4 Verilog HDL 進階基礎知識

3.4.1 阻塞與非阻塞的區別

在 Verilog HDL 中有兩種類型的設定陳述式：阻塞設定陳述式（"="）和非阻塞設定陳述式（"<="）。正確地使用這兩種設定陳述式對於 Verilog HDL 的設計和模擬非常重要。

Verilog HDL 語言中的阻塞設定值與非阻塞設定值，從字面上來看，阻塞就是執行的時候在某個地方卡住了，直到這個操作執行完再繼續執行下面的敘述；非阻塞就是不管執行完沒有，不管執行的結果怎樣，都要繼續執行下面的敘述。而 Verilog HDL 中的阻塞設定值與非阻塞設定值就是這個意思。下面透過執行一個例子加以說明。

（1）阻塞設定值可以視為敘述的循序執行，因此敘述的執行順序很重要。
（2）非阻塞設定值可以視為敘述的並存執行，因此敘述的執行不考慮順序。
（3）在 assign 的結構中，必須使用阻塞設定值。

3.4.1.1 阻塞敘述與非阻塞敘述的時序區別

阻塞敘述設定值是需要在本敘述中「右式計算」和「左式更新」完全完成之後，才開始執行下一行敘述的。阻塞敘述設定值範例如下所示，透過阻塞的方式對變數 a、b、c 進行設定值。因為在阻塞敘述的控制下，後一敘述需要等待前一敘述運行完成之後才開始運行，所以最終結果將把 0 設定值給 a、b、c 三個變數。

```
always @(posedge clk)
begin
```

```
    if(~rst_n)begin
        a=1;
        b=2;
        c=3;
    end
    else begin
        a=0;
        b=a;
        c=b;
        end
end
```

該阻塞敘述範例的模擬時序圖如圖 3-13 所示,因為該阻塞敘述的等待時間極短,所以在圖中可以看到 a、b、c 三個變數幾乎在同一時間被設定值為 0。

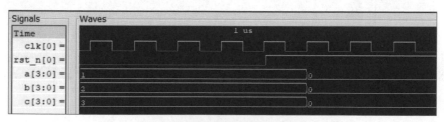

圖 3-13 阻塞敘述時序圖

阻塞敘述設定值的特點是當前敘述的執行不會阻塞下一敘述的執行。我們把範例中的阻塞敘述設定值更改為非阻塞敘述設定值,將得到完全不同的結果。非阻塞敘述設定值範例如下所示:

```
always @(posedge clk)
begin
    if(~rst_n)begin
        a<=1;
        b<=2;
        c<=3;
    end
```

```
    else begin
        a<=0;
        b<=a;
        c<=b;
    end
end
```

非阻塞敘述時序圖如圖 3-14 所示。從對該程式進行模擬中可以看到
a、b、c 三個變數的設定值在同一時間完成了設定值，但並沒有全部被
設定值為 0，因為在非阻塞敘述設定值過程中，後一行敘述不等待前一
行敘述執行完成，而是與前一行敘述同時完成了設定值，從而得到模
擬的實現波形。

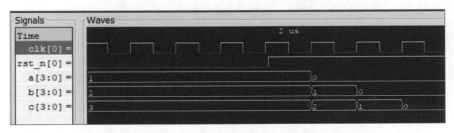

圖 3-14 非阻塞敘述時序圖

3.4.1.2 阻塞敘述與非阻塞敘述的電路區別

阻塞敘述設定值與非阻塞敘述設定值在電路上也有很大區別，如圖
3-15 所示，圖 3-15（a）為阻塞敘述的電路示意圖，圖 3-15（b）為非
阻塞的電路示意圖，它們的程式僅有阻塞設定值與非阻塞設定值的區
別，在電路上卻完全不同。在圖 3-15（a）中，阻塞方式的設定值在
always 區塊僅使用了一個暫存器，而中間變數 x 僅是一個連接線。但
在圖 3-15（b）中，變數 x 與變數 y 分別使用了一個暫存器，如此實現
了非阻塞敘述電路的功能。

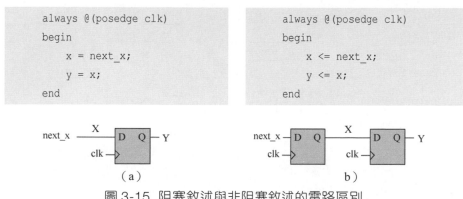

圖 3-15 阻塞敘述與非阻塞敘述的電路區別

3.4.1.3 阻塞敘述的使用

（1）在時序邏輯電路中一般使用非阻塞敘述設定值。非阻塞敘述設定值在區塊結束後才完成設定值操作，此設定值方式可以避免在模擬過程中出現冒險和競爭現象。

（2）在組合邏輯電路中一般使用阻塞敘述設定值。使用阻塞方式對一個變數進行設定值時，此變數的值在設定陳述式執行完後就立即改變。

（3）在 assign 敘述中必須使用阻塞敘述設定值。

3.4.2 assign 敘述和 always 敘述的區別

assign 敘述和 always 敘述是 Verilog HDL 中的兩個基本敘述，這兩個都是經常使用的敘述。

在使用時，assign 敘述不能帶時脈；always 敘述可以帶時脈，也可以不帶時脈。在 always 敘述不帶時脈時，邏輯功能和 assign 敘述完全一致，都是只產生組合邏輯。對於比較簡單的組合邏輯，推薦使用 assign 敘述；對於比較複雜的組合邏輯推薦使用 always 敘述。範例如下：

```
assign counter_en=(counter =(COUNT_MAX-1'b1))? 1'b1 1'b0;
always @(*)
begin
    case(led_ctrl_cnt)
        2'd0    :   led = 4'b0001;
        2'd1    :   led = 4'b0010;
        2'd2    :   led = 4'b0100;
        2'd3    :   led = 4'b1000;
        default :   led = 4'b0000;
    endcase
end
```

3.4.3 鎖相器與暫存器的區別

在使用 Verilog HDL 進行 FPGA 開發的過程中，鎖相器是一種對脈衝電位敏感的儲存單元電路。鎖相器和暫存器都是基本存放裝置單元。

鎖相器是電位觸發的記憶體，是組合邏輯產生的。暫存器是邊沿觸發的記憶體，是在時序電路中使用，由時脈觸發產生的。

鎖相器的主要危害是會產生突波（glitch），這種突波對下一級電路是很危險的。並且其隱蔽性很強，不易查出。因此，在設計中，應儘量避免使用鎖相器。

出現鎖相器的原因：程式裡面出現鎖相器的兩個原因是：在組合邏輯中，if 敘述不完整的描述和 case 敘述不完整的描述。比如，if 敘述缺少 else 分支或 case 敘述缺少 default 分支，會導致程式在綜合過程中出現。解決辦法：if 敘述必須帶 else 分支，case 敘述必須帶 default 分支。

需要注意的是，只有不帶時脈的 always 敘述（if 敘述或 case 敘述）不完整描述才會產生鎖相器，帶時脈的 always 敘述（if 敘述）或 case 敘述，不完整描述不會產生鎖相器。如圖 3-16 所示為缺少 else 分支的帶時脈的 always 敘述和不帶時脈的 always 敘述,透過實際產生的電路圖可以看到第二個是有一個鎖相器的,第一個仍然是普通的帶時脈的暫存器。

```
always@(posedge clk)
begin
    if(enable) begin
        q <= data;
    end
//    else begin
//        q <= 0;
//    end
end
```

```
always@(*)
begin
    if(enable) begin
        q <= data;
    end
//    else begin
//        q <= 0;
//    end
end
```

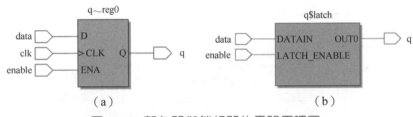

（a）　　　　　　　　　　（b）

圖 3-16 暫存器與鎖相器的電路原理圖

3.4.4 狀態機

Verilog HDL 是硬體描述語言,硬體電路是並存執行的,當需要按照流程或步驟來完成某個功能時,程式中通常會使用很多個 if 巢狀結構敘述來實現,這樣就增加了程式的複雜度,以及降低了程式的可讀性,這個時候就可以使用狀態機來編寫程式。狀態機相當於一個控制器,它將一項功能的完成分解為許多步,每一步對應於二進位的狀態,透過預先設計的順序在各狀態之間進行轉換,狀態轉換的過程就是實現邏輯功能的過程。

3.4.4.1 狀態機的種類

狀態機，全稱是有限狀態機（Finite State Machine，FSM），是一種在有限個狀態之間按一定規律轉換的時序電路，可以認為是組合邏輯和時序邏輯的一種組合。狀態機透過控制各個狀態的跳躍來控制流程，使得整個程式看上去更加清晰易懂。在控制複雜流程的時候，狀態機優勢明顯，因此基本上都會用到狀態機，如 SDRAM 控制器等。

根據狀態機的輸出是否與輸入條件相關，可將狀態機分為兩大類，即莫爾（Moore）型狀態機和米勒（Mealy）型狀態機。

米勒型狀態機：組合邏輯的輸出不僅取決於當前狀態，還取決於輸入狀態。米勒型狀態機狀態流圖如圖 3-17 所示。

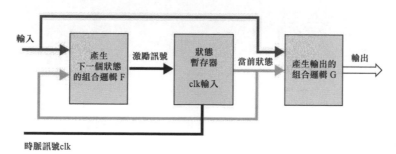

圖 3-17　米勒型狀態機狀態流圖

莫爾型狀態機：組合邏輯的輸出只取決於當前狀態。莫爾型狀態機狀態流圖如圖 3-18 所示。

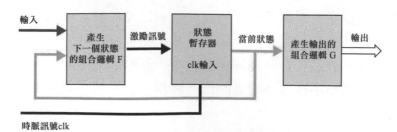

圖 3-18　莫爾型狀態機狀態流圖

3.4.4.2 狀態機的程式結構

根據狀態機的功能，狀態機的程式結構一般分為三種方式：一段式、二段式和三段式。

1. 一段式

一段式，即將整個狀態機寫到一個 always 模組裡面，在該模組中既描述狀態轉移，又描述狀態的輸入和輸出。不推薦採用這種程式結構的狀態機，因為從程式風格方面來說，一般都會要求把組合邏輯和時序邏輯分開；從程式維護和升級來說，組合邏輯和時序邏輯混合在一起不利於程式維護和修改，也不利於約束。

2. 二段式

二段式，即用兩個 always 模組來描述狀態機，其中一個 always 模組採用同步時序描述狀態轉移；另一個 always 模組採用組合邏輯判斷狀態轉移條件、描述狀態轉移規律以及輸出。不同於一段式狀態機的是，它需要定義兩個狀態：現態和次態，然後透過現態和次態的轉換來實現時序邏輯。

3. 三段式

三段式，即在兩個 always 模組描述方法的基礎上，使用三個 always 模組，一個 always 模組採用同步時序描述狀態轉移，另一個 always 模組採用組合邏輯判斷狀態轉移條件、描述狀態轉移規律，最後一個 always 模組描述狀態輸出（可以用組合電路輸出，也可以用時序電路輸出）。

3.4.4.3 三段式狀態機結構的設計

在實際應用中，三段式狀態機使用最多，因為三段式狀態機將組合邏輯和時序分開，有利於綜合器分析最佳化以及程式維護。並且三段式狀態機將狀態轉移與狀態輸出分開，使程式看上去更加清晰易懂，提高了程式的可讀性，推薦大家使用三段式狀態機，本文也會對此做著重講解。

三段式狀態機的基本格式是：

- 第一個 always 模組實現同步狀態跳躍；
- 第二個 always 模組採用組合邏輯判斷狀態轉移條件；
- 第三個 always 模組描述狀態輸出（可以用組合電路輸出，也可以用時序電路輸出）。

在開始編寫狀態機程式之前，一般先畫出狀態跳躍圖，這樣在編寫程式時想法會比較清晰。下面以一個 7 分頻為例進行講解（對於分頻等較簡單的功能，可以不使用狀態機，這裡只是演示狀態機編寫的方法），狀態跳躍圖如圖 3-19 所示。

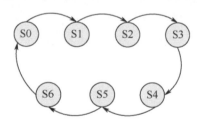

圖 3-19　狀態跳躍圖

這裡是使用獨熱碼的方式來定義狀態機，每個狀態只有一位元為 1，當然也可以直接定義成十進位的 0，1，2，……，7。因為我們定義成獨熱碼的方式，每個狀態的位元寬為 7 位元，接下來還需要定義兩個 7 位元的暫存器，一個用來表示當前狀態，另一個用來表示下一個狀態。接下來就可以使用三個 always 模組來開始編寫狀態機的程式。

第一個 always 模組採用同步時序描述狀態轉移，如下所示：

```
parameter S0 = 7'b0000001;          //獨熱碼定義方式
```

```
parameter S1 = 7'b0000010;
parameter S2 = 7'b0000100;
parameter S3 = 7'b0001000;
parameter S4 = 7'b0010000;
parameter S5 = 7'b0100000;
parameter S6 = 7'b1000000;


reg [6:0] curr_st ;                      //當前狀態
reg [6:0] nextst ;                       //下一個狀態
```

第二個 always 模組採用組合邏輯判斷狀態轉移條件，如下所示：

```
//狀態機的第二段採用組合邏輯判斷狀態轉移條件
always @(*)
begin
    case(curr_st)
        S0      :    next_st = S1;
        S1      :    next_st = S2;
        S2      :    next_st = S3;
        S3      :    next_st = S4;
        S4      :    next_st = S5;
        S5      :    next_st = S6;
        S6      :    next_st = s0;
        default :    next_st = s0;
    endcase
end
```

第三個 always 模組是描述狀態輸出，如下所示：

```
//狀態機的第三段描述狀態瀚出 (這里采陰時序電路輸出)
always @(posedge sys_clk or negedge sys_rst_n)
begin
    if(!sys_rst_n)
        clk_divide_7 <= 1'b0;
    else if((curr_st == S9) | (curr_st == S1) | (curr_st == S2) | (curr_st
== S3))
```

```
        clk_divide_7 <= 1'b0;
    else if((curr_st == S4) | (curr_st == S5) | (curr_st == S6))
        clk_divide_7 <= 1'b1;
    else
        clk_divide_7 <= 1'b0;
end
```

3.5 Verilog HDL 開發實例篇

3.5.1 漢明文編碼器

3.5.1.1 背景知識

改錯碼（ECC）利用容錯資料提高可靠性，在資料傳輸中得到廣泛應用。

漢明文是最著名的改錯碼之一，常見的有 HAM(7,4)、HAM(15,11)、HAM(31,26) 等。漢明文編碼規則如圖 3-20 所示。

Bit position		1	2	3	4	5	6	7	8	9	10	11	12	13	14	15	16	17	18	19	20	
Encoded data bits		p1	p2	d1	p4	d2	d3	d4	p8	d5	d6	d7	d8	d9	d10	d11	p16	d12	d13	d14	d15	
Parity bit coverage	p1	✗		✗		✗		✗		✗		✗		✗		✗		✗		✗		
	p2		✗	✗			✗	✗			✗	✗			✗	✗			✗	✗		...
	p4				✗	✗	✗	✗					✗	✗	✗	✗					✗	
	p8								✗	✗	✗	✗	✗	✗	✗	✗						
	p16																✗	✗	✗	✗	✗	

圖 3-20 漢明文編碼規則

3.5.1.2 實驗目標

根據圖 3-20，完成 HAM(15,11) 編碼器，並編寫 TestBench 在 Modelsim 中的模擬驗證。編碼器通訊埠如表 3-11 所示。

表 3-11 編碼器通訊埠

介面	位元寬	方向	描述
Data_i	11	In	11 位元輸入資料
Data_o	15	Out	15 位元輸出資料

3.5.1.3 Verilog HDL 程式編寫

新建 HammingCode.v 檔案，並在此檔案中增加下列程式：

```verilog
module HammingCode(Data_i,Data_o)
input  [10:0] Data_i;
output [14:0] Data_o;
reg    [14:0] Data_o;
always@(Data_i)
begin
    Data_o[14:4] <= Data_i;
    Data_o[3]<=Data_i[2]^Data_i[3]^Data_i[5]^Data_i[7]^Data_i[8]
^Data_i[9]^Data_i[10];
    Data_o[2]<=Data_i[1]^Data_i[2]^Data_i[4]^Data_i[6]^Data_i[7]
^Data_i[8]^Data_i[9];
    Data_o[1]<=Data_i[0]^Data_i[1]^Data_i[3]^Data_i[5]^Data_i[6]
^Data_i[7]^Data_i[8];
    Data_o[0]<=Data_i[0]^Data_i[3]^Data_i[4]^Data_i[6]^Data_i[8]
^Data_i[9]^Data_i[10];
end
endmodule
```

3.5.1.4 TestBench 程式編寫

新建 TestBench.v 檔案，並在此檔案中增加下列程式：

```verilog
`timescale 1ps/1ps

module TestBench();
reg   [10:0]  data;
```

```
HammingCode U1(
    .Data_i     (data),
    .Data_o     ()
);
initial begin
    data    =   11'b0;
end
always begin
    #10
    if(data == 11'h7ff)
        data    =   11'b0;
    else
        data    =   data + 1'b1;
end
endmodule
```

3.5.1.5 使用 Modelsim 模擬

（1）打開 Modelsim Intel FPGA Starter Edition 10.5b 軟體，並依次點擊
File → New → Project 新建專案，如圖 3-21 所示。

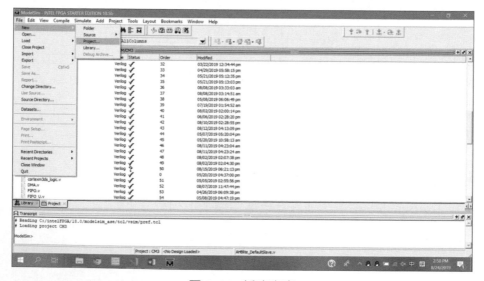

圖 3-21 新建專案

（2）在命名專案名稱並選擇對應資料夾後，在彈框中選擇 Add Existing File，如圖 3-22 所示。

圖 3-22 增加存在的檔案

（3）選擇編寫的 HammingCode.v 及 TestBench.v 檔案，增加至專案中，增加完成後如圖 3-23 所示。

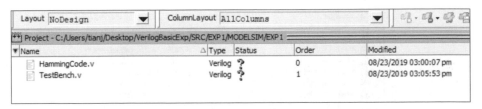

圖 3-23 增加檔案

（4）點擊編譯按鈕，編譯檔案，如圖 3-24 所示。

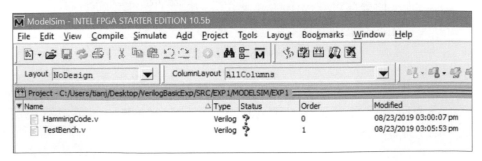

圖 3-24 編譯檔案

（5）成功編譯後，檔案 Status 標籤會變成綠色的勾，如圖 3-25 所示。

Project - C:/Users/tianj/Desktop/VerilogBasicExp/SRC/EXP1/MODELSIM/EXP1				
▼ Name	△ Type	Status	Order	Modified
HammingCode.v	Verilog	✓	0	08/23/2019 03:00:07 pm
TestBench.v	Verilog	✓	1	08/23/2019 03:05:53 pm

圖 3-25　編譯成功

（6）選擇 Library，展開 work，雙擊 TestBench 開始模擬，如圖 3-26 所示。

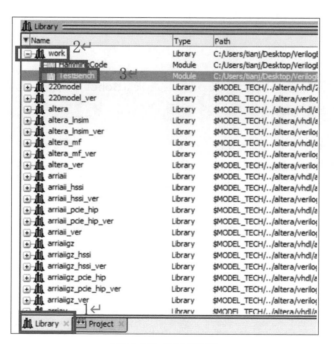

圖 3-26　進行模擬

（7）進入模擬後，首先在左側 sim 中點擊 U1，然後在右側 Objects 中選擇所有訊號，並按右鍵 Add Wave，將訊號增加到示波器視窗中，如圖 3-27 所示。

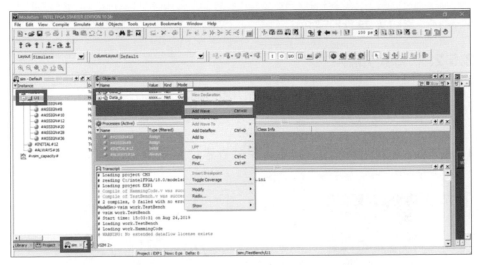

圖 3-27 增加訊號

（8）在示波器中，首先將模擬時間更改為 10 ns，然後點擊開始模擬，
等待模擬結束，如圖 3-28 所示。

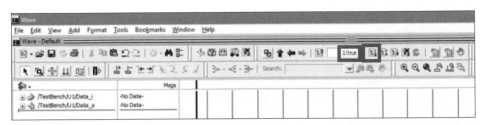

圖 3-28 模擬

（9）模擬完成後，觀察訊號波形，驗證功能是否正確，如圖 3-29 所示。

圖 3-29 觀察模擬波形

3.5.2 數位管解碼器

3.5.2.1 背景知識

在日常生活中，十進位數字是最常用的數位系統，但電腦中的資料是以二進位方式儲存的，因此需要透過 7 段 LED 來顯示二進位數字。

Terasic Cyclone V GX Starter Kit 開發板數位管如圖 3-30 所示。

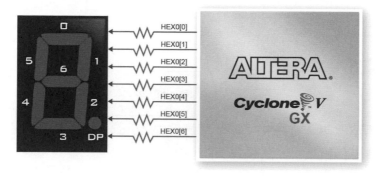

圖 3-30 開發板數位管

需要注意的是，每一位元均為低有效（輸入 0 亮，輸入 1 滅）。舉例來說，若要顯示數字 "0"，則輸入應為 "1000000"。

3.5.2.2 實驗目標

編寫 HexDisplay 模組，完成顯示解碼功能，並編寫 TestBench 在 Modelsim 中的模擬驗證。HexDisplay 模組通訊埠如表 3-12 所示。

表 3-12 HexDisplay 模組通訊埠

介面	位元寬	方向	描述
Bin_i	4	In	4 位元二進位輸入，0 ～ 9
Hex_o	7	Out	7 位元數位管驅動輸出

3.5.2.3 Verilog HDL 程式編寫

新建 HexDisplay.v 檔案，並在此檔案中增加以下程式：

```
module HexDisplay(
    input    wire    [3:0]   Bin_i,
    output   wire    [6:0]   Hex_o
);

assign  Hex_o   =   Bin_i == 4'h0  ?  7'b1000000  :  (
                    Bin_i == 4'h1  ?  7'b1111001  :  (
                    Bin_i == 4'h2  ?  7'b0100100  :  (
                    Bin_i == 4'h3  ?  7'b0110000  :  (
                    Bin_i == 4'h4  ?  7'b0011001  :  (
                    Bin_i == 4'h5  ?  7'b0010010  :  (
                    Bin_i == 4'h6  ?  7'b0000010  :  (
                    Bin_i == 4'h7  ?  7'b1111000  :  (
                    Bin_i == 4'h8  ?  7'b0000000  :  (
                    Bin_i == 4'h9  ?  7'b0010000  :  7'b1111111)))))))));
endmodule
```

3.5.2.4 TestBench 程式編寫

新建 TestBench.v 檔案，並在此檔案中增加以下程式：

```
`timescale 1ps/1ps

module TestBench();
reg    [3:0]  data;
HexDisplay U1(
    .Bin_i    (data),
    .Hex_o    ()
);
initial begin
    data    =    4'h0;
end
```

```
always begin
    #10
    if(data == 4'h9)
        data = 4'h0;
    else
        data = data + 1'b1;
end
endmodule
```

3.5.2.5 使用 Modelsim 模擬

使用 Modelsim 模擬的詳細步驟見 3.5.1 漢明文編碼器，此處不再贅述，模擬波形如圖 3-31 所示。

圖 3-31 數位管解碼器模擬波形

3.5.3 雙向移位暫存器

3.5.3.1 背景知識

在數位電路中，特別是序列生成電路中，移位暫存器是最常見的模組。使用移位暫存器不僅能夠完成一些簡單的乘法與除法，還能基於特徵多項式實現隨機定序器。

3.5.3.2 實驗目標

完成雙向移位暫存器程式編寫，並編寫 TestBench 在 Modelsim 中的模擬驗證。雙向移位暫存器通訊埠如表 3-13 所示。

表 3-13　雙向移位暫存器通訊埠

介面	位元寬	方向	描述
clk	1	In	時脈輸入
rstn	1	In	非同步重置，低有效
data_in	4	In	輸入資料
load	1	In	將輸入資料直接寫入暫存器，高有效
dir	1	In	1：左移 2：右移
data_out	4	Out	輸出資料

訊號時序如圖 3-32 所示。

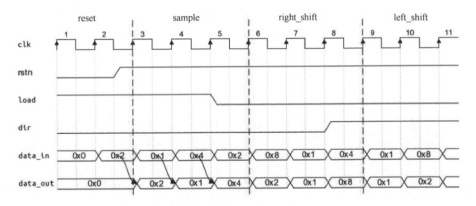

圖 3-32　訊號時序

3.5.3.3 Verilog HDL 程式編寫

完成雙向移位暫存器需要用到如圖 3-33 所示的電路。

觸發器的輸入由兩級多工器選出，若 load 有效，則觸發器輸入為 data_in，反之，觸發器輸入為移位輸出；若 dir 有效，則選擇左移邏輯，反之，選擇右移邏輯。

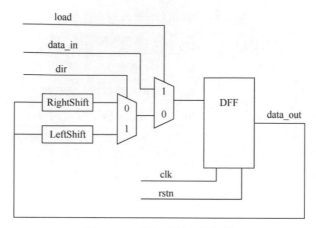

圖 3-33 移位暫存器電路

新建 **ShiftRegister.v** 檔案，並在此檔案中增加以下程式：

```
module ShiftRegister(
    input   wire            clk,
    input   wire            rstn,
    input   wire            load,
    input   wire            dir,
    input   wire    [3:0]   data_in,
    output  wire    [3:0]   data_out
);
wire    [3:0]   data;
reg     [3:0]   data_reg;
wire    [3:0]   data_left;
wire    [3:0]   data_right;
assign  data_left   =   {data_reg[2:0],data_reg[3]};
assign  data_right  =   {data_reg[0],data_reg[3:1]};
assign  data        =   load    ?   data_in     :   (
                        dir     ?   data_left   :   data_right);
always@(posedge clk or negedge rstn) begin
    if(~rstn)
        data_reg    <=  4'h0;
    else
```

```
        data_reg    <=  data;
end
assign  data_out    =   data_reg;
endmodule
```

3.5.3.4 TestBench 程式編寫

由於此模組的輸入具有一定的時序要求,所以需要在 initial 部分中描述對應的輸入控制變化,並另寫一個 always 描述時脈。

新建 TestBench.v 檔案,並在此檔案中增加以下程式:

```
`timescale 1ps/1ps
module TestBench();
reg         clk;
reg         rstn;
reg         dir;
reg         load;
reg    [3:0] data;
ShiftRegister U1(
    .clk     (clk),
    .rstn    (rstn),
    .dir     (dir),
    .load    (load),
    .data_in  (data),
    .data_out ()
);
initial begin
    clk     = 1'b0;
    rstn    = 1'b0;
    data    = 4'h0;
    load    = 1'b1;
    dir     = 1'b0;
    #30
    rstn    = 1'b1;
    #30
    data    = 4'h1;
```

```
   #20
   data    = 4'h2;
   #20
   data    = 4'ha;
   #20
   load    = 1'b0;
   #160
   dir     = 1'b1;
end
always begin
   #10
   clk = ~clk;
end
endmodule
```

3.5.3.5 使用 Modelsim 模擬

使用 Modelsim 模擬的詳細步驟見 3.51 漢明文編碼器，此處不再贅述，模擬波形如圖 3-34 所示。

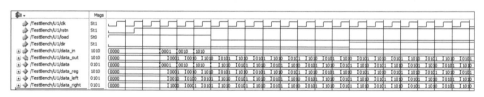

圖 3-34 雙向移位暫存器模擬波形

3.5.4 上浮排序

3.5.4.1 背景知識

上浮排序，也稱為下沉排序，是一種簡單的排序演算法。它反覆遍歷要排序的列表，比較每對相鄰項，如果順序不對，則交換它們。重複傳遞清單，直到不需要交換為止，表示清單已排序。其結構示意圖如圖 3-35 所示。

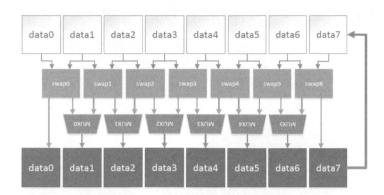

圖 3-35 上浮排序結構示意圖

完成上浮排序硬體設計，需要首先完成 swap 模組與 mux 模組的設計，並使用模組化設計方法完成頂層設計。在這裡我們使用平行的方式完成上浮排序，其實現方式如下。

（1）上浮排序第一步，交換 (0,1)(2,3)(4,5), …，如圖 3-36 所示。

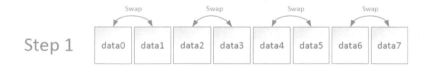

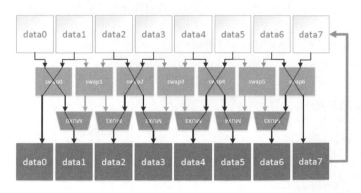

圖 3-36 上浮排序第一步示意圖

（2）上浮排序第二步，交換 (1,2)(3,4)(5,6),…，如圖 3-37 所示。

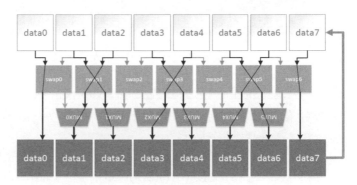

圖 3-37　上浮排序第二步示意圖

（3）第一步與第二步交替執行，直到排序完成。

3.5.4.2　實驗目標

完成上浮排序程式編寫，並編寫 TestBench 在 Modelsim 中的模擬驗證。

上浮排序通訊埠如表 3-14 所示。

表 3-14　上浮排序通訊埠

通訊埠訊號名	位元寬	方向	描述
clk	1	In	時脈輸入
rstn	1	In	非同步重置，低有效
Valid_i	1	In	輸入使能，高有效
Data_i	8	In	資料登錄

通訊埠訊號名	位元寬	方向	描述
SortReady_o	1	Out	Ready 訊號，為 1 時，模組準備好
Data0_o	8	Out	輸出的排序後的第 1 個資料
Data1_o	8	Out	輸出的排序後的第 2 個資料
Data2_o	8	Out	輸出的排序後的第 3 個資料
Data3_o	8	Out	輸出的排序後的第 4 個資料
Data4_o	8	Out	輸出的排序後的第 5 個資料
Data5_o	8	Out	輸出的排序後的第 6 個資料
Data6_o	8	Out	輸出的排序後的第 7 個資料
Data7_o	8	Out	輸出的排序後的第 8 個資料

模組工作流程如下。

（1）在 SortReady_o 為高時，使用移位接收 8 個資料，以 Valid_i 為使能。在模組中使用計數器計數，在接收完成後，第一個輸入的資料應在 data7，最後一個輸入的資料應在 data0。

（2）進入排序模式，SortReady_o 為低。

（3）排序完成，SortReady_o 為高，等待下一次資料到達。

（4）控制狀態機如圖 3-38 所示。

圖 3-38 控制狀態機

需要注意的是，排序週期與輸入資料有關，並非固定不變。

最短排序週期如圖 3-39 所示。

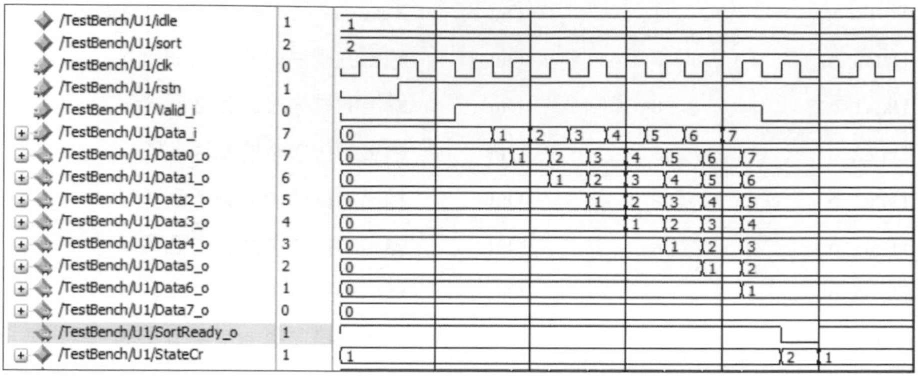

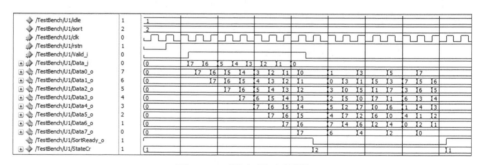

圖 3-39 最短排序週期

由於接收到的資料本就為從大到小排序，因此排序狀態只佔用一個週期。

最大排序週期如圖 3-40 所示。

圖 3-40 最大排序週期

由於接收到的資料為倒序，所以需要使用最多的週期完成排序。

3.5.4.3 Verilog HDL 程式編寫

首先，新建 Swap.v 檔案，並在此檔案中增加 Swap 模組程式，程式如下所示：

```
module Swap(
    input    wire    [7:0]  D0_i,
    input    wire    [7:0]  D1_i,
    output   wire    [7:0]  D0_o,
    output   wire    [7:0]  D1_o,
    output   wire           V_o
);

assign  V_o    =   D0_i    >= D1_i;
assign  D0_o   =   V_o     ?   D0_i   :   D1_i;
assign  D1_o   =   V_o     ?   D1_i   :   D0_i;
endmodule
```

其次，新建 Mux.v 檔案，並在此檔案中增加 Mux 模組程式，程式如下所示：

```
module Mux(
    input    wire    [7:0]  D0_i,
    input    wire    [7:0]  D1_i,
    input    wire           Sel_i,
    output   wire    [7:0]  D_o
);

assign  D_o =   Sel_i  ?   D1_i   :   D0_i;
endmodule
```

最後，新建 BubbleSort.v 檔案，並在此頂層檔案中完成模組實體化以及控制狀態機編寫，程式如下所示：

```
module BubbleSort(
    input    wire           clk,
    input    wire           rstn,
    input    wire           Valid_i,
    input    wire    [7:0]  Data_i,
    output   wire    [7:0]  Data0_o,
    output   wire    [7:0]  Data1_o,
```

3-51

```
    output  wire    [7:0]  Data2_o,
    output  wire    [7:0]  Data3_o,
    output  wire    [7:0]  Data4_o,
    output  wire    [7:0]  Data5_o,
    output  wire    [7:0]  Data6_o,
    output  wire    [7:0]  Data7_o,
    output  wire           SortReady_o
);
//------------------------------------------------
//  DATA PATH
//------------------------------------------------
reg    [7:0]  DataReg0;
reg    [7:0]  DataReg1;
reg    [7:0]  DataReg2;
reg    [7:0]  DataReg3;
reg    [7:0]  DataReg4;
reg    [7:0]  DataReg5;
reg    [7:0]  DataReg6;
reg    [7:0]  DataReg7;
wire   [7:0]  SwapOut0;
wire   [7:0]  SwapOut1;
wire   [7:0]  SwapOut2;
wire   [7:0]  SwapOut3;
wire   [7:0]  SwapOut4;
wire   [7:0]  SwapOut5;
wire   [7:0]  SwapOut6;
wire   [7:0]  SwapOut7;
wire   [7:0]  SwapOut8;
wire   [7:0]  SwapOut9;
wire   [7:0]  SwapOuta;
wire   [7:0]  SwapOutb;
wire   [7:0]  SwapOutc;
wire   [7:0]  SwapOutd;
wire   [6:0]  SwapBit;
wire   [7:0]  MuxOut0;
```

```
wire    [7:0]   MuxOut1;
wire    [7:0]   MuxOut2;
wire    [7:0]   MuxOut3;
wire    [7:0]   MuxOut4;
wire    [7:0]   MuxOut5;
wire    [5:0]   MuxSel;

Swap S0(
    .D0_i       (DataReg0),
    .D1_i       (DataReg1),
    .D0_o       (SwapOut0),
    .D1_o       (SwapOut1),
    .V_o        (SwapBit[0])
);
Swap S1(
    .D0_i       (DataReg1),
    .D1_i       (DataReg2),
    .D0_o       (SwapOut2),
    .D1_o       (SwapOut3),
    .V_o        (SwapBit[1])
);
Swap S2(
    .D0_i       (DataReg2),
    .D1_i       (DataReg3),
    .D0_o       (SwapOut4),
    .D1_o       (SwapOut5),
    .V_o        (SwapBit[2])
);
Swap S3(
    .D0_i       (DataReg3),
    .D1_i       (DataReg4),
    .D0_o       (SwapOut6),
    .D1_o       (SwapOut7),
    .V_o        (SwapBit[3])
);
```

```
Swap S4(
    .D0_i       (DataReg4),
    .D1_i       (DataReg5),
    .D0_o       (SwapOut8),
    .D1_o       (SwapOut9),
    .V_o        (SwapBit[4])
);
Swap S5(
    .D0_i       (DataReg5),
    .D1_i       (DataReg6),
    .D0_o       (SwapOuta),
    .D1_o       (SwapOutb),
    .V_o        (SwapBit[5])
);
Swap S6(
    .D0_i       (DataReg6),
    .D1_i       (DataReg7),
    .D0_o       (SwapOutc),
    .D1_o       (SwapOutd),
    .V_o        (SwapBit[6])
);
Mux M0(
    .D0_i       (SwapOut1),
    .D1_i       (SwapOut2),
    .Sel_i      (MuxSel[0]),
    .D_o        (MuxOut0)
);
Mux M1(
    .D0_i       (SwapOut3),
    .D1_i       (SwapOut4),
    .Sel_i      (MuxSel[1]),
    .D_o        (MuxOut1)
);
Mux M2(
    .D0_i       (SwapOut5),
```

```
    .D1_i       (SwapOut6),
    .Sel_i      (MuxSel[2]),
    .D_o        (MuxOut2)
);
Mux M3(
    .D0_i       (SwapOut7),
    .D1_i       (SwapOut8),
    .Sel_i      (MuxSel[3]),
    .D_o        (MuxOut3)
);
Mux M4(
    .D0_i       (SwapOut9),
    .D1_i       (SwapOuta),
    .Sel_i      (MuxSel[4]),
    .D_o        (MuxOut4)
);
Mux M5(
    .D0_i       (SwapOutb),
    .D1_i       (SwapOutc),
    .Sel_i      (MuxSel[5]),
    .D_o        (MuxOut5)
);
//-------------------------------------------------
// FSM
//-------------------------------------------------
localparam  idle = 2'b01;
localparam  sort = 2'b10;
reg    [1:0]  StateCr;
wire   [1:0]  StateNxt;
always@(posedge clk or negedge rstn) begin
    if(~rstn)
        StateCr <=  idle;
    else
        StateCr <=  StateNxt;
end
```

```verilog
wire    RecDone;
wire    SortDone;
assign  SortDone    =    &SwapBit    &    StateCr[1];
assign  StateNxt    =    ({2{StateCr[0]}} & (RecDone    ?    sort    :
StateCr))  |
                         ({2{StateCr[1]}} & (SortDone    ?    idle    :
StateCr))  ;
//------------------------------------------------
// RECIVE COUNTER
//------------------------------------------------
reg    [3:0]  RecCnt;
wire   [3:0]  RecCntNxt;
assign  RecCntNxt   =    ~StateCr[0] ?   4'h0    :   (
                         ~Valid_i    ?    RecCnt :   RecCnt + 1'b1);
always@(posedge clk or negedge rstn) begin
    if(~rstn)
        RecCnt  <=  4'h0;
    else
        RecCnt  <=  RecCntNxt;
end
assign  RecDone =   RecCnt  ==  4'h8    &   StateCr[0];
//------------------------------------------------
// MUX CONTROLER
//------------------------------------------------
reg    MuxFlag;
wire   MuxFlagNxt;
assign  MuxFlagNxt  =   StateCr[1] ?   ~MuxFlag    :   1'b0;
always@(posedge clk or negedge rstn) begin
    if(~rstn)
        MuxFlag <=  1'b0;
    else
        MuxFlag <=  MuxFlagNxt;
end
assign  MuxSel  =   MuxFlag ?   6'b010101   :   6'b101010;
//------------------------------------------------
```

```verilog
//  REGISTER
//-------------------------------------------------
always@(posedge clk or negedge rstn) begin
    if(~rstn) begin
        DataReg0    <=  8'b0;
        DataReg1    <=  8'b0;
        DataReg2    <=  8'b0;
        DataReg3    <=  8'b0;
        DataReg4    <=  8'b0;
        DataReg5    <=  8'b0;
        DataReg6    <=  8'b0;
        DataReg7    <=  8'b0;
    end else if(StateCr[0] & Valid_i & ~RecDone) begin
        DataReg0    <=  Data_i;
        DataReg1    <=  DataReg0;
        DataReg2    <=  DataReg1;
        DataReg3    <=  DataReg2;
        DataReg4    <=  DataReg3;
        DataReg5    <=  DataReg4;
        DataReg6    <=  DataReg5;
        DataReg7    <=  DataReg6;
    end else if(StateCr[1] & ~SortDone) begin
        DataReg0    <=  SwapOut0;
        DataReg1    <=  MuxOut0;
        DataReg2    <=  MuxOut1;
        DataReg3    <=  MuxOut2;
        DataReg4    <=  MuxOut3;
        DataReg5    <=  MuxOut4;
        DataReg6    <=  MuxOut5;
        DataReg7    <=  SwapOutd;
    end
end
//-------------------------------------------------
//  OUTPUT
//-------------------------------------------------
```

```
assign  Data0_o    =   DataReg0;
assign  Data1_o    =   DataReg1;
assign  Data2_o    =   DataReg2;
assign  Data3_o    =   DataReg3;
assign  Data4_o    =   DataReg4;
assign  Data5_o    =   DataReg5;
assign  Data6_o    =   DataReg6;
assign  Data7_o    =   DataReg7;
assign  SortReady_o =  StateCr[0];
endmodule
```

3.5.4.4 TestBench 程式編寫

參考 3.5.3 雙向移位暫存器中的時序邏輯 Testbench 寫法，新建
TestBench.v 檔案，並在此檔案增加以下程式：

```
`timescale 1ps/1ps

module TestBench();
reg           clk;
reg           rstn;
reg           valid;
reg    [7:0]  data;
BubbleSort U1(
    .clk       (clk),
    .rstn      (rstn),
    .Valid_i   (valid),
    .Data_i    (data)
);
initial begin
    clk    = 1'b0;
    rstn   = 1'b0;
    data   = 8'h00;
    valid  = 1'b0;
    #30
```

```
    rstn   = 1'b1;
    #30
    valid  = 1'b1;
    data   = 8'h7;
    #20
    data   = 8'h100;
    #20
    data   = 8'h48;
    #20
    data   = 8'h67;
    #20
    data   = 8'h3;
    #20
    data   = 8'h78;
    #20
    data   = 8'h66;
    #20
    data   = 8'h66;
    #20
    valid  = 1'b0;
end
always begin
    #10
    clk = ~clk;
end
endmodule
```

3.5.4.5 使用 Modelsim 模擬

使用 Modelsim 模擬的詳細步驟見 3.5.1 漢明文編碼器，此處不再贅述，模擬波形如圖 3-41 所示。

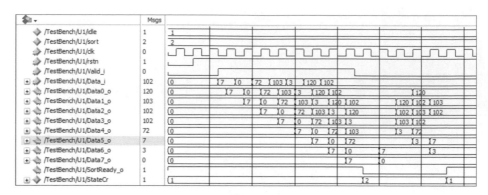

圖 3-41　上浮排序模擬波形

Quartus Prime 基本開發流程

本章將介紹使用英特爾的 Quartus Prime 軟體進行 FPGA 開發的基本流程，包括以下內容。

（1）創建一個新的英特爾 Quartus Prime 專案。
（2）選擇支持的設計輸入方法。
（3）將設計編譯到 FPGA 中。
（4）找到生成的編譯資訊。
（5）創建設計約束（分配和設定）。
（6）了解設計模擬。
（7）設定（程式設計）FPGA。

首先，介紹英特爾 Quartus Prime 專案的概念以及如何創建。其次，說明在英特爾 Quartus Prime 軟體中創建專案的一般設計方法。再次，說明在創建專案後，如何編譯與模擬。最後，介紹如何對目標裝置進行程式設計，以便設計能在完整的電路板上運行並實現電路功能。

4.1 Quartus Prime 軟體介紹

4.1.1 英特爾 FPGA 軟體與硬體簡介

這裡首先介紹英特爾 FPGA 和英特爾 FPGA 元件，以及可用的英特爾 Quartus Prime 軟體的不同版本。

4.1.1.1 英特爾 FPGA 和英特爾下 PGA 元件

英特爾 FPGA 是可程式化解決方案公司，提供用於創建可程式化邏輯的完整產品組合。首先是元件，從包含記憶體件程式設計資訊的低端 MAX 系列 CPLD，到用於創建需要大量邏輯的高性能設計的高端 Stratix 系列 FPGA，還有最新一代的高端 Agilex 系列 FPGA。其中，Cyclone 裝置提供成本最低的 FPGA，具有較多的邏輯資源，而 Arria 裝置可提供最佳的資源和性能平衡。Cyclone、Arria、Stratix 與 Agilex 晶片系列的一些變形包括完整的系統單晶片或 SoC 硬處理器系統。這些晶片中的硬核心處理器系統採用雙核心 Arm * Cortex * A-9 或四核心 A-53 處理器，直接內建於 FPGA 中的應用級處理器。所有包含收發器的 FPGA 晶片系列都允許創建高速介面，支援許多比較流行的協定，包括 PCIe 和 GB 乙太網。

英特爾 FPGA 還提供硬體和軟體工具，如提供 Intel Nios 嵌入式軟硬處理器，用於在可程式化晶片解決方案上創建完整系統，以及一些訂製的最佳化 IP。開發套件適用於大多數裝置，可用於早期設計和原型設計。但是，這裡的重點是英特爾 Quartus Prime 標準版軟體，它是使用英特爾 FPGA 元件創建可程式化邏輯設計的主要工具。

英特爾 FPGA 元件與軟體工具如圖 4-1 所示。

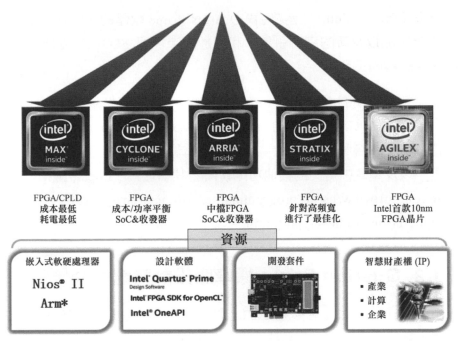

圖 4-1 英特爾 FPGA 元件與軟體工具

4.1.1.2 英特爾 Quartus Prime 軟體

針對 FPGA 開發，英特爾推出的軟體工具為 Quartus，15.1 之前的版本稱為 Quartus II，15.1 之後的版本稱為 Quartus Prime 軟體。英特爾 Quartus Prime 軟體有三個版本：Lite 版、標準版和專業版。

Lite 版：與舊版 Quartus II 網路版類似。它可以在沒有許可證的情況下下載和使用，但它具有有限的裝置支援，並且不包括其他版本的所有功能。

標準版（Standard）：與舊版 Quartus II 訂購版類似。它支援所有元件系列，包括英特爾 FPGA Arria®10 元件以及所有標準功能和工具，但它要有軟體許可證才能在最初的 30 天試用期到期之後繼續使用。

專業版（Pro Edition）：是英特爾 Quartus Prime 軟體的新版本。它包括許多新功能以及新的綜合引擎，和用於與英特爾 FPGA 最先進裝置配合使用的增強工具。

可在英特爾官網的 Quartus Prime 下載中心下載並安裝該軟體的任何版本。英特爾 FPGA 網站中的 "Documentation and Support" 部分，包括英特爾 FPGA 各種手冊，從中可以獲取有關本章中討論的功能的深入資訊，以及本章中提到的其他功能軟體。其網址為：https: //www.intel. com/content/www/us/en/programmable/products/design-software/fpga-design/quartus-prime/support.html/。

4.1.2 Quartus Prime 標準版設計軟體簡介

Quartus Prime 工具整合多種 FPGA 開發軟體，主要包含以下內容：①多種設計輸入方法；②邏輯綜合；③佈局 & 佈線；④裝置程式設計。

Quartus Prime 工具除整合 FPGA 開發軟體外，還支援各種模擬工具，即：①支援標準 Verilog HDL 模擬工具；②包括 ModelSim * -Intel FPGA 入門版工具；③可選擇升級到 ModelSim-Intel FPGA Edition 工具。

我們將英特爾 Quartus Prime 軟體稱為完全整合的設計工具，可以在英特爾 Quartus Prime 軟體中創建 FPGA 設計所需的一切，而無須任何其他工具。英特爾 Quartus Prime 標準版軟體能夠以多種方式輸入設計。輸入或創建後，軟體會將設計綜合為邏輯網路列表，並使用目標裝置的資源進行佈局和佈線，完成設計。可使用內建程式設計器生成可下載到 FPGA 的二進位下載檔案，並透過下載工具下載到指定的 FPGA 上，完成對 FPGA 裝置的程式設計，Quartus Prime 工具及其特性如表 4-1 所示。

表 4-1 Quartus Prime 工具及其特性

類別	Quartus Prime 工具及其特性
Operating system	64-bit Windows and Linux support
Licensing	Node-locked and network licensing support
Project creation	New Project Wizard
Design entry	Text Editor (HDL support) Schematic Editor State Machine Editor
Design entry	IP Catalog (replaces MegaWizard Plug-In Manager) Qsys system design tool DSP Builder Standard/Advanced Blockset OpenCL support 3rd-party design entry tool support
Constraint (assignment) entry	Assignment Editor Text Editor support of Synopsys Design Constraints (SDC) Pin Planner BluePrint Platform Designer (Pro Edition only) Scripting (Tcl) support
Design processing/ compilation (synthesis and fitting)	Quartus Integrated Synthesis (QIS) or Spectra-Q ™ Synthesis (Pro) 3rd party EDA synthesis tool support Quartus Prime Fitter (Lite & Standard) Spectra-Q Hybrid Placer&Router (Standard & Pro)
Design evaluation and debugging	RTL Viewer Technology Map Viewers State Machine Viewer
Power analysis	PowerPlay power analyzer
Static timing analysis	TimeQuest timing analyzer
Simulation	ModelSim-Altera Starter Edition ModelSim-Altera Edition 3rd party EDA simulation tool support

類別	Quartus Prime 工具及其特性	
Chip layout viewing and modification	Chip Planner Resource Property Editor	
Programming file generation	Quartus Prime Assembler	
FPGA/CPLD programming	Quartus Prime Programmer	
Hardware debugging tools	SignalTap II embedded logic analyzer In-System Sources and Probes SignalProbe incremental routing	System Console Transceiver Toolkit In-System Memory Content Editor
Design optimization and productivity improvement	Design Assistant Rapid Recompile Quartus Prime incremental compilation Physical synthesis optimization Design Space Explorer II (DSE)	

為滿足設計與模擬需求，該軟體可與許多第三方模擬工具配合使用。如果沒有模擬工具，可以從英特爾 FPGA 網站免費下載 ModelSim-Intel FPGA 入門版和 ModelSim-Intel FPGA 標準版工具。

4.1.3 Quartus Prime 主視窗介面

在安裝後第一次啟動軟體時，將看到主視窗介面（見圖 4-2）和主螢幕可以啟動新專案，打開現有或最近打開的專案，或造訪英特爾 FPGA 網站上的說明頁面。

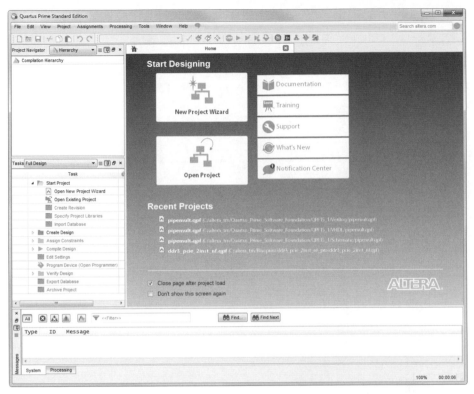

圖 4-2　Quartus Prime 主視窗介面

4.1.4　Quartus Prime 預設作業環境

Quartus Prime 預設作業環境如圖 4-3 所示。Quartus Prime 主視窗的大部分是用於查看檔案和使用軟體的工具和功能。"Project Navigator" 視窗提供有關專案及其相關檔案的資訊。會透過 "Tasks" 視窗，可以快速存取軟體中所有常用的工具和功能，同時可以指導完成典型的設計流程。"Message" 視窗列出了編譯過程中生成的訊息以及發給軟體的所有命令。透過 "IP Catalog"，可以快速存取可增加到設計中的所有可用 IP。"Tool View Window" 視窗會顯示使用過的任何工具，如文字編輯器或編譯報告。可以使用頂部的標籤在多個打開的視窗之間切換。在整個過程中，可更詳細地查看每個視窗。

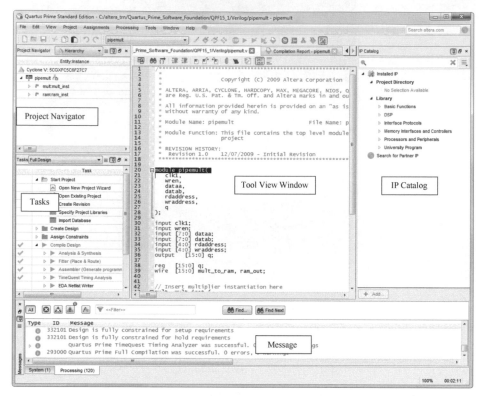

圖 4-3 Quartus Prime 預設作業環境

4.1.5 Quartus Prime 主工具列

在 Quartus Prime 軟體主視窗的頂部有選單和工具列按鈕，透過它們可快速輕鬆地在軟體中執行操作。選單是動態的，根據使用者使用的軟體中的工具來變化。選單中的大多數操作也可以透過介面中專案的右鍵選單執行。可以在介面中按右鍵物件，以查看可用的選項。實際上，按右鍵工具列或任何視窗標題列並選擇 "Large icons" 選項，可以更進一步地查看所有工具列選項。Quartus Prime 主功能表列說明如圖 4-4 所示。

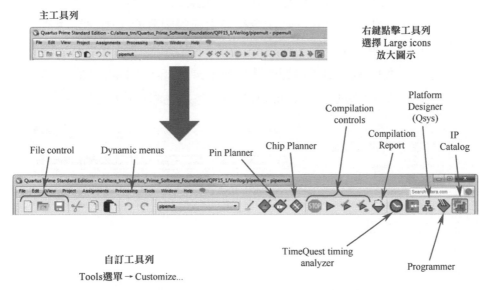

圖 4-4 Quartus Prime 主功能表列說明

主工具列按鈕提供常用操作和工具的捷徑。使用 "File control" 可以創建新檔案、打開現有檔案以及保存檔案。工具列中的「其他」按鈕可以打開 Pin Planner 等工具，可以使用目標 FPGA 裝置的圖形表示輕鬆創建與 I/O 相關的分配。"Chip Planner" 允許查看設計使用的裝置資源並進行低級架構更改。"TimeQuest timing analyzer" 是一種基於路徑的時序分析引擎，可以輕鬆設定時序約束，指導設計的佈局和佈線，以滿足時序要求。工具列中的「其他」控制項可讓您開始完整的設計編輯或只是綜合它。點擊 "Compilation Report" 可查看編譯結果。使用 "Programmer" 可將設計下載到元件。使用 "Platform Designer（Qsys）" 可建構完整的系統設計。使用 "Tool" 選單中的 "Customize..." 命令可增加、更改或刪除工具列中的按鈕，或將工具列還原為其原始設定。

4.1.6 Quartus Prime 內建說明系統

英特爾 Quartus Prime 標準版軟體包括一個廣泛的內建說明系統，可以從 "Help" 選單中的 "Help Topics" 命令存取內建說明頁面，內建説明透過系統的預設 Web 瀏覽器打開。使用 "Search" 可搜索包含特定關鍵字的所有說明頁面。使用 Web 瀏覽器的內建頁面搜索功能，可以在特定說明頁面中輕鬆搜索到特定關鍵字。Quartus Prime 內建說明選單如圖 4-5 所示。

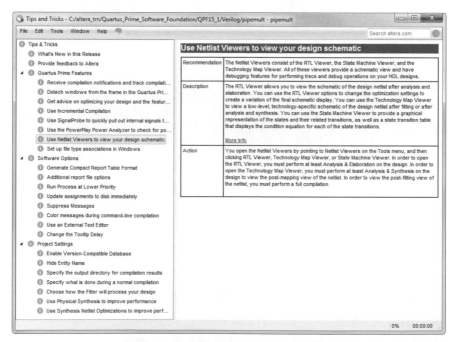

圖 4-5　Quartus Prime 內建說明選單

4.1.7 Quartus Prime 可分離的視窗

為了提高工作效率和螢幕可用性，特別是在雙顯示器設定中，英特爾 Quartus Prime 標準版軟體提供了從主視窗分離，和重新連接視窗的功能。以下兩種方法可以實現這一功能。第一個是使用某些視窗工具列

頂部的 "Detach/Attach" 按鈕，如圖 4-6 所示。點擊該按鈕進行分離。
獨立的視窗可以放在任何方便的地方。點擊分離視窗中的相同按鈕
可以重新整合到主視窗當中。需要注意的是，並非所有視窗都有工具
列，在這種情況下，需要使用 "Windows" 選單中的命令。從選單中選
擇 "Detach Window" 以分離，轉到分離視窗的 "Windows" 選單，然後
選擇 "Attach Window" 以將視窗重新整合到主視窗當中。

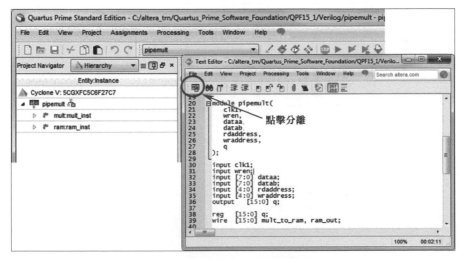

圖 4-6　Quartus Prime 可分離視窗

4.1.8　Quartus Prime 任務視窗

在英特爾 Quartus Prime 標準版軟體主視窗中的任務視窗中（見圖
4-7），各種工具及其操作方式被整合到開發設計的流程當中，只需雙擊
清單中的專案即可完成相關操作。在這裡有許多可用的流程，包括標
準的完整設計流程、專注於編譯任務的編譯流程，以及快速重新編譯
的流程。當對設計進行小的更改時，可執行快速編譯。流程中已完成
的任務將變為綠色，並在其旁邊佈局綠色核取記號，這樣可以輕鬆查
看流程中的哪些步驟已完成以及仍需執行哪些步驟。

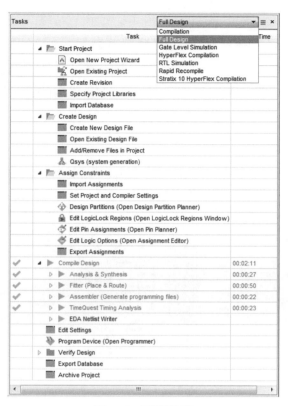

圖 4-7　任務視窗

4.1.9 Quartus Prime 自訂任務流程

如果你發現任務流程裡含有你從未執行過的任務，或缺少你需要的任務，那麼可以透過存取突出顯示的選單來創建自己的自訂任務流程。透過打開或關閉清單中的任務來創建新流程或自訂現有流程，也可以使用 Tcl 指令碼語言來控制英特爾 Quartus Prime 標準版軟體的流程。創建自訂任務流程時，可以將你的 Tcl 指令稿直接增加到流程中，以便於存取。

自訂任務流程如下。

（1）點擊任務視窗右上角的 "Customize…" 圖示，打開自訂視窗，如圖 4-8 所示。

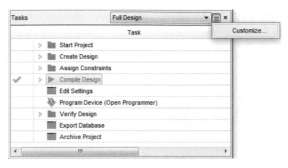

圖 4-8　自訂視窗

（2）為新建立的流程命名，如圖 4-9 所示。

（3）根據現有流程設定全新的流程，如圖 4-10 所示。

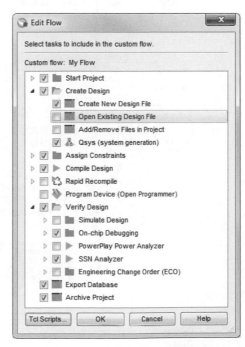

圖 4-9　創建新的任務流程　　　　圖 4-10　設定新的任務流程

4.2 Quartus Prime 開發流程

4.2.1 典型的 FPGA 開發流程

現在讓我們來看看典型的 FPGA 開發流程，以及在英特爾 Quartus Prime 標準版軟體中如何按典型的開發流程去實現功能，如圖 4-11 所示。

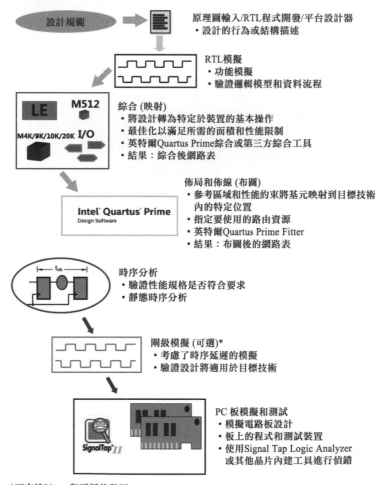

設計規範 ➡ 原理圖輸入/RTL程式開發/平台設計器
• 設計的行為或結構描述

RTL模擬
• 功能模擬
• 驗證邏輯模型和資料流程

綜合 (映射)
• 將設計轉為特定於裝置的基本操作
• 最佳化以滿足所需的面積和性能限制
• 英特爾Quartus Prime綜合或第三方綜合工具
• 結果：綜合後網路表

佈局和佈線 (布圖)
• 參考區域和性能約束將基元映射到目標技術
  內的特定位置
• 指定要使用的路由資源
• 英特爾Quartus Prime Fitter
• 結果：布圖後的網路表

時序分析
• 驗證性能規格是否符合要求
• 靜態時序分析

閘級模擬 (可選)*
• 考慮了時序延遲的模擬
• 驗證設計將適用於目標技術

PC 板模擬和測試
• 模擬電路板設計
• 板上的程式和測試裝置
• 使用Signal Tap Logic Analyzer
  或其他晶片內建工具進行偵錯

*不支持20-nm和更新的裝置

圖 4-11 典型的 FPGA 開發流程

在開始整個 FPGA 開發流程前，首先需要進行設計規範，也就是對需要實現的功能進行整體設計，包括功能的細節實現方法的設計，然後開始整個 FPGA 的開發流程，設計流程如下。

4.2.1.1 設計輸入

透過使用某種形式的圖形工具或以硬體描述語言來實現設計的功能，所使用的設計輸入方式將描述暫存器傳輸級，或 RTL 級的設計行為或邏輯結構，無論是圖形輸入還是硬體描述語言輸入，都可以在 Quartus Prime 軟體中完成。

4.2.1.2 RTL 模擬

接下來通常使用如 Modelsim Intel FPGA Starter Edition 之類的工具進行 RTL 模擬，這種模擬工具包含在 Quartus Prime 標準版軟體或其他第三方模擬工具中。需要注意的是，此時的模擬僅測試邏輯功能，不考慮電路延遲，因為還沒有基於所選裝置資源或路由的實際延遲時間來評估。

4.2.1.3 Synthesis（綜合）

進行綜合，以將設計輸入轉為針對特定目標裝置的邏輯門電路網路列表。在綜合過程中，可以最佳化設計以滿足指定的資源、性能以及時序要求。可以在英特爾 Quartus Prime 標準版軟體中執行綜合，也可以使用第三方綜合工具執行綜合，如 Mentor Graphics、Precision Synthesis、Synopsys Synplify 或 Synplify Pro 等。綜合的結果儲存在資料庫中，通常稱為綜合後網路列表。

4.2.1.4 Fitter（布圖）

無論使用何種工具進行綜合，都必須使用英特爾 Quartus Prime 標準版軟體，在目標裝置中執行設計基本操作的佈局和佈線，通常稱為布圖。英特爾 Quartus Prime Fitter 將綜合的邏輯基元映射到目標裝置中的特定位置，並用路由線將 FPGA 晶片內建的邏輯資源連在一起。在布圖過程中，可以指定面積、性能、時序及功率約束來指導該流程的實現。布圖的結果通常稱為後布圖網路列表。

4.2.1.5 Assembler（生成 FPGA 的程式檔案）

在布圖完成後，可以使用 Quartus Prime 的 Assembler 任務工具生成 FPGA 的程式檔案。通常到這一步，就已經完成了整個開發流程，因為在這裡生成的下載檔案可以直接下載到 FPGA 晶片內建，以進行下一步的偵錯工作。但為了更進一步地檢查設計是否滿足需要，還需進行後續的流程。

4.2.1.6 Static Timing Analysis（靜態時序分析）

在佈局後生成的後布圖網路列表可用於執行許多任務。它首先可用於執行靜態時序分析，以驗證布圖設計是否滿足時序和性能約束要求。通常在 Quartus Prime 工具編譯流程中的靜態時序分析過程中完成。經過該過程後，Quartus Prime 會生成時序報告，透過時序報告可以核對設計是否存在時序問題，驗證性能規格是否滿足要求。

4.2.1.7 閘級模擬（可選）

另外，還可以選擇閘級模擬功能來對設計進行實際電路時序的模擬。該模擬類似 RTL 模擬，但在這裡考慮了實際電路的路由延遲，以進一步驗證設計是否能在指定 FPGA 元件中正常運行起來。有些設計人員選擇不執行閘級模擬，因為 RTL 模擬和靜態時序分析通常是驗證設計的充分方法。但是，它仍然包含在這裡，是因為它通常被認為是設計流程的必要部分，同時 Quartus Prime 也對閘級模擬有較好的支持。

4.2.1.8　電路板等級模擬與測試

為了將裝置佈局在電路板上，可以使用由英特爾 Quartus Prime 標準版軟體生成的，或由英特爾 FPGA 提供的 IBIS 和 HSPICE 模型來執行電路板等級模擬。最後，可以將在 4.2.1.5 小節生成的，用於在印刷電路板上設定目標 FPGA 元件的程式設計檔案下載到電路板上。在對 FPGA 元件進行程式設計和設定之後，可以使用晶片內建偵錯工具（如 Quartus Prime 中整合的 Signal Tap 嵌入式邏輯分析儀）來驗證設計是否能正常執行。

綜上所述，英特爾 Quartus Prime 標準版軟體為 FPGA 開發的整個流程提供了一套完整的解決方案，可以完全在英特爾 Quartus Prime 環境中完成從設計到偵錯的整個流程，而無須任何第三方工具。如果你想使用其他工具，該軟體將無縫地提供支援。

4.2.2　創建 Quartus Prime 專案

上面介紹了英特爾 Quartus Prime 標準版軟體的設計流程，接下來透過創建和管理專案來進一步介紹如何使用該軟體完成設計。

英特爾 Quartus Prime 專案被定義為，最終創建要下載到 FPGA 的程式設計圖型所需的所有與設計相關的檔案，和函數庫的集合。一般來說所有專案檔案都儲存在單一專案資料夾或目錄中，但可以引用專案目錄外的其他檔案。專案必須具有指定的頂級設計實體，用於以邏輯實體化或其他設計檔案的形式將子實體連接在一起。此外，所有專案都必須針對單一裝置。但是，可以在設計過程中的任何位置對頂層實體和目標裝置進行更改。所有專案設定都儲存在 Quartus 專案檔案（.qsf）的單一檔案中。一旦專案編譯成功，編譯資訊將儲存在專案目錄的資料夾中。此資料夾名為 db，因為該資料夾包含編譯資料庫資訊。

雖然可以透過使用 Tcl 命令和指令稿來創建新專案以及許多其他任務，但這裡偏重於使用 GUI 來快速輕鬆地開始創建設計。

在英特爾 Quartus Prime 標準版軟體中創建新專案的最簡單方法是使用新建專案精靈。

4.2.2.1 新建專案精靈

新建專案精靈的操作類似於其他軟體精靈，首先，只需要提供創建新專案所必需的資訊，包括選擇專案工作目錄和對頂級設計模組的引用。然後，將任何其他檔案增加到專案中，以及設定在此過程中可能要使用的任何第三方 EDA 工具。最後，為設計選擇目標裝置。透過精靈收集此資訊，創建一個新專案。創建過程如下。

1. 打開 "New Project Wizard" 並設定專案名稱

其操作過程如圖 4-12 所示。其中，打開專案精靈有兩種方式：一種是在 File 選單下打開，一種是在 Tasks 功能表列中打開。

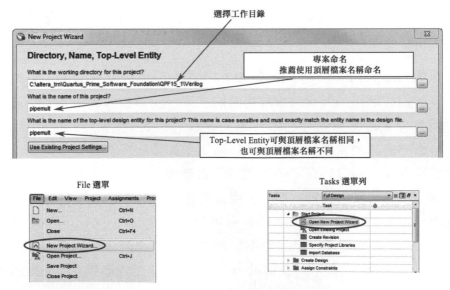

圖 4-12 使用新建專案精靈創建專案

2. 選擇專案類型

設定好專案名稱後，下一步是選擇專案類型，可以選擇空白專案，也可以使用專案範本，如圖 4-13 所示。在圖 4-13 中可以看到在專案範本選項的說明中 "Design Store" 帶有底線，點擊 "Design Store" 可以看到英特爾官方提供的許多專案設計範例。

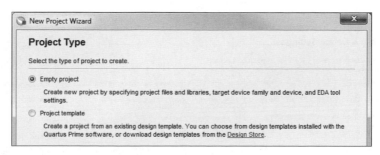

圖 4-13　選擇專案類型

3. 增加程式檔案

選擇專案類型的下一步是增加程式檔案，在對話視窗中增加程式檔案，如圖 4-14 所示。如果程式檔案已存在，可直接進行增加；如果還沒有程式檔案，可在專案創建完成後再增加。在這個視窗中還可以指定自訂或第三方的 IP 函數庫路徑名稱。

圖 4-14　增加程式檔案

4. 指定目標 FPGA 元件

增加程式檔案的下一步是指定目標 FPGA 元件，如圖 4-15 所示。選擇專案要使用的目標裝置，可以透過首先選擇元件系列和元件系列類別來選擇特定的裝置。選擇元件系列可以讓你選擇一些選項，比如你是否想要使用一個包括高速收發器或基於 Arm 的 SoC 的裝置。

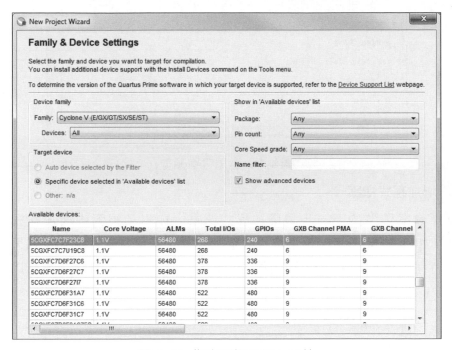

圖 4-15　指定目標 FPGA 元件

選擇了系列和類別後，使用右邊的篩選選項來篩選可用的裝置結果。如果想使用最新和最大的 Intel 元件，可以打開 Show advanced devices 選項。

5. 設定 EDA 工具

在新建專案精靈的下一頁中，選擇與 Quartus Prime 軟體一起使用的第三方工具來執行某些任務。你可以使用第三方工具，而非 Quartus

Prime 軟體,來進行設計輸入和合成、模擬和時序分析。選擇支持的工具和該工具所需的任何檔案的格式。如果所有這些任務都將在 Quartus Prime 軟體中直接執行,那麼可以跳過 New Project 精靈的這個頁面。設定 EDA 工具介面如圖 4-16 所示。

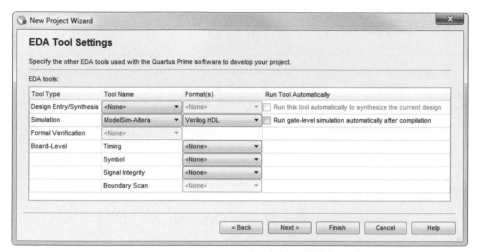

圖 4-16　設定 EDA 工具介面

6. 專案創建完成

在新專案精靈的最後一頁上,將顯示新專案所選選項的摘要,如圖 4-17 所示。點擊 Finish 將使用所選設定創建該新專案。需要注意的是,新的專案設定不是永久的,可以在「設定」對話方塊中進行更改。

一旦創建了一個新專案,如果該專案已經關閉,有多種方法可以再次打開該專案。雙擊 .qpf 檔案,它是 Quartus 主專案檔案,或從「檔案」選單中選擇 Open project。你可以從「檔案」(File)選單或主螢幕中選擇最近打開的專案,或在「任務」視窗中雙擊任務「打開現有專案」,如圖 4-18 所示。

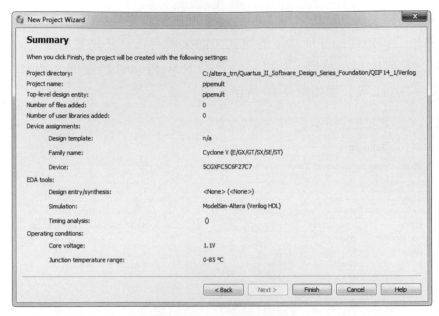

圖 4-17　專案創建完成

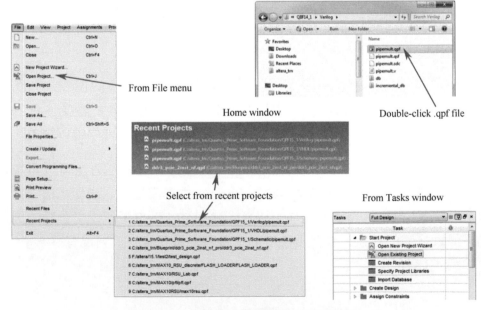

圖 4-18　打開已存在專案的方式圖例

4.2.2.2 專案導覽器

專案導覽器（見圖 4-19）位於主視窗的左側，在編譯專案後透過完整編譯，或至少運行 Analysis & Elaboration 顯示整個專案層次結構，這是綜合過程的第一步。專案層次結構由頂級設計模組和層次結構中的頂級，或其他物理引用的任何其他檔案或實體組成。在指示的搜索欄位中輸入文字，以過濾設計層次結構。這對於在大型設計中尋找特定實體很有用。

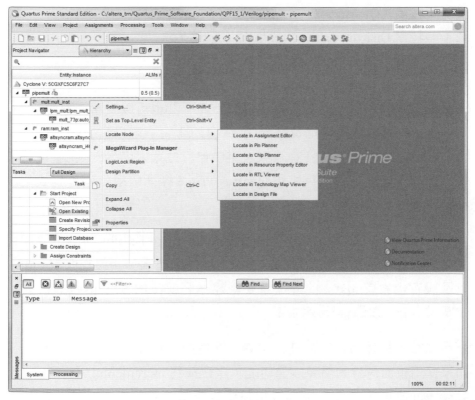

圖 4-19　專案導覽器

可以使用專案層次結構查看層次結構中，每個等級的裝置資源的使用情況，更改頂級模組，為增量編譯設定設計分區，以及進行影響整個

模組的專案分配。還可以按右鍵設計模組，然後使用「定位」子功能
表在軟體中的其他工具找到該模組。你將發現能夠在軟體中的其他工
具中定位設計項目，這稱為交換探測，其在整個英特爾 Quartus Prime
軟體環境中普遍存在。

4.2.2.3 標準版專案檔案和資料夾

標準版專案檔案與資料夾如下所示。

（1）英特爾 ®Quartus®Prime 專案檔案（.qpf）。

（2）英特爾 Quartus Prime 預設檔案（.qdf）。

（3）英特爾 Quartus Prime 設定檔案（.qsf）。

（4）Synopsys 設計約束（.sdc）。

（5）db 資料夾：①包含已編譯的設計資訊；②也可以查看 incremental_
db，以獲取增量編譯資訊。

（6）output_files 資料夾（在專案設定中自訂位置／名稱）：①生成的編
譯報告檔案；②由英特爾 Quartus Prime 標準版組合語言程式生成
的程式設計檔案。

某些檔案和資料夾在 Intel Quartus Prime Standard Edition 專案的專案目
錄中創建。在專案目錄中找到的檔案包括專案檔案、預設檔案或 .qdf，
以及設定檔案或 .qsf。此外還需要創建一個或多個 Synopsys 設計約束
檔案或 .sdc，以儲存時序約束。

一旦執行了編譯過程中的任何步驟，還會找到前面提到的 db 資料夾，
如果使用後面討論的增量編譯功能，還會找到 incremental_db 資料夾。
最後，output_files 資料夾儲存用於離線查看，和位元流程式設計檔案
的編譯資訊報告。這些檔案由 Intel Quartus Prime Assembler 生成，用
於使用 Intel Quartus Prime 程式設計器對目標 FPGA 或 CPLD 裝置進行
程式設計。

4.2.3　設計輸入

前面介紹了如何在軟體中創建和管理專案，接下來介紹如何將設計匯入專案中。

4.2.3.1　設計輸入的格式

Quartus Prime 軟體支援多種不同的輸入檔案格式，可以在同一專案中混合和匹配。對於使用硬體描述語言的基於文字的設計輸入，該軟體支援所有 VHDL 和 Verilog HDL 標準以及大部分 SystemVerilog 擴充。對於基於原理圖的輸入，該軟體包括一個原理圖編輯器，可以在其中創建程式方塊圖或圖形設計檔案。還可以使用內建狀態機編輯器快速創建狀態機。該軟體還包括一個記憶體編輯器，用於創建英特爾標準 HEX 檔案和記憶體初始化 mif 檔案，以初始化設計中的 RAM 或 ROM。

如果使用第三方工具來創建設計，則可以使用標準 EDIF 或 HDL 網路列表格式將它們匯入專案。還可以使用 Verilog Quartus 映射檔案 .vqm，它們具有與 EDIF 檔案類似的格式，但是以 Verilog HDL 編寫可提高可讀性。

在 Quartus Prime 中設計輸入有以下幾種方式。

（1）文字編輯器：① VHDL；② Verilog HDL 或 SystemVerilog。

（2）原理圖編輯器：Block Diagram 或 Schematic File。

（3）系統編輯器：Platform Designer。

（4）狀態機編輯器：來自狀態機檔案的 HDL。

（5）記憶體編輯器：① HEX；② MIF。

（6）第三方 EDA 工具：① EDIF 200；② Verilog Quartus Mapping（.vqm）。

1. 設計輸入的檔案類型

如圖 4-20 所示，頂級檔案和所有支持檔案可以是這些格式中的任何一種。至於在層次結構中的其他設計檔案，Quartus Prime 軟體允許混合使用。舉例來説，只要實體化語法和通訊埠映射正確，就可以在 Verilog HDL 模組中實體化 VHDL 模組，這提供了任意格式輸入的靈活性。需要注意的是，許多第三方工具，如模擬工具等，如果沒有額外的 license 支持，是不支持混合使用各種設計檔案的。

圖 4-20 支援的設計輸入檔案類型

2. 創建新的設計檔案

要為 Quartus Prime 軟體中的任何工具創建新的設計檔案或新檔案，需要從 "File" 選單中選擇 "New" 對話方塊，或點擊在工具列中的「新建檔案」按鈕，或在 "Task" 視窗中雙擊 "Create New Design File"，將出現「新建檔案」對話方塊，允許創建任何類型的新檔案，如圖 4-21 所示。

3. 文字設計輸入

對於文字設計輸入，可以使用任何文字編輯器或使用內建文字編輯器。內建文字編輯器設定為預設值，但可以透過「工具」選單中的「選項」對話方塊進行更改。

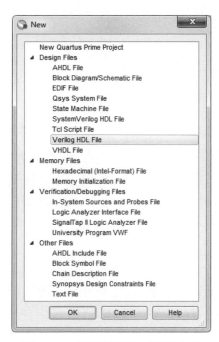

圖 4-21「新建檔案」對話方塊

如果你選擇使用內建文字編輯器，會發現它包含許多可以極大地幫助
創建 HDL 設計的功能。編輯器包括區塊註釋、行號、用於快速跳躍
到所選行的書籤，以及基於所使用的設計語言的語法配色器。文字編
輯器還具有內建的尋找和替換功能。完整的模組功能可以折疊成一行
文字，以幫助關注仍需要工作的設計部分。為了提醒使用者「儘早保
存，經常保存」，只要有任何未保存的更改或增加，就會在文字編輯器
的標題列中顯示星號。內建文字編輯器的特點如下。

（1）區塊註釋。

（2）HDL 文字檔中的行號。

（3）書籤。

（4）語法配色器。

（5）尋找／替換文字。

（6）尋找並突出顯示匹配的分隔符號。

（7）功能擴充。

（8）為 Timing Analyzer 創建和編輯 .sdc 約束檔案。

（9）預覽／編輯完整設計並建構 HDL 範本。

文字編輯器還包括有助創建 .sdc 或 Synopsys 設計約束的檔案，用於時序分析。最後，文字編輯器還提供現成的範本，以快速創建和自訂常用的編碼結構，以及完整的設計，並將它們增加到設計中。使用 Quartus Prime 文字編輯器，可以創建 VHDL、Verilog HDL 或 SystemVerilog 格式的檔案，及其支持的其他檔案格式的檔案。

4. 文字編輯器功能

Quartus Prime 文字編輯器如圖 4-22 所示。在圖中，可以看到前面提到的一些特性範例，以及文字編輯器頂部用於啟用或禁用這些特性的按鈕。

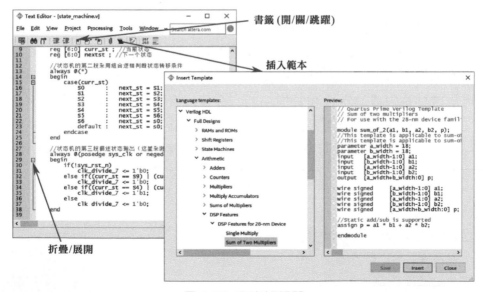

圖 4-22 文字編輯器

或許 Quartus Prime 文字編輯器最有用的功能之一，是使用訂製 HDL 範本的能力，以快速增加程式到設計中。舉例來說，可以使用範本在設計中創建雙通訊埠 RAM，方法是使用設計中的訊號名替換範本中的預設通訊埠名稱，而無須編寫任何程式。若要使用可用的 HDL 範本，可從 "Edit" 選單中選擇 "Insert Template" 或點擊文字編輯器工具列中的按鈕。從清單中選擇 HDL 語言和所需的範本，以查看要插入的程式的預覽。可以在預覽視窗中編輯範本，為設計訂製訊號和變數。點擊 "Insert" 將程式片段增加到游標位置的設計檔案中，或將自訂範本保存為使用者範本，以便稍後在同一設計檔案中使用或在其他設計中快速存取。

5. 原理圖設計輸入

Quartus Prime 軟體包括一個功能齊全的原理圖設計編輯器。使用原理圖設計編輯器，可以使用標準設計模組（如門、觸發器和 I/O 接腳）創建設計。還可以在設計中快速輕鬆地佈局（通常稱為實體化）英特爾 FPGA IP 和 LPM。下面將討論英特爾 FPGA 設計邏輯區塊。佈局完所有邏輯後，只需使用電線和匯流排將區塊連接在一起即可。

雖然大多數新設計都是用 HDL 而非原理圖創建的，但是作為頂層設計實體的原理圖，HDL 有助創建簡單的測試設計，以了解英特爾 FPGA IP 的功能或作為連接部件的方塊圖。可以將原理圖轉為 HDL 程式用於其他專案，或從 HDL 檔案中創建黑盒符號檔案，以便在原理圖檔案中實體化設計。

4.2.3.2 英特爾 FPGA IP 核心

創建設計的另一種方法是使用 IP 核心。IP 核心是在軟體中創建和自訂的預製設計模組。IP 可以代表任何東西，從簡單的邏輯（如門和觸發器）到更複雜的結構（如 PLL 或 DDR 記憶體控制器）。許多 IP 核心都是免費的，並與所有版本的軟體一起安裝。如有必要，它們易於創建且易於更改。只需將它們放入現有設計中，即可加快設計輸入過程。英特爾 Quartus Prime 標準版軟體中包含的所有 IP 核心，也針對英特爾 FPGA 裝置進行了預最佳化，以便在指定 FPGA 裝置上更進一步地實現功能。

1. IP Catalog

IP Catalog 是集中式 IP 的管理工具，用於實現、設定和生成針對特定 FPGA 元件進行最佳化的 IP 核心。

IP 核心透過 IP Catalog 增加到設計中。第一次打開 Intel Quartus Prime 軟體時會出現 IP Catalog，可以從 "View" 或 "Tool" 選單中重新打開它。可以在不打開 Intel Quartus Prime 軟體專案的情況下開始生成 IP 核心。如果沒有專案打開，請注意要選擇的 FPGA 裝置屬於哪個 FPGA 系列，以便在生成 IP 時，針對該 FPGA 元件的系統結構生成最佳化的 IP 核心，如圖 4-23 所示。

圖 4-23 專案未打開時，增加 IP 核心指定 FPGA 裝置所屬系列

如果專案已打開，則將針對專案的目標 FPGA 元件生成最佳化的 IP 核心，此時的 IP Catalog 如圖 4-24 所示。

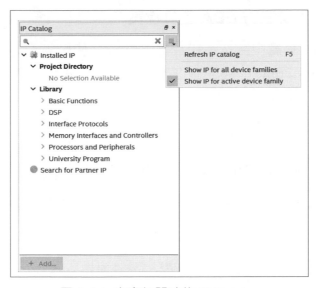

圖 4-24 專案打開時的 IP Catalog

2. 使用 IP 目錄

要創建 IP 核心的新實例，只需從 IP 目錄中雙擊要使用的 IP，或選擇 IP 並點擊「增加」按鈕，如圖 4-25 所示，將打開 IP 的參數編輯器。根據所選的 IP 和目標裝置，可能會出現不同的參數編輯器，但它們的功能類似，都能指導使用者完成 IP 的參數設定並生成輸出檔案。

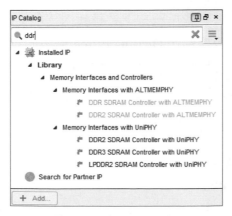

圖 4-25 使用 IP 目錄

4.2.3.3 匯入第三方 EDA 工具檔案

Quartus Prime 軟體中另一種設計輸入方法是使用第三方工具。如上所述，Quartus Prime 軟體可與任何生成 EDIF 網路列表的工具，或以 VHDL 或 Verilog 格式編寫的任何網路列表一起使用。這包括由 Synopsys Synplify 和 Synplify Pro 等工具生成的 VQM 格式。要使 Quartus Prime 軟體專案中包含這些設計，只需指定用於生成檔案的工具，將黑盒子區塊實體化到設計中，然後將檔案增加到專案中。

Quartus Prime 軟體支援帶有業界標準 EDA 工具介面的網路列表檔案：

（1）EDIF 200（.edf）；
（2）Verilog Quartus Mapping (.vqm)。

在 Quartus Prime 軟體中匯入和使用網路列表檔案的步驟為：

（1）在軟體設定中指定 EDA 工具；
（2）在設計中實體化區塊；
（3）將 .edf/.vqm 檔案增加到軟體專案中。

4.2.3.4 第三方綜合工具支援

舉例來說，可以使用一些第三方工具替代內建的 Quartus Prime 合成過程。第三方工具可能提供比 Quartus Prime 更多的選擇或產生更好的結果。這裡列出了兩家與英特爾積極合作的供應商及其工具，以提供有關 Altera 裝置的最新資訊，確保高度最佳化的、特定於裝置的綜合邏輯。

支持 Mentor Graphics 公司的工具：

（1）Precision* RTL；
（2）Precision RTL Plus。

支持 Synopsys 公司的工具：

（1）Synplify；
（2）Synplify Pro；
（3）Synplify Premier。

4.2.4 編譯

接下來看一下編譯過程（見圖 4-26）以及如何使用編譯結果偵錯和改進設計。

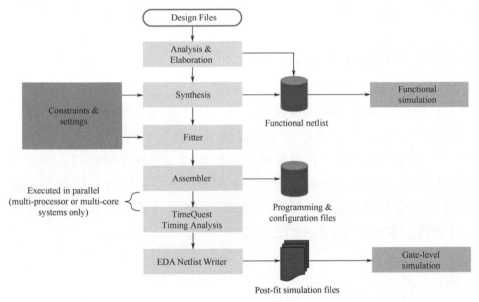

圖 4-26 編譯過程

在 Quartus Prime 設計環境中，編譯是對設計進行綜合，並針對目標元件完成佈局佈線，最後生成能夠下載到目標裝置的二進位下載檔案的整個過程。

圖 4-26 顯示了該過程的基本步驟，並列出了執行完整編譯時運行的所有處理程序。其中，Analysis & Elaboration 是對設計檔案的正確性進行檢查，並生成一個早期的功能網路列表，該網路列表用於連結各個設計檔案，並顯示在 Project Navigator 中。

在執行完整編譯期間，Synthesis 和 Fitter 都會自動運行，但可以透過使用約束和設定來指導和最佳化。綜合（Synthesis）後網路列表可用於功能模擬，而轉換（Fitter）後網路列表可用於生成 FPGA 的下載檔案，並可同時用於 "TimeQuest Timing Analysis" 分析時序。最後，可以運行 EDA Netlist Writer 生成轉換後網路列表的模擬檔案，或與設計相關的其他檔案，供第三方工具使用。

4.2.4.1 Processing 選項

可以從 "Processing" 選單或 "Processing" 工具列中存取圖 4-27 中的選項，有些選項也可以在任務視窗中作為捷徑使用。無論何時開始執行完整編譯，軟體都會遍歷整個編譯流程，從分析設計到生成輸出檔案。在流程中運行單一處理程序以節省編譯時間或僅執行特定操作，如分析時序或創建更新的輸出檔案。如果你進行的操作僅影響編譯過程的一部分更改（如擬合最佳化選項），則運行單一過程。如已經運行，那麼只需要運行 Fitter 後面的選項。

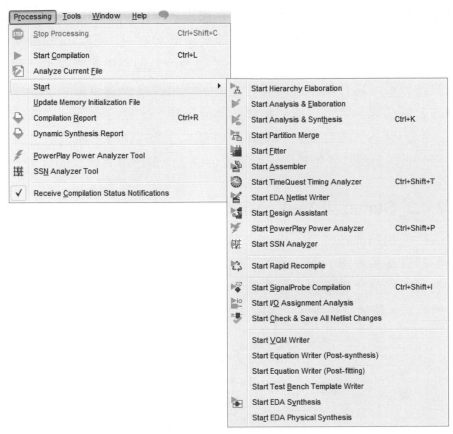

圖 4-27　Processing 選項

4.2.4.2 編譯設計流程

接下來讓我們更詳細地看一下編譯過程。軟體中有兩個編譯流程。

第一個是使用標準流程，無論何時執行完整編譯，整個設計都將作為一個整體進行處理。因此，即使任何設計檔案中的微小變化也會導致整個設計被重新處理。由於必須重新編譯整個設計，因此始終會對整個設計進行全域最佳化。但是，編譯器執行最佳化的方式可能因編譯而異，因為除非使用者鎖定結果，否則不會保留先前的編譯。

第二個是增量編譯流程，它會自動在標準版中創建的新專案上啟用。透過增量編譯，可以設定在進行更改時重新編譯設計的那些部分（稱為設計分區）。因此，如果進行了小的更改，只需要重新編譯進行更改的設計分區。這有助減少編譯時間，同時保持從一個編譯到下一個編譯的良好結果。可以根據要維護的部分選擇，是否應為下一次編譯保留設計分區的後綜合或後佈局網路列表。增量編譯將重用的設計分區網路列表與新創建或更新的網路列表合併，以創建最終編譯的專案。

4.2.4.3 Status 與 Task 視窗

在運行任何編譯過程時，無論是完整編譯還是單一編譯，狀態和任務視窗都會提供編譯的即時狀態。任務視窗預設打開，如被關閉可以從視圖選單打開狀態視窗。狀態和任務視窗使用進度指示器和計時器來衡量編譯步驟的完成情況，如圖 4-28 所示。

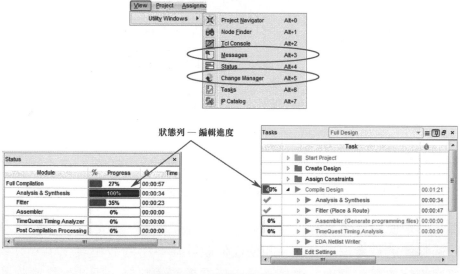

圖 4-28 狀態和任務視窗

4.2.4.4 Message 視窗

Messages 視窗提供由編譯過程生成的即時資訊、警告或錯誤訊息，如圖 4-29 所示。訊息視窗中的訊息顏色和符號表示生成的訊息的類型。綠色表示一般資訊；藍色表示不會停止編譯，但可能需要檢查；紅色表示停止編譯的錯誤，並且必須在編譯完成之前修復。可以手動標記所選的訊息以供以後檢查，或忽略對將來編譯時不重要的訊息。

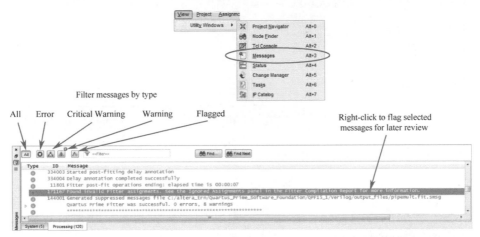

圖 4-29 Message 視窗

4.2.4.5 編譯報告

Quartus Prime 軟體還包含許多用於分析編譯結果的工具。其中一個工具是編譯報告，如圖 4-30 所示。編譯報告包含所有編譯過程的資訊，並包括資源使用情況、裝置接腳、應用的設定與約束資訊。建議在編譯完成後，編譯成功報告核對設計的相關資訊。也可以在生成的 output_files 資料夾中用文字編輯器查看保存的編譯報告檔案，檔案名稱為 <revision_name>. fit.rpt、<revision_name> .map.rpt 等。

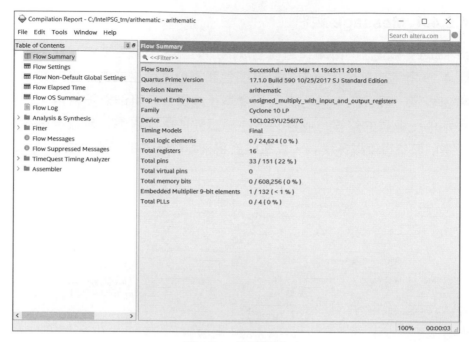

圖 4-30　編譯報告

編譯流程中的每個模組都在報告中由一個資料夾表示，該資料夾包含與該模組相關的所有報告。這種處理編譯資料的方式使得尋找有關特定項的資訊變得容易。舉例來說，裝置資源使用、時序分析結果、I/O接腳輸出檔案以及與特定編譯模組相關的任何訊息，只需點擊報告即可查看內容，甚至可以在編譯過程執行時期查看編譯報告的各個部分。

4.2.5　分配接腳

英特爾 Quartus Prime 標準版軟體提供了很多方法或工具來進行 I/O 接腳分配。以下是最常見或本書推薦的方法或工具。

（1）Pin Planner。
（2）Interface Planner（僅限專業版）。

（3）Assignment Editor。

（4）從試算表匯入 .csv 格式。

（5）編輯 .qsf 檔案。

（6）編輯 Tcl 指令稿。

I/O 是你所設計的程式與外部接腳電路的介面。因此，務必確保將訊號分配給正確的 I/O 接腳，並確保分配與目標裝置和設計有效。創建與 I/O 相關的接腳分配的兩種主要方法是 Pin Planner（見圖 4-31）和 Interface Planner。

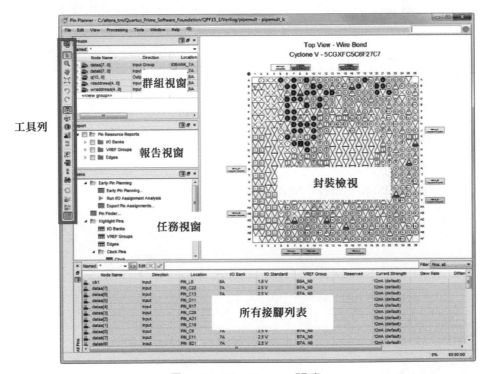

圖 4-31　Pin Planner 視窗

Pin Planner 使用裝置的圖形表示來幫助進行單獨的 I/O 分配。Interface Planner 更進一步，能夠創建有效的 I/O 相關分配，不僅適用於單一

I/O，還適用於整個裝置介面。還可以在分配編輯器中輸入 .csv 格式的匯入試算表中的 I/O 分配，或直接將其輸入 .qsf 檔案或原始 HDL 程式。最後，還可以透過創建和運行 Tcl 指令稿來進行 I/O 分配，從而自動將它們增加到 .qsf 檔案中。

在 Quartus Prime 標準版中，Pin Planner 是創建 I/O 分配的主要方法。只需將訊號拖放到所需的 I/O 接腳上即可進行位置分配，也可以編輯成功特定 I/O 訊號的列中的儲存格來創建其他接腳分配。

4.2.6 模擬

Quartus Prime 支持各種第三方模擬工具，支持的公司及相關的工具如下。

（1）支持 Verilog / VHDL testbench（.vt / .vht），用來提供類比輸入與類比輸出的常用方法。

（2）Mentor Graphics：

　　① ModelSim - Intel FPGA Edition；

　　② ModelSim PE/SE；

　　③ QuestaSim*。

（3）Cadence：

　　Incisive Enterprise (NC-Sim)。

（4）Synopsys：

　　① VCS；

　　② VCS MX。

（5）Aldec：

　　① Active-HDL；

　　② Riviera-PRO。

（6）支援自動化編譯與模擬流程指令稿。

要對使用英特爾 Quartus Prime 軟體創建的設計進行模擬，必須以某種形式為被測設計的輸入提供激勵。最常見的方法是創建 HDL testbench。testbench 基本上是一個額外的設計檔案，它連接到設計輸入，並可選擇其輸出，以提供激勵並檢查輸出是否符合預期值。要使用 HDL testbench 執行模擬，需要使用第三方模擬工具，如 Mentor Graphics ModelSim。ModelSim 的特殊版本為 ModelSim - Intel FPGA Edition，該版本可以同英特爾 Quartus Prime 標準版軟體的安裝一起安裝並完成預設定，從而使我們可以輕鬆完成模擬設計。

4.2.7 元件設定

在創建、編譯和模擬設計之後，最後一步是設定目標元件並在電路板上測試其功能。

4.2.7.1 程式設計檔案

要設定元件，就必須具有設定檔。英特爾 Quartus Prime 軟體在編譯器的 Assembler 階段，會生成許多不同類型的設定檔。

（1）.sof（SRAM 目的檔）：
　　① 用於透過下載電纜直接從軟體設定 FPGA；
　　② 始終在 Assembler 完整編譯期間預設生成。

（2）.pof（程式設計目的檔）：
　　① 用於設定 CPLD；
　　② 用於設定 FPGA 的設定晶片（Flash）。

（3）.jam/.jbc：處理器和測試裝置用於透過 JTAG 設定元件的 ASCII 檔案。

（4）.jic（JTAG 間接設定檔）：

①　包含目標 FPGA 的設定資料；

②　用於透過與 FPGA 的專用設定介面對 EPCS（英特爾 FPGA 串
列設定）元件進行設定。

.sof（SRAM 目的檔）是軟體生成的預設 FPGA 設定檔。可以使用此檔
案透過下載電纜直接對 FPGA 元件進行設定。這是設計開發過程中最
常用的檔案類型，因為它提供了一種快速設定元件以測試功能的方法。

.pof（設定目的檔）用於 CPLD 及 FPGA 的設定晶片。這些裝置具有板
載 Flash，只有 .pof 格式檔案才能設定。

.jam/.jbc 是某些處理器和測試裝置用於透過 JTAG 程式設計 FPGA 的
ASCII 檔案。.jic（JTAG 間接設定檔）檔案是一種特殊類型的檔案，用
於透過 FPGA 的 JTAG 介面對英特爾 FPGA 串列設定晶片進行設定。

使用其中任何一個檔案，都可以使用 Quartus Prime 內部的 Programmer
工具完成對英特爾 FPGA 元件的設定。

4.2.7.2 設定工具（**Programmer**）

英特爾 Quartus Prime 軟體包含一個內建設定下載工具，可透過多種
不同類型的程式設計電纜和裝置與目標裝置連接，然後對連接的裝置
CLPD、FPGA 或設定晶片進行程式設計操作。

首先，從工具選單或工具列中打開 Programmer，如圖 4-32 所示，此時
會自動創建鏈描述檔案（.cdf）以存放裝置設定鏈資訊。如果需要再次
對元件或元件鏈進行程式設計，則無須重新輸入設定設定。

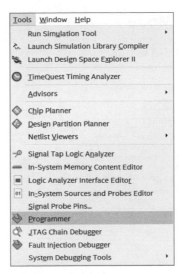

圖 4-32 Programmer 選單

在對裝置進行程式設計或設定之前,必須確保已將硬體連接到該裝置。為此,打開 Programmer 工具並點擊 "Hardware Setup",這裡允許選擇下載電纜或當前可用的程式設計硬體,如圖 4-33 所示。

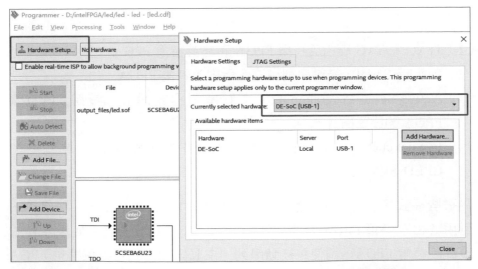

圖 4-33 Programmer 選擇下載電纜或程式設計硬體

4.2.7.3 設定模式（Mode）

鏈式程式設計模式如圖 4-34 所示。

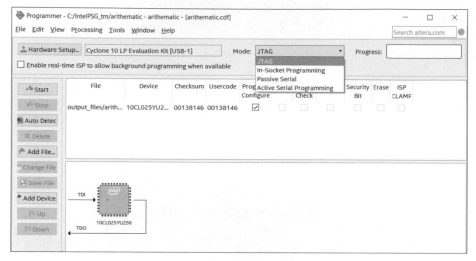

圖 4-34 鏈式程式設計模式

Programmer 工具支援的程式設計模式或程式下載方式，主要有以下幾種。

（1）JTAG，JTAG 鏈由英特爾 FPGA 和非英特爾 FPGA 裝置組成。

（2）Passive Serial，被動串列模式，僅限英特爾 FPGA。

（3）Active Serial Programming，主動串列程式設計，設定 CPLD 或 FPGA 的設定晶片。

（4）In-Socket Programming，設定英特爾 FPGA 程式設計單元中的 CPLD 和設定晶片。

在這些程式設計模式中，最常見的模式是 JTAG。JTAG 是一種標準，可用於由英特爾 FPGA 和非英特爾 FPGA 裝置組成的鏈。如果僅程式設計英特爾 FPGA，請使用被動串列。主動串列方式可與英特爾 FPGA 串列設定裝置配合使用。一旦完成程式設計過程，FPGA 編譯的程式會被下載到串列設定元件上，在 FPGA 電路板每次通電開機時，串列設定元件將使用儲存的程式設計檔案設定 FPGA，而無須有效的電纜連線到電腦。

4.2.7.4 下載設定檔

第一次啟動 Programmer 工具時，該工具會嘗試自動設定 JTAG 鏈。點擊 "Add File" 按鈕可以增加其他 FPGA 下載檔案，如圖 4-35 所示。每當增加一個檔案時，如果能夠辨識該檔案，則該檔案的裝置將自動選擇。也可以點擊 Auto Detect 按鈕，讓 Programmer 工具自動檢測 JTAG 鏈上的所有裝置，然後雙擊 "File" 列的 "none" 欄位，可為 JTAG 鏈上的裝置分配下載檔案。

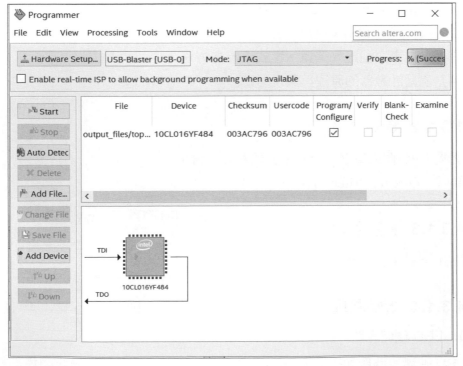

圖 4-35　下載設定檔

最後，可在 Programmer 視窗中的程式設計檔案所在行選取要進行的操作，如要下載或設定 FPGA 裝置，則選取該行的 "Program/Configure" 選項，然後點擊 "Start" 按鈕，開始下載程式設定元件。與此同時也可以選取 "Verify"，對下載到裝置的程式設計檔案進行驗證，當然也可以選取 "Erase"，對裝置中的程式檔案進行擦拭。

4.3 實驗指導

4.3.1 流水燈實驗

4.3.1.1 實驗目的

（1）學習 Quartus Prime 開發套件。
（2）初步了解 FPGA 開發流程。
（3）掌握專案創建、編譯，程式下載的方法。
（4）掌握計數器的原理與實現方法。

4.3.1.2 實驗環境

硬體：PC 個人電腦、FPGA 實驗開發平台。
軟體：Quartus Prime 17.1。

4.3.1.3 實驗內容

設計一個 4 位元流水燈。

4.3.1.4 實驗原理

1. LED 硬體電路

LED 硬體電路圖如圖 4-36 所示。

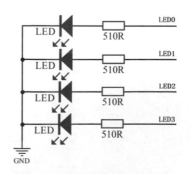

圖 4-36 LED 硬體電路圖

開發板透過串聯電阻連線電源，FPGA I/O 接腳輸出高電位點亮 LED，其中的串聯電阻都是為了限制電流。

2. 程式設計

FPGA 的設計中通常使用計數器來計時，對於 50MHz 的系統時脈，一個時脈週期是 20ns，那麼表示 1 秒需要 50000000 個時脈週期，如果一個時脈週期計數器累加一次，那麼計數器從 0 到 49999999 正好是 50000000 個週期，就是 1 秒的時脈。如果四個 LED 燈分別在第一秒、第二秒、第三秒、第四秒到來的時候改變狀態，其他時候都保持原來的值不變，就能呈現出流水燈的效果。

4.3.1.5　實驗步驟

1. 建立新專案

（1）如圖 4-37 所示，打開 Quartus Prime，點擊下拉式功能表中的 "New project Wizard…"。

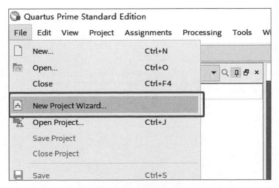

圖 4-37　使用專案精靈建立新專案

（2）彈出「新建專案」對話方塊，如圖 4-38 所示，點擊 "next" 按鈕。

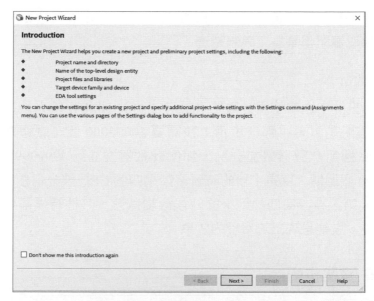

圖 4-38 「新建專案」對話方塊

（3）選擇一個空白專案，如圖 4-39 所示。

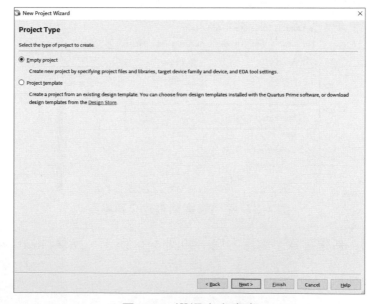

圖 4-39　選擇空白專案

（4）輸入專案存放目錄，或點擊專案路徑右面的按鈕設定專案存放目錄，在第二欄中輸入專案名稱，這裡輸入為 led，如圖 4-40 所示。點擊 "finish" 按鈕，此時我們建立好了 led 專案檔案。

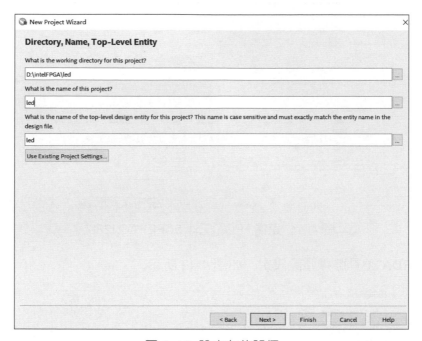

圖 4-40　設定存放路徑

（5）點擊 "Assignments" 選單中的 "Device"，選擇晶片 "5CSEBA6U23I7"（根據開發板上所使用的 FPGA 晶片型號，選擇對應的 name），如圖 4-41 所示。

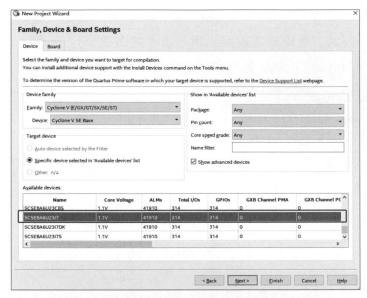

圖 4-41 選擇 FPGA 元件 5CSEBA6U23I7

（6）EDA 工具選擇預設設定，如圖 4-42 所示。

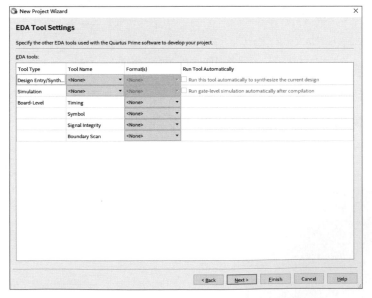

圖 4-42 選擇 EDA 工具

（7）完成專案精靈，點擊 "finish" 按鈕，如圖 4-43 所示。

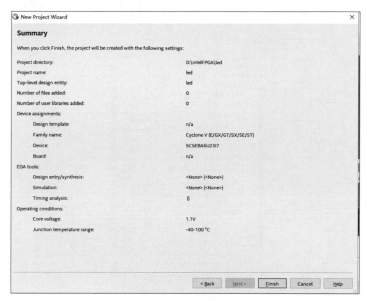

圖 4-43　完成專案創建

（8）返回 quartus 介面，如圖 4-44 所示。

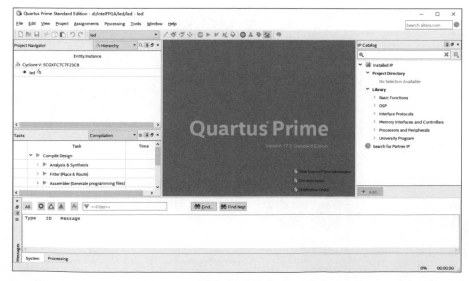

圖 4-44　創建完成一個空白專案

2. 編寫程式

（1）選擇功能表列中 "File" 下的 "New"，選擇 "Verilog HDL File"，點
"OK" 繼續，如圖 4-45 所示。

圖 4-45 新建 HDL 程式檔案

（2）按照設計想法，編寫 Verilog HDL 程式，如圖 4-46 所示。

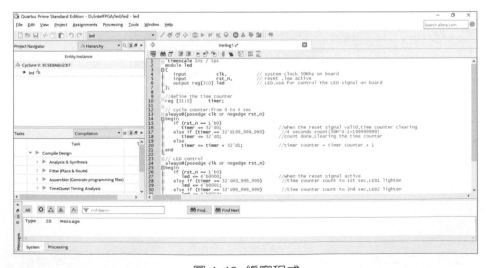

圖 4-46 編寫程式

（3）保存檔案，並將檔案增加到該專案中，如圖 4-47 所示。

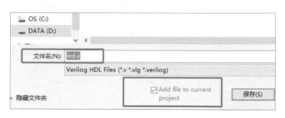

圖 4-47 保存檔案並增加到專案

3. 預先編譯並接腳分配

（1）預先編譯。沒有分配接腳，但是我們需要預先編譯一下（完成第
一階段綜合過程），讓 Quartus Prime 分析設計中的輸入輸出接腳。
編譯過程中資訊顯示視窗不斷顯示出各種資訊，如果出現紅色，
表示有錯誤，雙擊這筆資訊可以定位具體錯誤位置，如圖 4-48、
圖 4-49 所示。

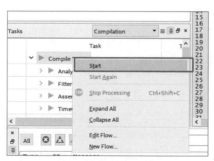

圖 4-48 開始預先編譯功能

圖 4-49 預先編譯完成

（2）I/O 接腳分配。接腳分配的目的是讓設計和實際的硬體電路連結起來，這裡的連接關係從硬體原理圖得來。打開 Pin Planner 工具如圖 4-50 所示。分配接腳如圖 4-51 所示。

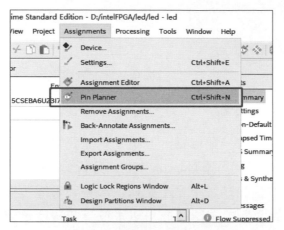

圖 4-50 打開 Pin Planner 工具

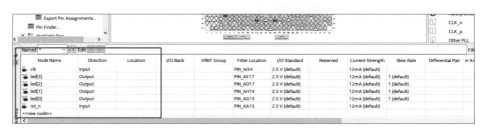

圖 4-51 分配接腳

（3）在 "Location" 列填入 led、時脈的接腳名，如圖 4-52 所示。

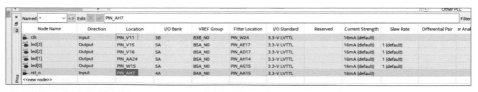

圖 4-52 為即可指定具體接腳

（4）再次編譯。上次編譯時還沒有分配接腳，分配接腳後我們在任務
流程視窗可以看到只有第一項流程「綜合」是 "√" 狀態，其他都是
"?" 狀態，"?" 狀態表示需要重新編譯才行。為了方便，這裡雙擊
"Compile Design"，完成全部編譯流程，如圖 4-53 所示。

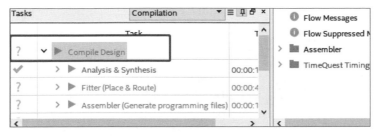

圖 4-53 開始全部編譯流程

（5）編譯完成以後可以看到一個編譯報告，主要報告各種資源的使用
情況，如圖 4-54 所示。在 output_files 資料夾我們可以看到一個
led.sof 檔案，這個檔案可以透過 JTAG 方式下載到 FPGA 運行，
如圖 4-55 所示。

圖 4-54 全編譯完成

📌	📄 led.asm.rpt	2019/8/25 14:51	Report File	4 KB
📌	📄 led.done	2019/8/25 14:51	DONE 文件	1 KB
📌	📄 led.fit.rpt	2019/8/25 14:51	Report File	215 KB
📌	📄 led.fit.smsg	2019/8/25 14:51	SMSG 文件	1 KB
📌	📄 led.fit.summary	2019/8/25 14:51	SUMMARY 文件	1 KB
	📄 led.flow.rpt	2019/8/25 14:51	Report File	9 KB
	📄 led.jdi	2019/8/25 14:51	JDI 文件	1 KB
	📄 led.map.rpt	2019/8/25 14:50	Report File	24 KB
	📄 led.map.summary	2019/8/25 14:50	SUMMARY 文件	1 KB
	📄 led.pin	2019/8/25 14:51	PIN 文件	79 KB
	📄 led.sld	2019/8/25 14:51	SLD 文件	1 KB
	📄 led.sof	2019/8/25 14:51	SOF 文件	6,534 KB
	📄 led.sta.rpt	2019/8/25 14:51	Report File	58 KB
	📄 led.sta.summary	2019/8/25 14:51	SUMMARY 文件	2 KB

圖 4-55 在 output_files 目錄生成 sof 檔案

4. 程式下載

（1）用下載線將開發板和電腦相連，再打開開發板上的電源開關。

（2）點擊 "Tools" 下拉式功能表，打開 "Programmer"，如圖 4-56 所示。

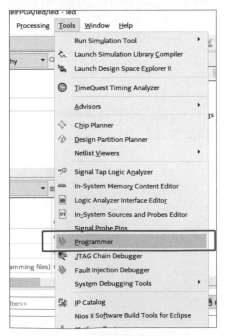

圖 4-56 打開 Programmer

（3）點擊 "hardware"，找到所用的下載裝置，如圖 4-57 所示。

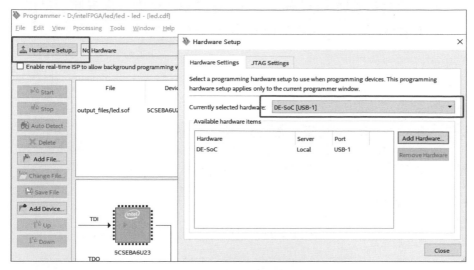

圖 4-57 選擇下載裝置

（4）選擇 "JTAG" 模式，如圖 4-58 所示。

圖 4-58 選擇模式

（5）點擊 "Auto Detect"，然後選擇需要下載的 sof 檔案，如圖 4-59 所示。

圖 4-59 選擇要下載的 sof 檔案

（6）點擊 "Start"，開始下載程式，如圖 4-60 所示，進度指示器開始捲動，遇到錯誤時，Quartus Prime 資訊視窗會顯示出具體的錯誤。若下載成功，progress 會 100% 顯示綠色。

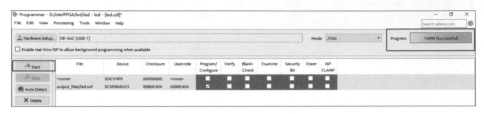

圖 4-60　下載程式

4.3.1.6　實驗現象

程式下載成功後，開發板的四個 LED 燈從右到左，迴圈移動。

4.3.2　按鍵實驗

4.3.2.1　實驗目的

（1）了解按鍵設計及其程式設計，fpga I/O 接腳的用法。

（2）了解新的綁定接腳的方法，透過專案目錄下的 qsf 檔案完成接腳綁定。

（3）掌握 Quartus Prime 中 Signal Tap 的使用方法。

（4）掌握硬體描述語言和 FPGA 的具體關係。

4.3.2.2　實驗環境

硬體：PC 個人電腦、FPGA 實驗開發平台。

軟體：Quartus Prime 17.1。

4.3.2.3　實驗內容

設計一個透過按鍵控制 LED 燈亮暗的系統。

4.3.2.4 實驗原理

1. 按鍵硬體電路

如圖 4-61 所示的按鍵，在按鍵鬆開時是高電位，按下時是低電位。

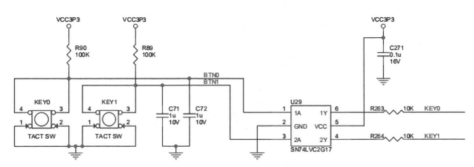

圖 4-61 按鍵電路原理圖

2. 程式設計

透過簡單的硬體描述語言了解硬體描述語言和 FPGA 硬體的關係。在上一個實驗中，我們知道我們使用的電路中 FPGA 輸出高電位可以點亮 LED 燈，在這裡我們已經知道在電路中按鍵按下時為低電位，鬆開時為高電位，如要在按鍵按下時點亮 LED 燈，則需要我們加一個反在器。因此這裡我們在程式中將輸入的按鍵訊號後面增加一個反相器，然後在經過兩級 D 觸發器，最後輸出的 LED 燈的控制訊號，即可實現按鍵控制 LED 燈的實驗。

4.3.2.5 實驗步驟

1. 建立新專案

按照流水燈實驗的步驟，創建一個 "key" 新專案。

2. 編寫程式

（1）選擇功能表列中 "File" 下的 "New"，選擇 Verilog HDL File，點擊 "OK" 繼續，如圖 4-62 所示。

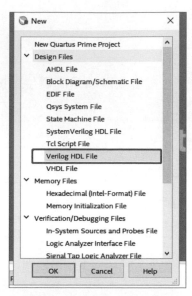

圖 4-62　新建 HDL 檔案

（2）按照設計想法，編寫 Verilog HDL 程式，如圖 4-63 所示。

```verilog
`timescale 1ns / 1ps
module key
(
    input                clk,       //system clock 50Mhz on board
    input [3:0]          key,       //input four key signal,when the keydo
    output[3:0]          led        //LED display ,when the siganl high,LE
);

reg[3:0] led_r1;        //define the first stage register , generate fo
reg[3:0] led_r2;        //define the second stage register ,generate fou
always@(posedge clk)
begin
    led_r1 <= ~key;     //first stage latched data
end

always@(posedge clk)
begin
    led_r2 <= led_r1;   //second stage latched data
end

assign led = led_r2;

endmodule
```

圖 4-63　編寫程式

（3）保存檔案，並將檔案增加到該專案中，如圖 4-64 所示。

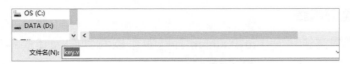

圖 4-64　增加到該專案

3.　接腳分配

流水燈實驗中，我們是在完成預先編譯後，再透過 Pin Planner 工具綁定接腳。

在本實驗中，我們使用新的方式增加接腳分配資訊，透過創建 Quartus Prime 專案時生成的 qsf 檔案增加接腳分配資訊。

（1）在專案目錄下找到 key.qsf 檔案，並以文字方式打開該檔案，如圖 4-65 所示。

圖 4-65　key.qsf 檔案

（2）輸入或修改接腳資訊，如圖 4-66 所示。

```
set_global_assignment -name LAST_QUARTUS_VERSION "17.1.0 Standard Edition"
set_global_assignment -name PROJECT_OUTPUT_DIRECTORY output_files
set_global_assignment -name ERROR_CHECK_FREQUENCY_DIVISOR 256
set_global_assignment -name MIN_CORE_JUNCTION_TEMP "-40"
set_global_assignment -name MAX_CORE_JUNCTION_TEMP 100
set_global_assignment -name VERILOG_FILE key.v
set_global_assignment -name PARTITION_NETLIST_TYPE SOURCE -section_id Top
set_global_assignment -name PARTITION_FITTER_PRESERVATION_LEVEL PLACEMENT_AND_ROUTI
set_global_assignment -name PARTITION_COLOR 16764057 -section_id Top
set_instance_assignment -name IO_STANDARD "3.3-V LVTTL" -to led[3]
set_instance_assignment -name IO_STANDARD "3.3-V LVTTL" -to led[2]
set_instance_assignment -name IO_STANDARD "3.3-V LVTTL" -to led[1]
set_instance_assignment -name IO_STANDARD "3.3-V LVTTL" -to led[0]
set_instance_assignment -name IO_STANDARD "3.3-V LVTTL" -to led
set_instance_assignment -name IO_STANDARD "3.3-V LVTTL" -to clk

set_instance_assignment -name IO_STANDARD "3.3-V LVTTL" -to key[1]
set_instance_assignment -name IO_STANDARD "3.3-V LVTTL" -to key[0]
set_instance_assignment -name IO_STANDARD "3.3-V LVTTL" -to key
set_instance_assignment -name IO_STANDARD "3.3-V LVTTL" -to rst_n
set_location_assignment PIN_V15 -to led[3]
set_location_assignment PIN_AA24 -to led[1]
set_location_assignment PIN_W15 -to led[0]
set_location_assignment PIN_V16 -to led[2]
set_location_assignment PIN_AH17 -to key[0]
set_location_assignment PIN_AH16 -to key[1]
set_location_assignment PIN_V11 -to clk
set_location_assignment PIN_AH7 -to rst_n

set_instance_assignment -name PARTITION_HIERARCHY root_partition -to | -section_id
```

圖 4-66　描述接腳資訊

4. 進行全部編譯

進行全部編譯後，在 Pin Planner 工具中可以看到在 .qsf 檔案中描述的接腳資訊已經生效，如圖 4-67 所示。

Node Name	Direction	Location	I/O Bank	VREF Group	Fitter Location	I/O Standard	R
clk	Input	PIN_V11	3B	B3B_N0	PIN_V11	3.3-V LVTTL	
key[3]	Input				PIN_AA23	3.3-V LVTTL	
key[2]	Input				PIN_AC24	3.3-V LVTTL	
key[1]	Input	PIN_AH16	4A	B4A_N0	PIN_AH16	3.3-V LVTTL	
key[0]	Input	PIN_AH17	4A	B4A_N0	PIN_AH17	3.3-V LVTTL	
led[3]	Output	PIN_V15	5A	B5A_N0	PIN_V15	3.3-V LVTTL	
led[2]	Output	PIN_V16	5A	B5A_N0	PIN_V16	3.3-V LVTTL	
led[1]	Output	PIN_AA24	5A	B5A_N0	PIN_AA24	3.3-V LVTTL	
led[0]	Output	PIN_W15	5A	B5A_N0	PIN_W15	3.3-V LVTTL	
rst_n	Unknown	PIN_AH7	4A	B4A_N0		3.3-V LVTTL	

圖 4-67　在 Pin Planner 中核對接腳資訊

5. 程式下載

程式下載方法請參見「流水燈實驗」。

6. 程式線上偵錯

（1）打開 "Tools" 選單，點開 Signal Tap Logic Analyzer 工具，如圖 4-68 所示。

圖 4-68　"Signa Tap Logil Analyzer" 選單

（2）進入 Signal Tap 介面，找到 Signal Configuration 設定介面，在 "Clock" 欄右邊，點擊如圖 4-69 所示的按鈕，設定驅動時脈。

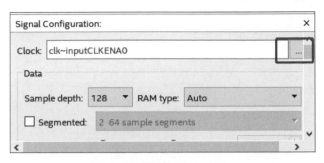

圖 4-69 設定 Signal Tap

（3）彈出 Node Finder 視窗，在 Named 文字標籤中輸入 "cl"，點擊 "list" 按鈕，然後選中 "clk～input"，再點擊 ">" 按鈕，將驅動時脈加到右邊框中，點擊 "OK"，如圖 4-70 所示。

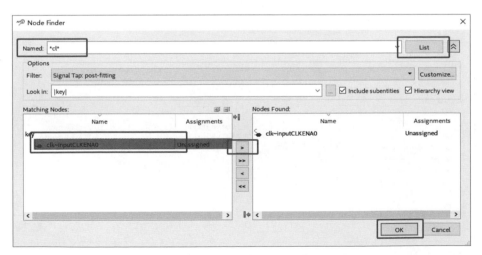

圖 4-70 設定 SignalTap 中的驅動時脈

（4）選擇合適的取樣深度，本次實驗就選預設的 128，如圖 4-71 所示。

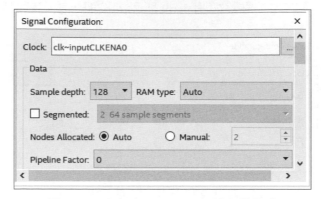

圖 4-71　設定 Signal Tap 資料取樣深度

（5）用同樣的方法，將 led 訊號，透過 Node FInder 增加到資料觀察區
中，如圖 4-72 所示。

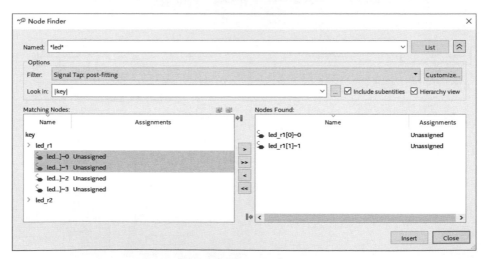

圖 4-72　增加 led 訊號

（6）設定完成後，軟體會提示重新編譯，點擊快速編譯按鈕，如圖
4-73 所示。

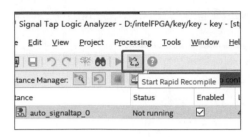

圖 4-73　快速編譯

（7）編譯結束後，需要將新生產的檔案下載到 FPGA 中。選中剛生成
的 sof 檔案，點擊下載按鈕，下載程式，如圖 4-74 所示。

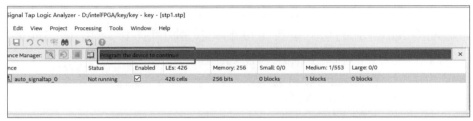

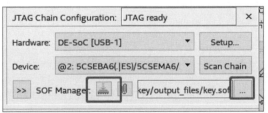

圖 4-74　下載 sof 檔案

（8）下載成功後，進入等待取樣階段，如圖 4-75 所示。

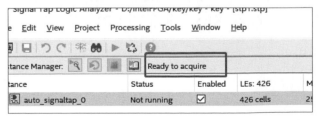

圖 4-75　等待取樣

（9）點擊開始取樣按鈕進行分析偵錯，如圖 4-76 所示。

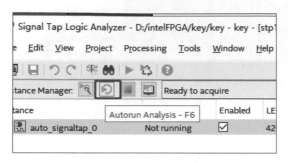

圖 4-76　開始取樣

（10）分析偵錯結果。在電路板上針對按鍵 1，注意按鍵鬆開和按下情況下 led 訊號的值。按鍵 1 按下與按鍵 1 鬆開時，Signal Tap 從 FPGA 晶片中獲取的 Led 訊號的實際時序，如圖 4-77 所示。

圖 4-77　Signal Tap 從 FPGA 晶片獲取的 led 訊號時序

4.3.2.6　實驗現象

程式下載到開發板以後，開發板 "LED0"、"LED1"、"LED2"、"LED3" 都處於熄滅狀態，按鍵 "KEY1" 按下 "LED1" 亮，按鍵 "KEY2" 按下 "LED2" 亮。

4.3.3 PLL 實驗

4.3.3.1 實驗目的

（1）熟悉 Quartus Prime 多種設計輸入方法的設計方法。

（2）學習 PLL 的使用方法。

（3）掌握 Quartus Prime 中 IP 核心的呼叫方法。

4.3.3.2 實驗環境

硬體：PC 個人電腦、FPGA 實驗開發平台。

軟體：Quartus Prime 17.1。

4.3.3.3 實驗內容

透過一個外部 50M 的時脈，分別輸出 100m、150m 時脈。

4.3.3.4 實驗原理

鎖相迴路（PLL）技術非常複雜，主要實現的功能是倍頻分頻，FPGA 內的 PLL 是一個硬體模組（硬核心），是 FPGA 中非常重要的資源，為裝置提供強大的時脈管理和外部系統時脈管理及高速的 I/O 通訊。透過時脈輸入，產生不同相位和不同頻率的時脈訊號，供系統使用。

4.3.3.5 實驗步驟

1. 建立新專案

按照「流水燈實驗」的步驟，創建一個 "key" 新專案。

2. 編寫程式

（1）本實驗展示透過原理圖輸入方式完成設計，選擇功能表列中 "File" 下的 "New"，選擇 "Block Diagram/Schematic File"，點擊 "OK" 繼續，如圖 4-78 所示。

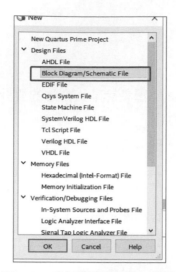

圖 4-78 創建原理圖輸入檔案

（2）增加 IP，在 "Tools" 下拉式功能表中選擇 "IP Catalog"，在搜索欄中
輸入 "pll" 後，再選中 IP 核心 Altera PLL，如圖 4-79、圖 4-80 所示。

圖 4-79 打開 IP Catalog 工具

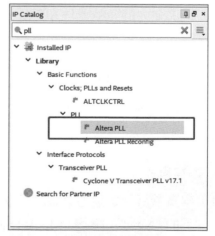

圖 4-80 選擇 IP 核心 Altera PLL

（3）在彈出框增加路徑和頂層檔案名稱，選擇檔案類型為 Verilog，完成以後點擊 "OK" 按鈕，如圖 4-81 所示。

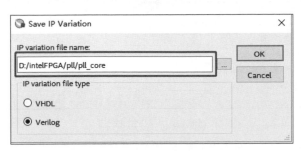

圖 4-81　保存 IP

（4）在彈出 PLL 參數設定介面中設定輸入時脈頻率為 50MHz，這個要與實際輸入時脈頻率一致。如圖 4-82 所示為 PLL 方塊圖，標出了輸入輸出訊號，左邊為輸入，右邊為輸出，其中 "refclk" 是時脈輸入來源，"reset" 是非同步重置輸入，"outclk0" 是第一個時脈輸出，"locked" 是 PLL 鎖定訊號，表示已經穩定輸出了。選擇 direct 模式。

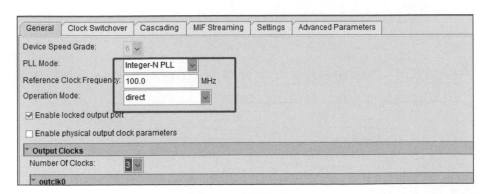

圖 4-82　設定 PLL

（5）設定輸出時脈路數為 3。同時，按照圖 4-83 設定第一路輸出時脈。設定第一路時脈輸出 100MHz。

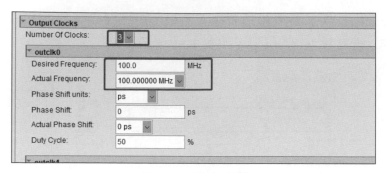

圖 4-83 設定時脈

（6）設定第二路輸出，頻率選擇 100MHz，"Phase Shift units" 選擇
degrees，"Phase Shift" 設定為 90.0，如圖 4-84 所示。

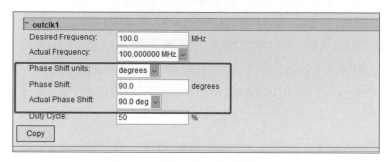

圖 4-84 設定第二路時脈輸出

（7）設定第三路時脈輸出，頻率選擇 150MHz，"Phase Shift" 設定為
0，沒有相位偏移，如圖 4-85 所示。

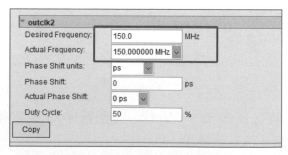

圖 4-85 設定第三路時脈輸出

（8）其他設定頁選擇預設設定，完成後點擊 "finish"，並顯示 IP 生成過程，待進度指示器讀完後，點擊 "exit" 按鈕，如圖 4-86 所示。

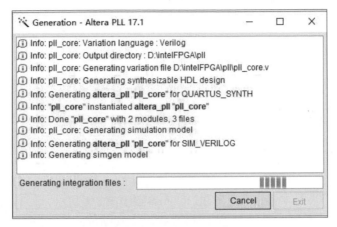

圖 4-86 等待 IP 生成

（9）提示是否將 IP 增加到新專案中，這裡點 "Yes" 按鈕，回到專案中，如圖 4-87、圖 4-88 所示。

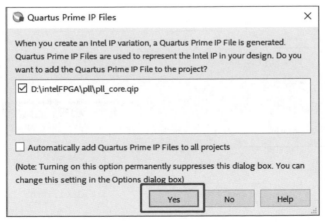

圖 4-87 將 IP 增加到新專案

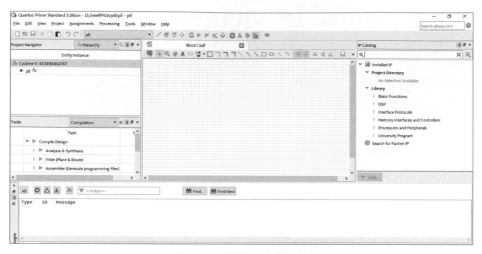

圖 4-88　返回專案視窗

（10）在原理圖的空白處點擊滑鼠右鍵，選擇插入 "Symbol"，或雙擊原理圖空白處，如圖 4-89 所示。

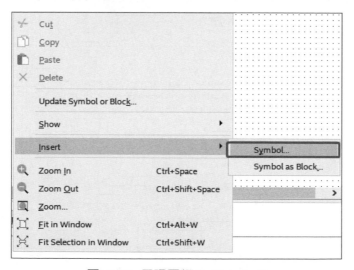

圖 4-89　原理圖插入 "Symbol"

（11）找到專案目錄下剛才生成的 pll_core，點擊 "OK" 插入，並將該圖
形模組放置到原理圖空白位置處，如圖 4-90 所示。

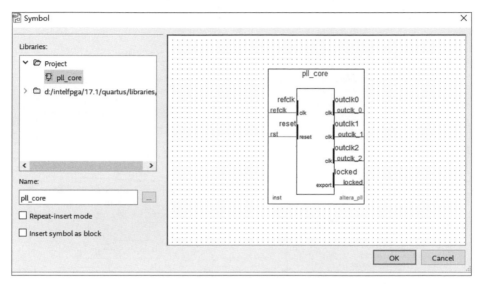

圖 4-90　插入 PLL 核心

（12）選中該模組，點擊右鍵，生成輸入／輸出通訊埠，如圖 4-91 所示。

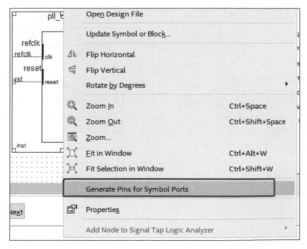

圖 4-91　生成輸入／輸出通訊埠

（13）PLL 的重置訊號是高電位有效，按鍵常態是高電位，因此需要增加一個反向器來使常態下的 PLL 模組正常執行，如圖 4-92、圖 4-93 所示。

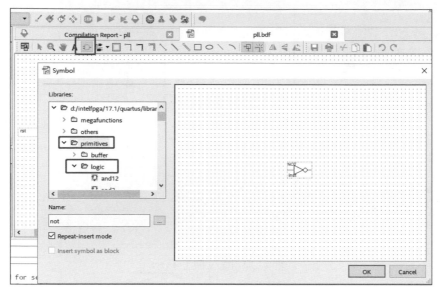

圖 4-92　增加反向器

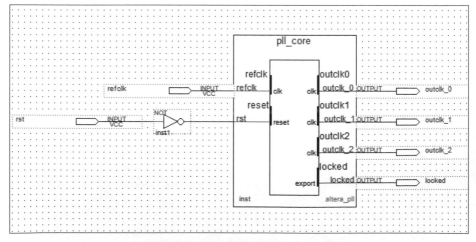

圖 4-93　在重置訊號線上增加方向器

（14）保存原理圖檔案，如圖 4-94 所示。

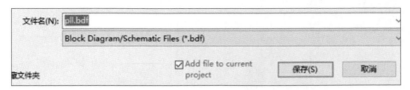

圖 4-94 保存原理圖檔案

3. 編譯、接腳分配

（1）按照按鍵實驗的步驟，增加接腳資訊。

（2）編譯。編譯後在 pin planner 出現如圖 4-95 所示的資訊。

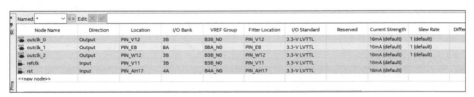

	Node Name	Direction	Location	I/O Bank	VREF Group	Fitter Location	I/O Standard	Reserved	Current Strength	Slew Rate	Differ
	outclk_0	Output	PIN_V12	3B	B3B_N0	PIN_V12	3.3-V LVTTL		16mA (default)	1 (default)	
	outclk_1	Output	PIN_E8	8A	B8A_N0	PIN_E8	3.3-V LVTTL		16mA (default)	1 (default)	
	outclk_2	Output	PIN_W12	3B	B3B_N0	PIN_W12	3.3-V LVTTL		16mA (default)	1 (default)	
	refclk	Input	PIN_V11	3B	B3B_N0	PIN_V11	3.3-V LVTTL		16mA (default)		
	rst	Input	PIN_AH17	4A	B4A_N0	PIN_AH17	3.3-V LVTTL		16mA (default)		
	<<new node>>										

圖 4-95 pin planner 資訊

4. 程式下載

程式下載方法參見「流水燈實驗」。

4.3.3.6 實驗現象

用示波器測量到 FPGA 的對應接腳的不同頻率的波形訊號。

第二部分

FPGA 開發方法篇

FPGA 設計工具

透過第 4 章的介紹,我們已經了解使用 Quartus Prime 進行 FPGA 開發的基本流程,Quartus Prime 還提供了各種分析工具、最佳化工具與偵錯工具,這些工具將有助更高效率地實現 FPGA 的功能,提升 FPGA 專案的性能。在本章中將介紹一些常用的工具,其他未提到的工具可以參考英特爾官方提供的使用手冊:https://www.intel.com/content/www/us/en/ programmable/products/design-software/fpga- design/quartus-prime/user-guides.html/。

5.1 編譯報告

在完成 FPGA 開發的整個過程後,可能還需要對設計進行分析或偵錯,Quartus Prime 這個 FPGA 開發整合工具提供了各種分析工具,包括 RTL 查看工具、狀態機分析工具,以及比較重要的分析工具──編譯報告。

如圖 5-1 所示,在編譯完成後的編譯報告視窗裡,編譯流中的每個編譯部分都會以一個資料夾表示,其中包含了與該流程連結的所有報表。這種組織編譯資料的方法使得尋找有關特定項目的資訊變得很容易,比如裝置資源使用情況、時序分析結果、I/O 輸出檔案以及與特定編譯模組相關的任何訊息，只需點擊報表查看內容即可。甚至還可以在編譯過程執行時期查看編譯報告的各個部分。一旦編譯模組完成處理，就可以獲得報告資訊。

圖 5-1　編譯報告

除在 Quartus Prime 軟體查看編譯報表外，還可以在 Web 瀏覽器中查看編譯報表，如圖 5-2 所示。Quartus Prime 軟體預設不生成 HTML 報表，但可以在 Tools 選單中的 Quartus Prime 選項中啟用創建 HTML 報告檔案。該選項可以在 Processing 類別中找到。生成的結果可以在任何 Web 瀏覽器中查看。

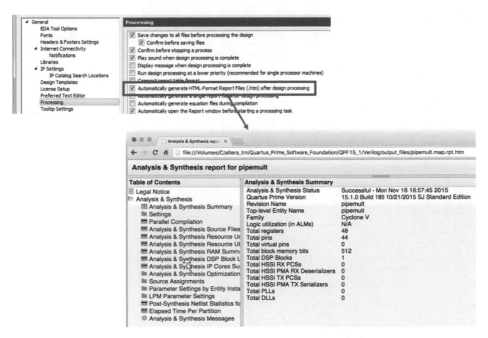

圖 5-2　瀏覽器中查看 HTML 格式的編譯報表

5.1.1　原始檔案讀取報告

編譯報告中提供了不少不同的報告，這裡先來了解 Source Files Read
（原始檔案讀取）報告（見圖 5-3）。該報告是一個綜合後生成的報告，
報告中列出了在綜合過程中讀取的所有檔案，包括設計檔案、函數庫
檔案以及由 IP 參數編輯器或 Mega Wizard 外掛程式管理器生成的檔
案，可以在報表中看到檔案的類型以及檔案位置的路徑。

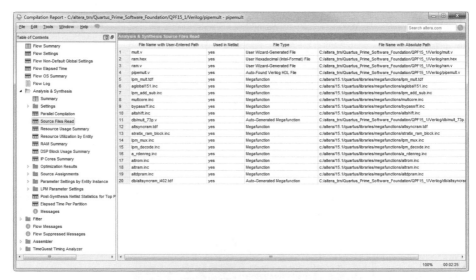

圖 5-3 Source Files Read 報告

5.1.2 資源使用報告

Synthesis（綜合）和 Fitting（轉換）兩個過程都會生成資源使用報告，如圖 5-4、圖 5-5 所示，這些報告提供了設計使用的 FPGA 資源資訊。綜合過程是把 HDL 實現的設計綜合為符合目標要求的邏輯網路列表，該網路列表沒有考慮 FPGA 實際的佈線資源、路由通道等資訊。而且綜合過程生成的資源報告，僅提供了實際使用資源的估計值，該資源報告可能會在佈局佈線後改變。因此，要查看設計最終使用的資源情況，需要查看 Fitter 資料夾下的編譯報告。

資源使用報告用於分析使用了哪些資源來實現設計，以及分析當前設計是否與當前所選裝置相匹配。查看資源報告是非常有用的，如果你有一個非常大的設計，可以在編譯後查看資源使用量，如資源使用量比較高，超過目標 FPGA 的資源，就可以透過資源使用報告對佔用資源不合理的模組進行資源最佳化。

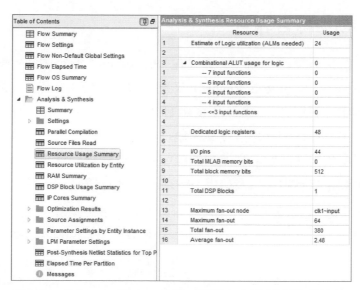

圖 5-4 Analysis 與 Synthesis 過程生成的資源使用報告

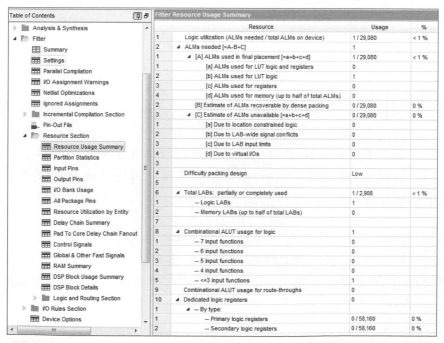

圖 5-5 Fitter 過程生成的資源使用報告

5.1.3 動態綜合報告

你也可以訂製編譯報告內容，透過在 "Processing" 選單中運行動態綜合報告（Dynamic Synthesis Report）來進行報告訂製，如圖 5-6 所示。在這個工具中，可以在 "Tasks" 視窗中尋找並創建報告任務，創建後可在報告視窗中查看它們。透過雙擊來執行任務。當你執行指定任務後，將得到一個由模組或節點名過濾的編譯報告，該報告包括任何在綜合過程中被刪除的暫存器中，以及使用 IP 核心的各種參數設定等報告資訊。

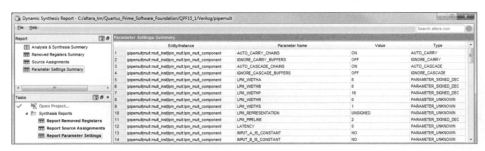

圖 5-6　動態綜合報告

5.2 網路列表查看工具

網路列表查看工具（Netilist Viewer）是一個圖形工具，透過該工具可看到綜合以及佈局佈線後的視覺化數位電路原理圖。網路列表查看工具主要有 RTL Viewer 和 Technology Map Viewer。

RTL Viewer，用於查看在 "Analysis & Elaboration" 編譯後的設計原理圖，它將 HDL 程式以原理圖的形式展示出來，透過 RTL Viewer 可以看到 HDL 程式對應的電路是怎麼樣的，可以在偵錯階段幫助解決遇到的一些問題。

Technology Map Viewer，用於查看在 "Post-Mapping 或 Post-Fitting" 編

譯後生成的視覺化原理圖，因為這個工具時脈佈局佈線後生成，因此它描述的網路連接比 RTL Viewers 更加精準。

這兩個工具對於約束分配以及設計偵錯都非常有用，它們產生的方式與查看的方式都是類似的，但它們提供了兩種不同的資訊給我們進行分析。

5.2.1 RTL Viewer

可以從 "Tools" 選單或 "Tasks" 視窗打開 RTL Viewer，如圖 5-7 所示。Technology Map Viewer 的外觀和操作也與此十分類似。如圖 5-8 所示，該工具由左邊的 Netlist Navigator 和右邊的 Schematic View 組成。"Display" 標籤是預設打開的，透過這個標籤，可以調整 schematic View，如縮短伸長物件名稱、隱藏不感興趣的某些資訊等。RTL Viewer 中的任何部分都可以透過 "View" 選單關閉和重新打開。

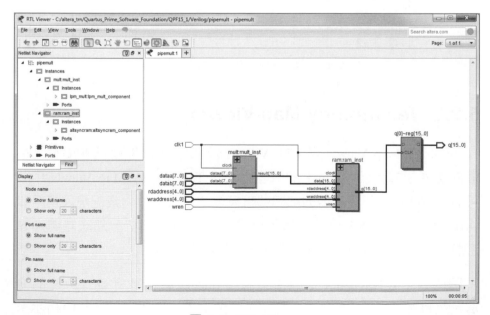

圖 5-7 RTL Viewer

RTL Viewer 的原理圖視窗提供了一個圖形化的設計邏輯區塊和它們之間的連接視圖，這是在 "Analysis & Elaboration" 編譯或綜合過程中根據 HDL 程式生成的 RTL 級原理圖，其中可以顯示 I/O 接腳、暫存器、多工器、組合邏輯門和邏輯運算子等。將游標放在 RTL Viewer 中的模組或節點上時，會顯示一個帶有模組名稱的提示訊息。如果點開模組中的 "+" 號，將顯示該模組的內部原理圖資訊，如圖 5-8 所示。

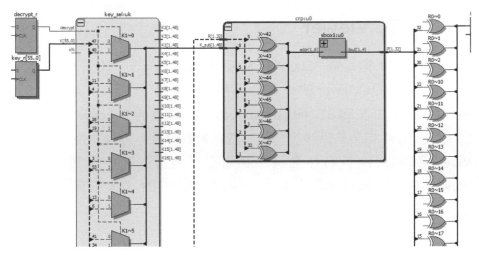

圖 5-8　RTL Viewer 中的模組內原理圖

5.2.2　Technology Map Viewer

Technology Map Viewer 與 RTL Viewer 類似，但它是基於 FPGA 元件最底層原子單元（Atoms）的原理圖。在 Technology Map Viewer 中，可看到 I/O 接腳和最底層的細胞邏輯模組，以及晶片內建記憶體模組和 DSP 模組，如圖 5-9 所示。如果已經進行了時間分析，那麼時間延遲也將顯示在 Technology Map Viewer 中的所有網路中。

視圖的 Netlist Navigator 是一種透過設計層次結構進行資源導覽的方法。雙擊選擇列表中的物件，選中示意圖中的該物件，如圖 5-10 所示。

在這裡，層次結構也將各模組進行更加細緻的劃分，如圖 5-10 所示。

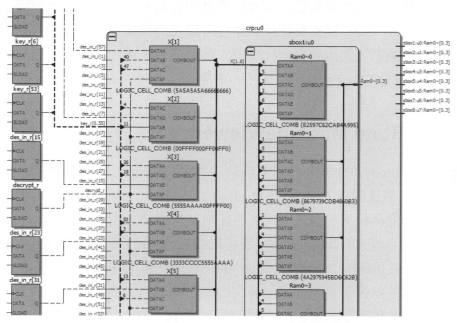

圖 5-9 Technology Map Viewer 中的部分原理圖

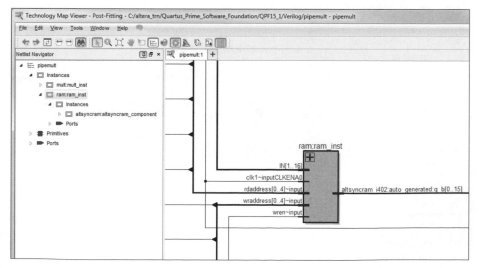

圖 5-10 透過 Netlist Navigator 選擇原理圖中的物件

除了這裡介紹的一些特性外，網路列表查看工具還包括許多其他特性，如鳥瞰視圖對於瀏覽一個大的示意圖非常有用，不必放大或縮小模組示意圖。按右鍵點擊任何物件還可以打開區塊屬性視圖，可以快速查看所選區塊的所有扇入、扇出和連接的通訊埠。如果選擇的區塊是參數化的 IP 核心，還可以看到為 IP 選擇的參數設定。

5.2.3 State Machine Viewer

State Machine Viewer 用於確保設計中的狀態機是否按預期實現。無論是手動創建的還是使用 State Machine Viewer，編譯器都會自動辨識狀態機編碼結構。編譯器找到的任何狀態機都可以在 State Machine Viewer 中查看。可以從 "Tools" 選單或 "Tasks" 視窗存取 State Machine Viewer。從頂部的 "State Machine" 的下拉式功能表中選擇設計中的狀態機，點擊狀態流圖中的狀態將突出顯示狀態轉換表中的對應項目。可以使用表底部的標籤驗證狀態轉換和狀態編碼，如圖 5-11 所示。

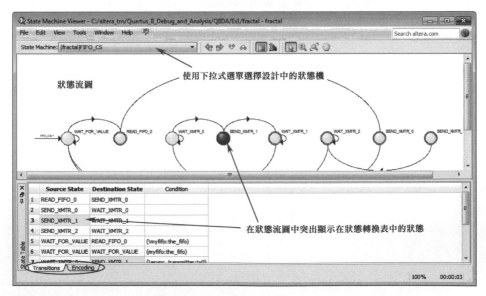

圖 5-11　State Machine Viewer

5.3 物理約束

5.3.1 物理約束設計

在我們設計完成 FPGA 後，需要對整個設計進行一些物理約束，包括 FPGA 的設定方式以及 I/O 接腳的分配與電位資訊。

首先要進行設定的是設定模式和開機重置時間。這些不受 Quartus 工具的限制，而是由 FPGA 本身的模式接腳（MSEL）來設定的。原因是 Quartus 工具中的任何設定在設定開始之前都不能生效，並且必須在設定之前設定設定模式。

除了 FPGA 模式設定外，還有一個主要的約束，是針對 I/O 接腳以及 I/O 的輸入輸出電位的約束。應該注意的是，對於任何指定的 FPGA 裝置都有一個預設的 I/O 標準，但通常需要對 I/O 的約束進行核對與修改，以避免錯誤的或不相容的 I/O 約束。除此之外，接腳的電位變換率以及電流強度也是可選的設定項目。

在英特爾的 Quartus Prime 中有三個工具可用來對 I/O 接腳進行分配與約束。它們分別是：Assignment Editor、Pin Planner 以及 QSF 設定檔案。

Assignment Editor，即設定值編輯器，是一個獲取命令語法的好工具，但是對大量項目來說，它可能非常單調乏味。這個試算表樣式工具為每個選擇都提供了下拉式功能表。這種輸入模式適用於少數項目，但如果必須輸入大量項目，則會變得非常單調。

Pin Planner，即接腳規劃器，是一個圖形輸入工具，可在放置 FPGA 接腳時執行即時規則檢查。

QSF 設定檔案，即將文字編輯器中寫好的約束敘述直接輸入到 QSF 檔案中。這通常是首選方法，尤其是重複使用之前的設計時，只需要剪貼並貼上之前專案中的所有約束即可。需要注意的是，放入 QSF 檔案的敘述（尤其是註釋）可能會保留，也可能不會保留。因為工具在設定 Quartus 軟體的過程中，可能會不斷更新此檔案，並且在此過程中對約束敘述重新進行排序。

5.3.2 Assignment Editor

如圖 5-13 所示為 Assignment Editor 視窗截圖。如前所述，它類似試算表，在編輯器中可以直接輸入，也可以從下拉式功能表中輸入。從下拉式功能表中，可以啟用或禁用單一分配，選擇約束類型並設定該約束的值。

這裡的約束將被增加到設計中的物理或邏輯通訊埠，如接腳位置連接到 FPGA 元件上的物理通訊埠。要獲取該實體的通訊埠名稱，可以直接輸入它或使用節點尋找器來幫助你遍歷設計層次結構。打開 Assignment Editor 介面如圖 5-12 所示。

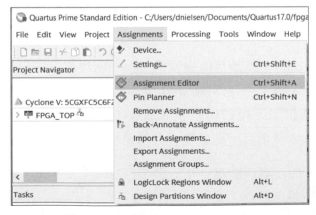

圖 5-12 打開 Assignment Editor

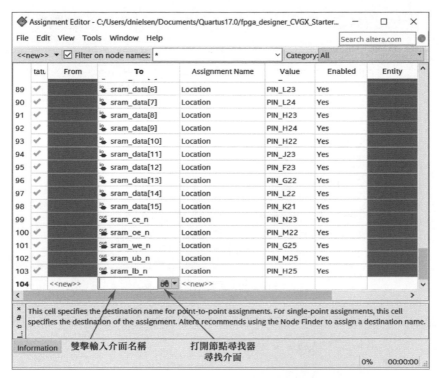

圖 5-13　Assignment Editor 視窗

如圖 5-14 所示為節點尋找器的視窗。該視窗由幾個部分組成。視窗的頂部是一個允許使用萬用字元的搜索篩檢程式，它將在下面的視窗中過濾搜索結果，也可以篩選網路列表類型。通常在設計的這個階段，會使用設計輸入篩檢程式來尋找原始程式碼和 IP 中的所有邏輯實體。可以選擇要引用的層次結構等級，以及包含該層次結構的子實體。

在圖 5-14 左下方視窗顯示設計中與所選篩檢程式匹配的所有節點。當找到要尋找的節點時，可以點擊頂部箭頭將該節點移動到所選節點列表中。如要完成接腳分配時，將會是單一節點。然而，在實際應用中往往需要同時對多個節點或接腳進行分配，如為整個匯流排分配 I/O 標準。

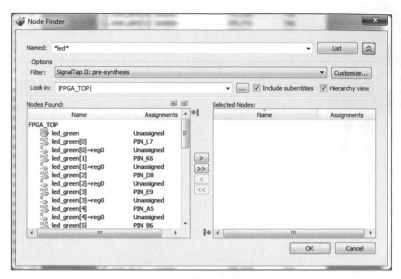

圖 5-14　節點尋找器的視窗

綜上所述，以這種方式增加物理約束可能會變得非常煩瑣，而加快速度的方法是直接進行 QSF 檔案設定。

5.3.3　QSF 檔案設定

透過 QSF 檔案設定，可以快速進行接腳約束。QSF 檔案可以透過文字編輯器打開與修改，該檔案使用 TCL 語法，因此可以從 QSF 檔案中呼叫其他 TCL 檔案。

舉例來說，如果將接腳分配約束放在單獨的 TCL 檔案中，則可以在 QSF 中呼叫該 TCL 指令檔，實現接腳的分配約束。

當使用其他工具增加約束時，約束敘述通常會被增加到 qsf 檔案的底部。在 Quartus Prime 設定檔案參考手冊中，詳細介紹了使用者可用的所有約束。

如圖 5-15 所示為 QSF 檔案的部分內容範例。其中，註釋部分以 "#" 開頭，QSF 檔案可以透過 source 命令呼叫 tcl 指令稿，新更新的約束資訊將更新在 QSF 檔案底部。

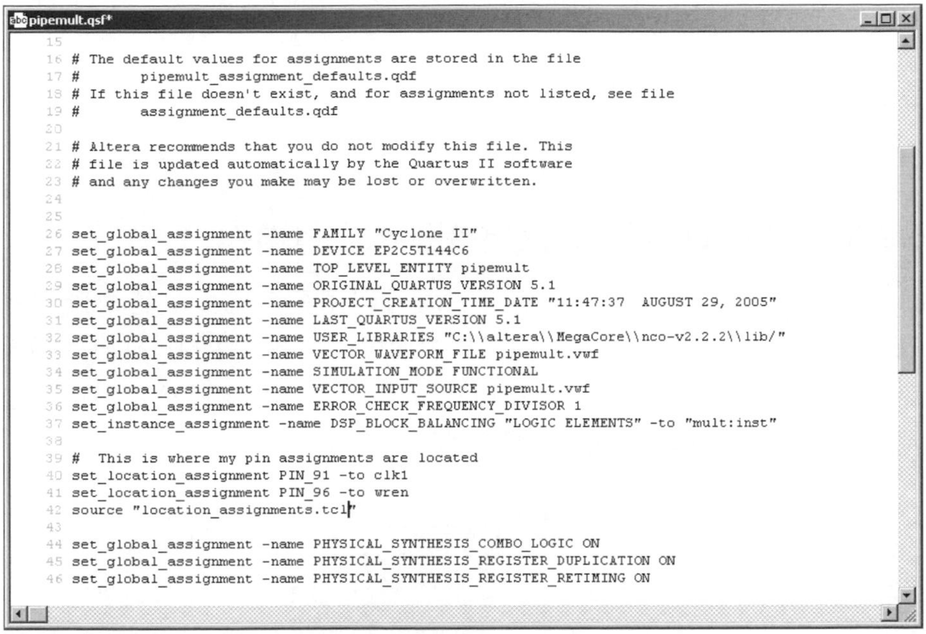


```
# The default values for assignments are stored in the file
#       pipemult_assignment_defaults.qdf
# If this file doesn't exist, and for assignments not listed, see file
#       assignment_defaults.qdf

# Altera recommends that you do not modify this file. This
# file is updated automatically by the Quartus II software
# and any changes you make may be lost or overwritten.


set_global_assignment -name FAMILY "Cyclone II"
set_global_assignment -name DEVICE EP2C5T144C6
set_global_assignment -name TOP_LEVEL_ENTITY pipemult
set_global_assignment -name ORIGINAL_QUARTUS_VERSION 5.1
set_global_assignment -name PROJECT_CREATION_TIME_DATE "11:47:37  AUGUST 29, 2005"
set_global_assignment -name LAST_QUARTUS_VERSION 5.1
set_global_assignment -name USER_LIBRARIES "C:\\altera\\MegaCore\\nco-v2.2.2\\lib/"
set_global_assignment -name VECTOR_WAVEFORM_FILE pipemult.vwf
set_global_assignment -name SIMULATION_MODE FUNCTIONAL
set_global_assignment -name VECTOR_INPUT_SOURCE pipemult.vwf
set_global_assignment -name ERROR_CHECK_FREQUENCY_DIVISOR 1
set_instance_assignment -name DSP_BLOCK_BALANCING "LOGIC ELEMENTS" -to "mult:inst"

#  This is where my pin assignments are located
set_location_assignment PIN_91 -to clk1
set_location_assignment PIN_96 -to wren
source "location_assignments.tcl"

set_global_assignment -name PHYSICAL_SYNTHESIS_COMBO_LOGIC ON
set_global_assignment -name PHYSICAL_SYNTHESIS_REGISTER_DUPLICATION ON
set_global_assignment -name PHYSICAL_SYNTHESIS_REGISTER_RETIMING ON
```

圖 5-15 QSF 檔案的部分內容範例

5.3.3.1 使用 QSF 檔案進行接腳分配

以下是 QSF 檔案中的 tcl 敘述關於接腳約束的典型範例，範例中將設計的時脈訊號 clk 分配到了接腳 H12，將設計中兩個按鍵訊號 key0 與 key1 分配給了兩個接腳 P11 與 P12，並為 key0 與 key1 兩個訊號指定了 1.2V 的標準電位。

```
#main clock
set_location_assignment PIN_H12 -to clk
set_location_assignment PIN_P11 -to key0
```

```
set_location_assignment PIN_P12 -to key1
set_instance_assignment -name IO_STANDARD"1.2 V" -to key0
set_instance_assignment -name IO_STANDARD"1.2 V" -to key1
```

需要注意的是，Quartus Prime 如何處理不同的 I/O 訊號。在 Quartus Prime 工具中，所有的 I/O 訊號都被視為邏輯訊號，甚至差分訊號也由設計中的單一邏輯通訊埠表示，當通訊埠分配差分 I/O 標準時，會自動生成差分接腳。

5.3.3.2 從 Excel 匯入／匯出接腳分配（CSV）

除了對 QSF 檔案直接進行設定外，還可以用完成的接腳約束匯出為 Excel 或 CSV 檔案，以便在其他工具中使用或作為文件的一部分使用，或預留給下一個專案使用。也可以對匯出的 CSV 檔案進行修改，修改完成後再匯入 Quartus Prime 工具中即可。匯出分配表如圖 5-16 所示。

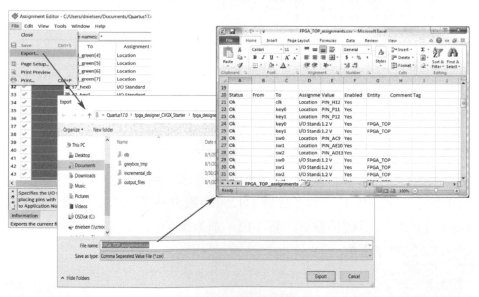

圖 5-16 匯出分配表

需要注意的是，許多約束還被包含在其他報告檔案中。舉例來説，當
Quartus Prime 完成編譯階段時，會生成一個 .pin 檔案，其中包括所有
接腳分配以及相關的 IO bank 電壓和 VCCIO 設定。

5.4 時序分析工具

現在我們將進行時序分析，可以透過兩種方式啟動時序分析工具
TimeQuest 工具完成時序分析，一種方式是透過 TimeQuest Timing
Analyzer 提供的 GUI 圖形互動介面完成時序分析與時序約束，另一種
方式是使用命令列的方式進行。

5.4.1 TimeQuest Timing Analyzer 的 GUI 圖形互動介面

在這裡我們主要介紹 TimeQuest Timing Analyzer 的 GUI 圖形互動介
面。在 Quartus Prime 的功能表列中選擇 "Tool" 下拉式功能表中的
"TimeQuest Timing Analyzer"，打開 GUI 圖形互動介面。

從圖 5-17 中可以看到它由四個主要小元件組成。左上角是一個包含當
前報告列表的視窗，在 TimeQuest Timing Analyzer 內生成的任何報告
都將在此處列出。應該注意的是，如果生成的報告與以前報告的名稱
相同，則以前報告將被新報告覆蓋。左側是任務視窗，顯示了設定時
序分析器需要執行的任務，還列出了一系列生成標準和自訂報告的捷
徑。這些標準報告是作為正常 Quartus Prime 編譯過程的一部分生成的
同一組報告。底部是命令主控台，命令歷史記錄和所有訊息在此處回
應給使用者。右上角的大視窗是顯示路徑報告的位置，這裡可能有幾
個子面板。接下來我們將詳細研究這些單獨的視窗。

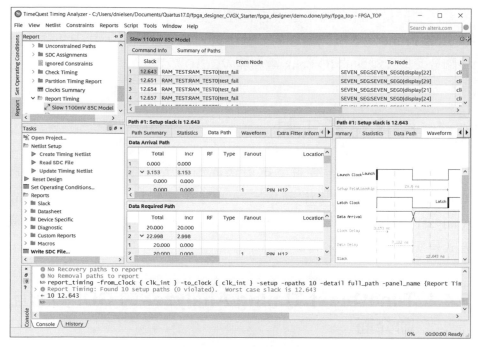

圖 5-17 TimeQuest Timing Analyzer 的 GUI 圖形互動介面

5.4.2 任務面板（Tasks）

任務視窗（Tasks）（見圖 5-18）顯示設定網路列表所需的步驟，可透過此處列出的捷徑快速生成報告列表。生成的前三組報告是時序餘度報表（Slack）、資料表（Datasheet）和元件特性報告（Device Specific），這是在正常 Quartus Prime 編譯過程中生成的報告。另外，診斷報告（Diagnostic）可定位時序問題區域，自訂報告（Custom Reports）可分析特定路徑的時序。

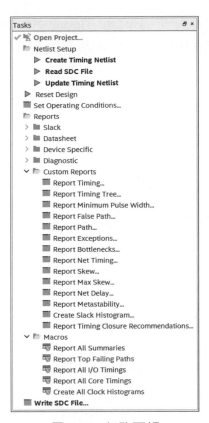

圖 5-18 任務面板

5.4.3 創建時序資料庫（Netlist Setup）

在進行任何時序分析之前，必須設定時序資料庫（Netlist Setup），如圖 5-19 所示，包括以下三個步驟。第一步是生成時序網路列表（Create Timing Netlist）。該網路列表的建立是基於綜合後（post-synthesis）或轉換後（post-fit）編譯生成的底層物理邏輯網路列表。

第二步是讀取 SDC 檔案（Read SDC File），處理 SDC 檔案中的時序約束資訊。

第三步是更新時序網路列表（Update Timing Netlist），將任何指定路徑的時序約束應用於資料庫，以使時序網路列表最終能用來做準確的時序分析。

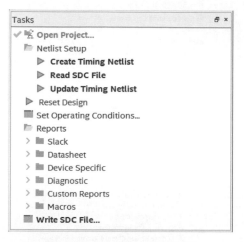

圖 5-19　設定時序資料庫

要執行以上這些步驟，可以單獨雙擊每個步驟，也可以雙擊最後一步，所有步驟都將按循序執行。

5.4.4　常用的約束報告

本節列出了一些常用的約束報告，這些約束報告非常有助快速評估設計的時序情況。

5.4.4.1　報告無約束的路徑（Report Unconstrained paths）

這是非常重要的，因為如果沒有約束有意義的路徑，那麼時序分析是有缺陷的。如果設計中的路徑無關緊要，最好使用（false path constraint）約束明確該路徑無關緊要，而非任由它們處於無約束狀態。

5.4.4.2 報告忽略的約束（Report Ignored constraints）

此報告很重要，因為如果存在任何忽略的約束，則表示輸入的 SDC 約束未正確形成，無法應用。如果不需要該約束，則這些約束項應該移除。

5.4.4.3 報告時脈資訊（Report Clocks）

這是一個很好的回顧，是為了確保所有的時脈都被列出，並且時脈的頻率正確。

5.4.4.4 報告時脈轉移（Report Clock Transfers）

這也是非常有用的。該報告列出了從輸入到暫存器、暫存器到暫存器或從暫存器到輸出的來源時脈與目標時脈的訊號傳輸路徑。這是一個很好的報告，可以檢查時脈域的交換點，並確保所有的交換點都是使用者所期望的。

5.4.4.5 報告所有摘要（Report all summaries）

它將對所有的時序餘量（slack）報告生成一個摘要。這通常是進行時序分析的第一步，因為透過這個報告通常可以直接發現是否有時序問題。

5.4.5 報告面板（Report Pane）

報告面板列出了此階段中生成的所有當前報告，如圖 5-20 所示。如果對約束進行了更改，則所有當前生成的報告都將顯示為黃色背景。黃色背景表示報告已過期，並且約束因報告產生而發生了改變。

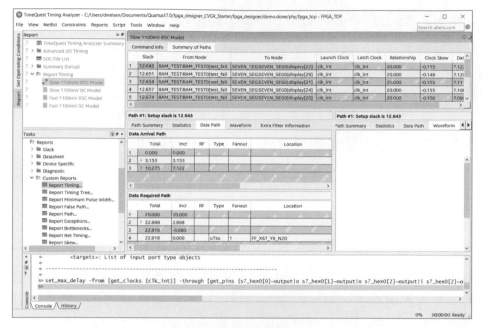

圖 5-20 報告面板

如果更改約束，則無須單獨重新生成每個報告，可以按右鍵點擊報告面板中的任何一個報告，然後選擇更新所有過期報告。

需要注意的是，如果要清除所有約束報告，無須關閉並重新打開報告，只需在 "Task" 視窗或 "Netlist" 選單中選擇重置設計。

5.4.6 時序異常（Exceptions）

當你在查看時序報告時，可能會發現在時序報告中有一些時序異常（Exceptions），包括多週期路徑、多個邏輯時脈的路徑、錯誤路徑、最小延遲時間問題與最大延遲時間問題。解決的辦法通常是僅分配一個時脈或對路徑上的節點進行點對點分配。

5.4.6.1 偽路徑（**False Paths**）

可以設定偽路徑約束來標記無關的路徑。舉例來說，因為驅動 LED 的路徑時序不重要，所以可將其約束為偽路徑路徑。由於它已被設定為偽路徑，因此 Quartus Prime 工具將不會浪費時間來嘗試最佳化該路徑的時序。

又如，兩個非同步時脈同時在路徑當中，Quartus Prime 工具在編譯時會盡可能地使這兩個非同步時脈同時滿足時序需求，從而導致異常編譯。在這種情況下，通常不能直接約束這兩個非同步時脈之間的時序，但可以將這兩個非同步時脈之間的任何傳輸路徑都設定偽路徑，如此 Quartus Prime 工具在編譯時將不會考慮這兩個非同步時脈之間的時序問題。需要注意的是，這兩個非同步時脈可能會對設計帶來隱憂時，需要使用其他方法來解決該問題，如使用同步暫存器、FIFO 或用於在兩個非同步時脈之間傳遞資料的其他方法。

命令：set_false_path
選項：

- -from <clock,pin,port,cell,net>
- - to <clock , pin, port, cell, net>

例子：

- set_false_path -to [get_ports LED1]
- set_false_path -from [get_clocks SYSCLK] \
- to [get_clocks REFCLK]

5.4.6.2 最小／最大延遲

對 Max 延遲時間和 Min 延遲進行約束。我們看兩個例子，一個是定義 IO 時序，另一個是內部時脈傳輸路徑。

命令：set_max_delay & set_min_delay

選項：

■ -from <clock,pin,port,cell,net>

■ - to <clock , pin, port, cell, net>

■ <net>

例子：

■ set_max_delay -from [get_ports DQ [*]] -to [get_clocks sys_clk] 2.0

■ set_min_delay -from [get_clocks SYSCLK] -to [get_clocks clkdiv2reg] 0.0

5.4.6.3 多週期路徑

異常約束還有一種是多週期路徑約束。當有一個很長的時序路徑時，如果需要多個時脈週期來完成此操作，而設計適應這種情況並允許忽略這裡的無效週期，則此時可以多週期約束。多週期路徑約束成對出現。第一個是設定約束，並設定多週期路徑所需的時脈週期數。第二個是多週期保持約束，用於確定約束是移動視窗還是固定視窗。如果是移動視窗，表示資料傳輸仍然在每個時脈週期發生，並且多週期約束告訴工具所需的時脈週期數。這通常不是多週期約束的意圖。一般來說多週期約束固定視窗。在這種情況下，允許邏輯處理多個週期，因為每個多週期只發生一次傳輸。舉例來說，如果多週期設定為 3，則僅每三個時脈傳輸一次資料。

命令：set_multicycle_path

選項：

■ -from <clock,pin,port,cell,net>

■ - to <clock , pin, port, cell, net>

■ -start | -end

■ -setup | -hold

■ < 多週期因數 >

例子：

- set_multicycle_path -start -setup \
- -from [get_clocks SYSCLK] -to [get_clocks clkdiv2reg] 2
- set_multicycle_path -start -hold \
- -from [get_clocks SYSCLK] -to [get_clocks clkdiv2reg] 1

5.4.6.4 多週期波形範例

多週期路徑是一個重要的概念，讓我們透過一個例子來更仔細地看一下，如圖 5-21 所示。假設我們需要三個時脈的多週期設定，即圖中的藍色箭頭，預設保持邊沿將是零邊沿或設定邊緣後面的時脈。但在這種情況下，如果沒有進行約束，則告訴該工具的是資料必須在藍色邊緣之前到達，但實際上它在之前的時脈編譯就已經到達，Quartus Prime 工具在編譯時就會按錯誤的時脈邊緣去最佳化佈線。這就是異常的來源。

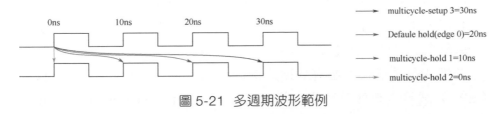

圖 5-21 多週期波形範例

因此，如果我們想要一個打開的視窗，實際上是給電路三個時脈要做到這一點，就需要進行多週期約束。

5.4.6.5 異常優先順序

關於時間異常，還需要注意的是，它們按顯示的優先順序排列。設定的 "fasle paths" 具有最高優先順序，然後是設定最小和最大延遲，最後是多週期路徑。因此，當正對一個路徑同時進行 "fasle paths" 約束與 "multicycle paths" 約束時，將先按 "fasle paths" 約束進行最佳化，優先順序如下：① set_false_path；② set_max_delay & set_min_delay；
③ set_multicycle_ path。

5.4.7 關於 SDC 的最後說明

應該指出的是，在這裡，我們只討論了基本的時間約束，這些約束涵
蓋了常見的時序分析場景。我們不要將時序約束問題置之不理，因為
它們通常是實驗中出現的許多問題的根源。

5.5 耗電分析工具

5.5.1 耗電考慮因素

可以使用 Intel Quartus Prime 功率估計和分析工具來估計耗電並指導
PCB 板和系統設計。需要較準確地評估裝置的耗電，以制定適當的
功率預算，包括設計電源、電壓調節器、散熱器和冷卻系統等。在運
行編譯或創建任何原始程式碼之前，可以使用 Early Power Estimator
（EPE）試算表來估計耗電，然後可以使用 Intel Quartus Prime Power
Analyzer 在設計完成後執行分析。

需要注意的是，由於耗電在很大程度上取決於實際設計和環境條件，
因此需要在裝置運行期間對實際耗電進行驗證。

5.5.2 耗電分析工具比較

動態耗電估算的關鍵應該集中在獲取所有 FPGA 內部網路訊號的電位
翻轉率上。靜態功率取決於元件本身的工作條件，即使在設計流程的
早期階段，也很容易建模。

Early Power Estimator（EPE）試算表是一種基於試算表的分析工具，可根據元件和封裝選擇、工作條件和元件資源的使用率來進行早期的耗電評估。EPE 試算表具有非常精確的功能元件模型，但由於 EPE 在 RTL 設計之前使用，因此缺少關鍵資訊，如邏輯設定、佈局和佈線，這就限制了其整體精度。然而，我們可以使用 EPE 作為其主要功率估算工具，因為它在設計的早期就可以提供功率估算。

Power Analyzer 是一種更加詳細的功率分析工具，因為它是根據實際設計的佈局、佈線和邏輯設定等資訊進行耗電評估，並且它還可以使用模擬波形來更加準確地評估動態功率。整體來說，Power Analyzer 可以為實際耗電提供 ±15% 的準確度評估。

以上兩種耗電分析工具的比較如圖 5-22 所示。

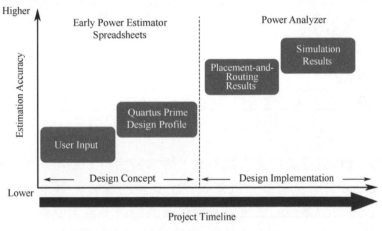

圖 5-22　耗電分析工具的比較

5.5.3 EPE 試算表

Early Power Estimator（EPE）試算表是一個基於試算表的分析工具，如圖 5-23 所示。它允許對設計進行電源耗電評估，在設計早期對電源

耗電進行評估可以有效避免在 PCB 電路板設計時可能遇到的一些不可
預料的問題。

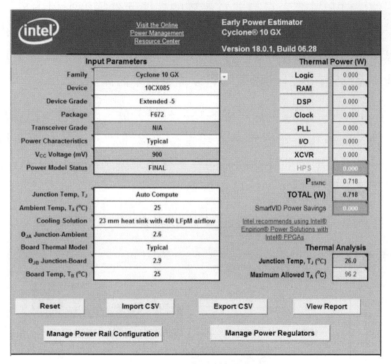

圖 5-23 Early Power Estimator（EPE）試算表

EPE 試算表可以從英特爾網站下載，通常特定於 FPGA 系列。舉例來
說，Cyclone V 將具有單一試算表。試算表的最後一頁是報告頁面。
此頁面包含每個電源的清單以及每個電源的最小電流要求。應該注意
的是，電源的最低要求包括動態和靜態功率以及電源可見的任何浪湧
（inrush）電流。在設計電源時，要考慮報告頁面上列出的最低電流要
求。EPE 試算表下載連結為：https://www.intel.com/content/www/us/en/
programmable/support/support- resources/operation-and-testing/power/
pow-powerplay.html/。

5.5.4 Power Analyzer

在完成設計後，可以使用 Quartus Prime 工具中的 Power Analyzer，如圖 5-24 所示。它比 Early Power Estimator（EPE）試算表能夠更準確地進行耗電估計，因為它是基於設計完成後的佈局、佈線資訊及資源設定資訊進行評估的。Power Analyzer 非常易用，只需很少的使用者輸入。大多數輸入直接來自 Quartus Prime 工具，除類比輸入外。此外，還有一個內建的電源最佳化顧問，可以提供有關設計更改的建議，從而降低整體耗電。

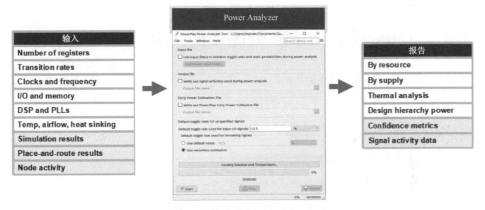

圖 5-24 Power Analyzer

5.6 晶片內建偵錯工具

為了偵錯 FPGA 內部的複雜設計，我們需要能夠提供對元件內部節點測試的工具。英特爾提供了一套這樣的工具。它圍繞虛擬 JTAG 集線器建構，允許 JTAG 鏈「看到」FPGA 內的多個虛擬 JTAG 元件。

這些工具包括從低級硬體偵錯工具（如 SignalTap 邏輯分析儀）到高度抽象的軟體偵錯工具（用於分析嵌入式處理器中的程式性能）等各種功能。這些工具可以同時運行，以允許協調使用並解決複雜的偵錯方案。

這些工具透過標準 JTAG 介面與 FPGA 通訊，與此同時，一個 JTAG 介面可以同時支援多個偵錯功能，如圖 5-25 所示。

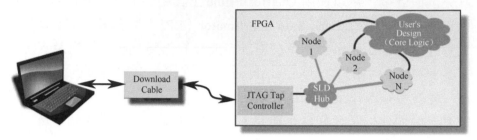

圖 5-25　上板偵錯

5.6.1　Quartus Prime 軟體中的晶片內建偵錯工具

根據各種偵錯需要，Quartus Prime 整合式開發環境中提供了多種晶片內建偵錯工具，如下所示為硬體設計人員可用的英特爾偵錯工具列表。

（1）SignalTap II 邏輯分析儀：
　　① 捕捉並顯示硬體事件與時序；
　　② 增量創建觸發條件並增加訊號以進行查看；
　　③ 使用片內 RAM 儲存捕捉到的訊號資料。

（2）Signal Probe Pin：
　　① 快速將內部節點佈線到接腳以進行觀察；
　　② 由於工具的性質，不需更改設計內容，即可實現內部節點的監測。

（3）In-system memory content editor：
　　① 顯示晶片內建記憶體的內容；
　　② 允許在正在運行的系統中修改記憶體內容。

（4）logic analyzer interface：
　　① 使用外部邏輯分析儀查看內部訊號；
　　② 動態切換內部訊號到輸出。

（5）In-system sources and probes：

　　無須使用晶片內建 RAM 即可激勵和監控內部訊號。

最常見的也是最強大的偵錯工具是 SignalTap II 邏輯分析儀。這是一款功能齊全的邏輯分析儀，可以完全嵌入到可程式化邏輯元件的內部。它能夠即時捕捉數百個訊號，並儲存到晶片內建記憶體中，然後將捕捉的訊號資料上傳到與之連接的 PC 電腦進行分析。在這個過程中因為使用 FPGA 晶片內建的記憶體儲存訊號，因此如需使用 SignalTap II 這個工具，需要在 FPGA 設計中預留一些晶片內建記憶體資源。

Signal Probe Pin，是一個實用的工具，可以快速將任何內部訊號佈線到備用接腳，以便使用如示波器一類的外部測試裝置進行觀察，它無須對設計進行任何更改，即可將 FPGA 內部的訊號連接到 FPGA 輸出接腳上。

In-system memory content editor，這個工具允許在系統執行時期從 PC 查看晶片內建記憶體內容，並且允許直接對晶片內建記憶體的內容進行修改。

logic analyzer interface，類似 Signal Probe Pin，通常用於更寬的介面，並提供可以動態更改的測試多路選擇器，以選擇將哪些訊號佈線到預先定義的測試接腳。

In-system sources and probes，該工具在 FPGA 執行時期，可以透過 JTAG 介面寫入和讀取在 FPGA 中增加的來源與探針等資訊。它類似 SignalTap II 工具，可以獲取 FPGA 執行時期內部的訊號變數。與此同時，還可以透過虛擬的開關控制 FPGA 中的內部訊號值。

下面將特別注意 Signal Probe Pin 和 SignalTap II 嵌入式邏輯分析儀，因為它們是 FPGA 設計偵錯中常用的工具。其他工具的使用相對簡單，這裡不做介紹。

5.6.2 Signal Probe Pin（訊號探針）

Signal Probe Pin（見圖 5-26）用於將內部節點輸出到元件接腳，以供外部測試裝置進行測試。這些測試節點可以位於層次結構設計的任何位置，但必須位於 FPGA 架構中。Signal Probe Pin 增加後，將在現有設計中增量佈線，因此對現有設計的性能或時序的影響很小或沒有影響。如果需要同步存取，還可以將暫存器增加到輸出路徑上。

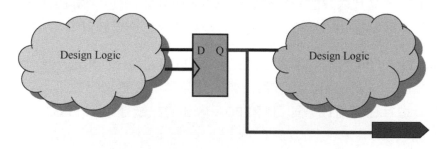

圖 5-26　Signal Probe Pin

可以從 Quartus Prime 中的工具選單存取 Signal Probe Pin 對話方塊，如圖 5-27 所示。

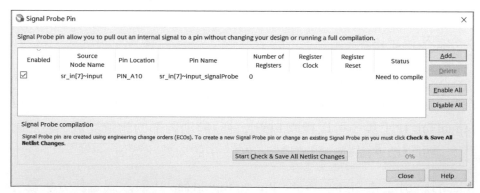

圖 5-27　Signal Probe Pin 對話方塊

在此對話方塊中，可以增加、刪除、更改、啟用或禁用 Signal Probe Pin。

增加 Signal Probe Pin 時的第一個選項是指定接腳位置。這裡指定的 FPGA 接腳必須是未被使用的接腳，如此 Signal Probe Pin 增加接腳時，不會影響專案中已經指定好的其他 IO 接腳，如圖 5-28 所示。

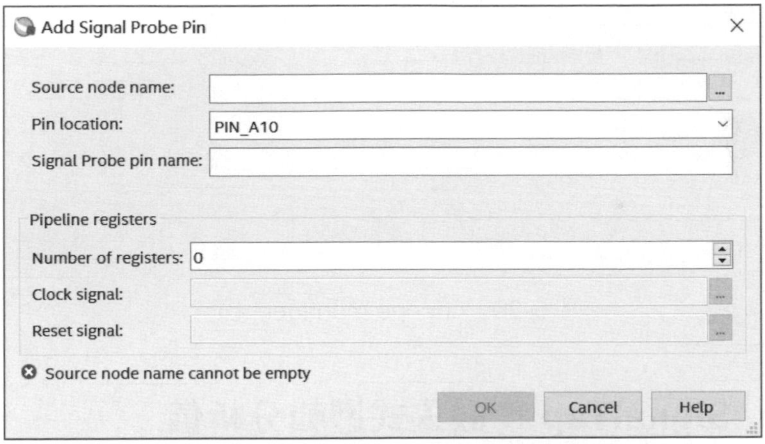

圖 5-28 Signal Probe Pin 增加接腳

第二個選項是暫存探針。如果需要同步輸出，則還需指定要使用的時脈和使用的暫存器級數。

對探針設定完成後，需要保存更改並使用新探針更新設計。點擊 "start check and save all netlist changes" 按鈕即可完成此操作。這樣將開始執行增量佈局佈線，保留原始設計並在該設計之上增加新探針。

可以在更改（change）管理器中查看狀態，也可以從 Quartus Prime 中 "View" 選單的 "Utility windows" 打開 "change manager" 視窗查看增加的探針接腳，如圖 5-29 所示。

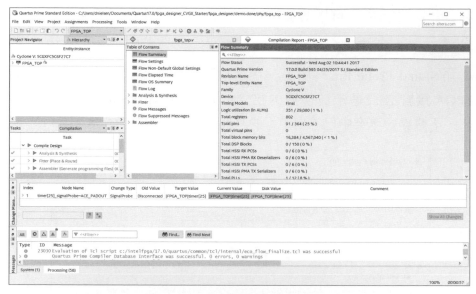

圖 5-29 "change manager" 視窗

5.6.3 SignalTap II 嵌入式邏輯分析儀

SignalTap II 嵌入式邏輯分析儀是 Quartus Prime 工具中迄今為止功能最
強大、最常用的偵錯工具，是一款功能齊全的邏輯分析儀。它支援多
種觸發選項，包括進階的觸發指令，還支援儲存限定詞，以及外部的
輸入與輸出觸發。它還有一個資料記錄功能，允許儲存多個觸發事件
和資料捕捉，然後在不同的機器上進行分析，如此可使你釋放一部分
測試工作，將更多的精力用在解決問題上面。它具有以下特點。

（1）全功能軟邏輯分析儀。具有多種觸發選項，包括儲存限定詞等，
　　　具有資料記錄功能，可以記錄多次觸發視覺和捕捉的資料，然後
　　　進行資料分析。
（2）可以對大多數內部訊號進行資料獲取，硬核心 IP 模組的內部訊號
　　　除外。

（3）可以同時進行大量訊號的資料獲取，同時擷取 500 ～ 700 個訊號。

5.6.3.1 SignalTap II 資源使用

正如前面提到的，SignalTap II 嵌入式邏輯分析儀是由 FPGA 架構中的軟邏輯建構而成的，主要使用的資源是 FPGA 晶片內建的邏輯資源以及晶片內建的儲存資源。SignalTap II 使用的資源取決於幾個因素，包括要捕捉與擷取的訊號數量、觸發器啟用中包含的訊號數量、觸發電位數量以及捕捉擷取資料的深度。一般來說限制捕捉訊號數量的因素不是邏輯資源而是晶片內建的儲存資源，尤其是在需要捕捉的資料較大的情況下。

舉例來說，在這樣一個設計中，SignalTap II 實例具有 169 個訊號，其中 11 個用於觸發，並且設定為 4K 樣本的捕捉深度，編譯後使用資源 2500 LE（506 個 ALM，1460 個 FF，85 個 M10K），其使用的邏輯資源不到 2%，但使用的記憶體卻佔用了 20%。

5.6.3.2 Signal Tap II 儲存條件

為了使有限的內部記憶體更有效，SignalTap II 允許設定儲存條件。這表示只有在滿足某些條件時，樣本才會儲存在捕捉記憶體中。

如圖 5-30 所示，SignalTap II 支援六種條件設定模式，預設為 "Continuous" 模式。在此模式下，將儲存全部捕捉到的資料。這是最常用的模式。

"Input port" 模式，僅在外部訊號為高電位時儲存捕捉資料。使用 FPGA 外部接腳進行控制，不容易實現即時捕捉，因此很少使用此模式。

"Transitional" 模式，僅在訊號電位改變時儲存資料，可以有效地節省儲存資源，但沒有保留時間標籤資訊。

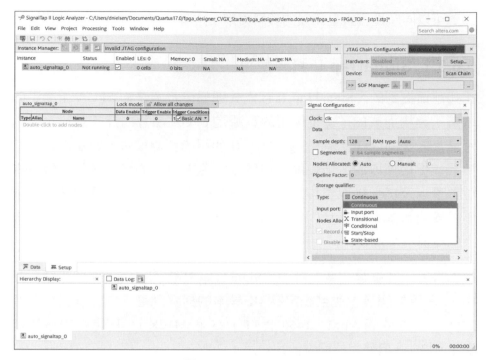

圖 5-30　SignalTap II

"Conditional" 模式，當指定條件為 "True" 時，才開始儲存資料。

"State/Stop" 模式，可以設定開始儲存捕捉資料與結束儲存捕捉資料的條件。

"State-based" 模式，是基於狀態的模式觸發。這是一項進階功能，允許建構自訂狀態機來控制分析儀的觸發和資料儲存。

5.6.3.3　擷取緩衝區類型

控制儲存的另一種方法是更改緩衝區類型。SignalTap II 中有兩種類型的擷取緩衝區，預設值為迴圈緩衝區，如圖 5-31 所示。在此模式下，分配給 SignalTap II 的整個儲存空間用作資料儲存的單一緩衝區。還有一種類型是分段緩衝區，如圖 5-32 所示。在此模式下，允許將分配的儲存空間拆分為多個大小均勻的段，並對每個段定義觸發條件。當捕捉的訊號長時間無活動時，會使用分段緩衝區來捕捉突發訊號數據。舉例來說，來自網路介面的資料封包流量，可以在每個緩衝區中捕捉一個資料封包，並忽略資料封包之間的死區時間（dead time）。

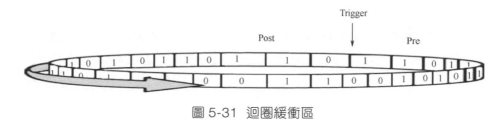

圖 5-31 迴圈緩衝區

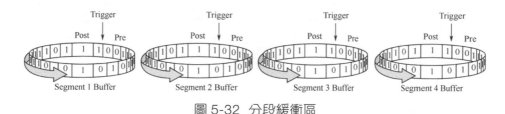

圖 5-32 分段緩衝區

5.6.3.4 使用 SignalTap II 的步驟

首先，必須創建 SignalTap II 檔案或 STP 檔案。這包括設定用於捕捉或擷取資料的時脈、要捕捉的訊號、捕捉或擷取資料的深度，以及啟動捕捉訊號的觸發條件。然後保存 STP 檔案並編譯。編譯完成後就可以將設計載入到硬體中並開始偵錯。具體步驟如下。

（1）創建 STP 檔案（Tools - > SignalTap II Logic Analyzer）：
    ① 分配取樣時脈；
    ② 設定分析器（取樣深度，緩衝類型等）；
    ③ 增加要捕捉的訊號。

（2）保存 STP 檔案。

（3）編譯設計。

（4）程式下載。

（5）獲取資料。

5.6.3.5 SignalTap II 視窗──設定

如圖 5-33 所示為 SignalTap GUI 的視窗。"Instance Manager" 是設定分析器的區域。如果設計中有多個 SignalTap II 實例，還可以透過它選擇正在使用的 SignalTap II 實例。

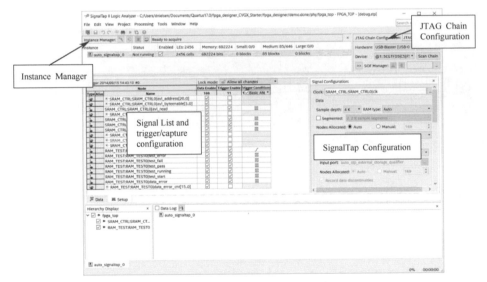

圖 5-33 SignalTap GUI 視窗

如果 JTAG 鏈上有多個元件，則可以在 "JTAG Chain Configuration" 中選擇要使用的 FPGA 元件。"SignalTap Configuration" 用於選擇時脈、緩衝區類型和深度。最後，左側的大視窗有兩個標籤，可以在此選擇要查看的訊號以及它們是否作為觸發源啟用，也可以在此設定觸發電位及觸發條件。

5.6.3.6 SignalTap II 視窗——資料

如圖 5-34 所示為 SignalTap II 中的資料波形視圖,可以在 "Waveform Viewer" 中看到捕捉訊號的圖;"Time Bars" 有助對波形進行測量,並標記波形中的重要事件。

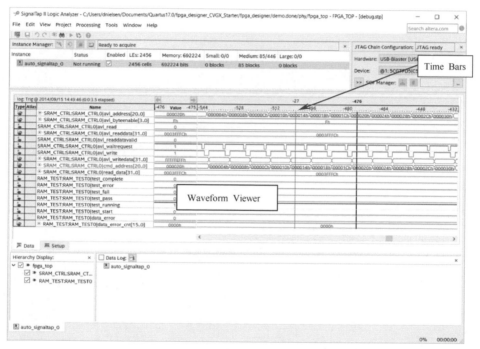

圖 5-34　SignalTap II 中的資料波形視圖

視窗底部是資料記錄檔。如果要將波形捕捉保存在檔案中以供將來參考,可透過點擊資料記錄檔按鈕將其記錄在此處。還可以命名記錄檔,以便更容易記住捕捉的內容。

基於英特爾 FPGA 的 SOPC 開發

6.1 SOPC 技術簡介

SOPC 的英文全稱是 System On a Programmable Chip，也就是可程式化系統單晶片，它採用可程式化邏輯技術（這裡指的就是 FPGA）把整個系統整合到一個矽晶片上。SOPC 技術最早是由 Altera 公司（現已被英特爾公司收購）提出來的，是基於可重構 SOC（System On Chip，系統單晶片）技術，將處理器、I/O 介面、記憶體以及各種控制、各種介面協定模組等整合到一個系統中，用單片 FPGA 實現這個系統的所有功能，如圖 6-1 所示為典型的 SOPC 系統。

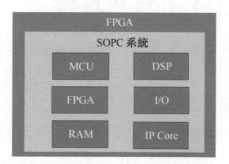

圖 6-1　典型的 SOPC 系統示意圖

SOPC 是基於 FPGA 解決方案的 SOC，與 ASIC 的 SOC 解決方案相比，SOPC 系統及其開發技術具有更多的特色，其技術特點與優勢如下。

（1）提高了系統整合度，提高了可靠性，減少了面積，降低了耗電。

（2）自訂指令，方便加速特定演算法設計。

（3）自訂對應匯流排界面的 IP Core，自訂功能及暫存器，提高了應用的針對性。

（4）硬體可重設定，降低了硬體設計風險。

（5）靈活應用 DSP Builder 等軟體實現硬體加速設計。

SOPC 是現代電腦應用技術發展的重要成果，也是現代處理器應用的重要的發展方向。SOPC 設計包括以 32 位元 Nios II 軟核心處理器為核心的嵌入式系統的硬體規格、硬體設計、硬體模擬、軟體設計、軟體偵錯等。SOPC 系統設計的基本工具包括 Quartus Prime、Platform Designer、Nios II IDE。其中，Quartus Prime 軟體用於開發 FPGA 邏輯端的程式，Platform Designer 在原版中為 SOPC Builder 或 Qsys 架設 SOPC 系統，Nios II IDE 是基於 eclipse 軟體訂製的用於 Nios 處理器軟體端的程式開發工具。

6.2 IP 核心與 Nios 處理器

IP 核心就是智慧財產權核心或智慧財產權模組的意思。在半導體產業中，通常將其定義為：「用於 ASIC 或 FPGA 中的預先設計好的電路功能模組」。其主要分為軟核心與硬核心。

硬核心在 EDA 設計領域指經過驗證的設計版圖；具體在 FPGA 設計中指佈局和製程固定、經過前端和後端驗證的設計，設計人員不能對其修改。

軟核心是指未被固化在晶圓上，使用時需要借助 EDA 軟體設定並下載到可程式化晶片（如 FPGA）中的 IP 核心。軟核心最大的特點就是可由使用者隨選來進行設定。

簡單地說，硬核心就是事先設計好的 IP 核心，其功能已經固化好，使用者不能改變；而軟核心就是使用者可以根據自己的需求，使用 EDA 工具修改其功能。

6.2.1　基於 IP 硬核心的 SOPC

建構 SOPC 的方式有兩種。這裡首先介紹基於 FPGA 嵌入 IP 硬核心的 SOPC 系統，該方案是指在 FPGA 中預先植入處理器。最常用的是含有 ARM32 位元智慧財產權處理器核心的元件。為了到達通用性，必須為正常的嵌入式處理器整合諸多通用和專用的介面，但增加了成本和耗電。如果將 ARM 或其他處理器以硬核心方式植入 FPGA 中，利用 FPGA 中的可程式化邏輯資源，按照系統功能需求來增加介面功能模組，既能實現目標系統功能，又能降低系統的成本和耗電。這樣就能使得 FPGA 靈活的硬體設計與處理器的強大軟體功能有機地結合在一起，高效率地實現 SOPC 系統。但將 IP 硬核心直接植入 FPGA 存在以下不足之處。

（1）由於這種硬核心多來自第三方公司，FPGA 廠商通常無法直接控制其智慧財產權費用，從而導致 FPGA 元件價格相對偏高。

（2）由於硬核心是預先植入的，設計者無法根據實際需要改變處理器的結構，如匯流排規模、介面方式、指令形式，更不可能將 FPGA 邏輯資源群組成的硬體模組以指令的形式嵌入硬體加速模組（如 DSP）。

（3）無法根據實際設計需要在同一 FPGA 中整合多個處理器。

（4）無法根據需要裁剪處理器硬體資源以降低 FPGA 成本。舉例來說，即使對系統性能要求不高，硬核心中的很多資源用不著，但是也不能將其裁剪掉。換句話說就是硬體資源用或不用，它都在那裡。如果不能設定，就增加了系統的成本。

（5）只能在特定的 FPGA 中使用硬核心嵌入式處理器。舉例來説，更
　　換 FPGA 型號後，裡面帶有的硬核心可能會改變，這樣使得設計
　　工程通用性不高。

如圖 6-2 所示為英特爾 FPGA 部分元件基於 ARM 硬核心處理器建構
的 SOPC 框架示意圖，詳細介紹可參見 SOC 的相關章節。圖 6-2 中，
已經預植入了雙核心 ARM Cortex-A9 硬核心處理器以及相關的匯流排
與介面驅動資源，如需要更多核心的硬核心處理器，可以更換為針對
高端應用的 Stratix 10 系列 FPGA 元件。在這些資產硬核心處理器的
FPGA 晶片當中，還可以增加基於 IP 軟核心的 Nios II 處理器。在實際
應用中，可以根據實際需求選擇合適的 FPGA 元件。

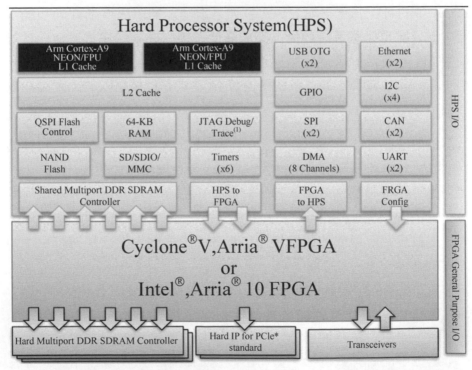

圖 6-2 基於 ARM 硬核心處理器的 SOPC 架構示意圖

6.2.2　基於 IP 軟核心的 SOPC

另一種建構 SOPC 的方式是基於 IP 軟核心的建構方式，使用 IP 軟核心處理器能有效克服使用 IP 硬核心帶來的問題，它可以根據使用者需求，靈活設定整個系統。

目前，最有代表性的軟核心處理器是英特爾的 Nios II 處理器和當前流行的 RISC V 處理器，這些處理器都可以作為軟核心引入 SOPC 系統中。當前對於 SOPC 系統，使用 Nios II 處理器，能極佳地解決上述五方面的問題。

英特爾的 Nios II 處理器讓使用者可隨意設定和建構英特爾提供的 32 位元嵌入式處理器 IP 核心。在費用方面，由於 Nios II 是由英特爾公司直接提供而非第三方廠商產品，故使用者通常無須支付智慧財產權費用，Nios II 處理器的使用費用僅是其佔有 FPGA 邏輯資源的費用。

如圖 6-3 所示為基於 Nios II 軟核心處理器的 SOPC 架構示意圖，圖中的 Nios II 處理器與匯流排架構及其相關部件及驅動都是基於 FPGA 實現的，完全可訂製化。透過 Platform Designer 工具，可以很方便地進行設定，可以靈活設定多核心 Nios II 處理器，可以增加與裁剪系統的功能模組，並且可以方便地移植到英特爾的其他 FPGA 元件上，包括針對 CPLD 市場的 MAX 10 系列 FPGA 元件。

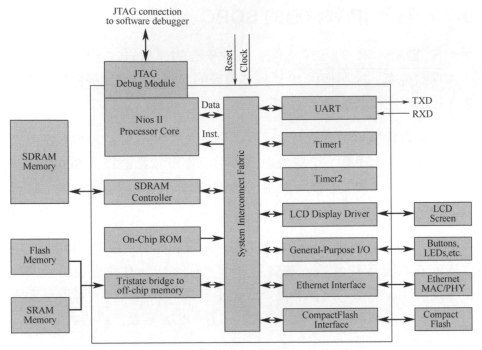

圖 6-3 基於 Nios II 軟核心處理器的 SOPC 架構示意圖

6.3 建構 SOPC 系統

6.3.1 Platform Designer

前文提到了進行 SOPC 設計的意義，但在實際應用中，如要架設這樣一個系統是相當困難的。如圖 6-4 所示為典型的 SOPC 結構框架圖，在系統中有不同的裝置，有不同介面，它們之間需要彼此通訊才能使系統工作。在設計過程中需要針對不同的介面進行訂製設計，然後把各種邏輯連接到系統中成為一個整體。這部分訂製介面與控制邏輯的設計不會為系統增加很大的價值，但又是系統不可缺少的一部分。設計

者必須解決不同介面之間的各種資料、控制與狀態訊號的時序問題及
存取衝突問題，才能確保系統正常執行。

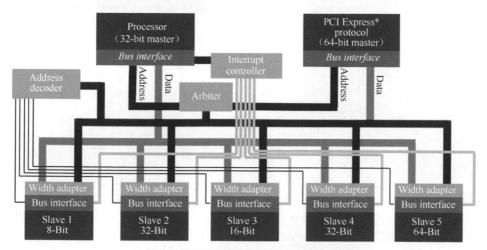

圖 6-4 典型的 SOPC 結構框架圖

為解決這些問題，Platform Designer 應運而生。英特爾公司將主處理
器、數位訊號處理模組、儲存模組及控制模組，以及各種介面協定
等模組，透過硬體描述語言實現並封裝為 IP 核心。在設計 SOPC 時
可以在 Platform Designer 中直接呼叫這些 IP 核心，並透過 Platform
Designer 提供的介面互聯方式快速地將各個模組合為一個 SOPC 系
統，保存該系統後，則會自動生成對應功能的邏輯電路或 HDL 檔案，
如圖 6-5 所示。

在使用 Platform Designer 設計系統時，Platform Designer 會建構一個
自訂的互連結構（interconnect），以確保各個系統元件之間進行通訊。
這個操作可以將傳統的類似手工精細訊號互聯的操作過程抽象化、自
動化，可以讓使用者將更多的精力集中在功能模組的設計上，如圖 6-6
所示。

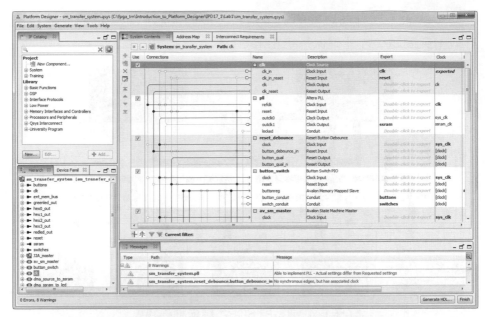

圖 6-5　Platform Designer 介面互聯圖

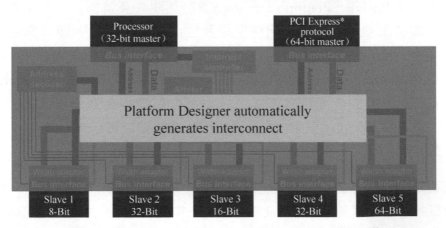

圖 6-6　使用 Platform Designer 後的 SOPC 系統架構

Platform Designer 的前身是 Qsys，在更早期的 Quartus Prime 版本中是
SOPC Builder。因此，當我們看到 "Qsys" 與 "SOPC Builder" 時，要知
道它實際上就是這裡所說的 Platform Designer。

6.3.2 SOPC 設計工具

SOPC 的設計包括硬體開發與軟體開發兩個部分，需要用到的軟體工具為 Quartus Prime、Platform Designer、Nios II Software Build Tools for Eclipse 等。

Quartus Prime 軟體是英特爾公司針對其 FPGA/CPLD 產品推出的開發工具。首先我們需要透過該軟體建立 FPGA 專案與頂層模組。另外，在 SOPC 設計中如用硬體描述語言直接實現邏輯電路，也是需要該軟體來實現的。

然後我們使用整合工具 Platform Designer 架設一個自訂的 SOPC 系統，系統可以包含

Nios II 處理器、RAM 記憶體等外接裝置模組 IP 核心。這些模組我們可以使用英特爾官方提供的 IP 核心，也可以使用第三方提供的 IP 核心，還可以使用使用者自己訂製的 IP 核心。SOPC 系統建構好之後，會生成 Qsys 檔案與 HDL 檔案，我們使用 Quartus Prime 軟體把 Platform Designer 設計的 SOPC 系統整合到 FPGA 專案當中，並將其與硬體描述語言實現的邏輯連接起來。最後將整個設計映射到 FPGA 晶片當中，得到 SOPC 系統的硬體電路。

最後我們使用工具 Nios II Software Build Tools for Eclipse 來完成軟體部分的開發。針對 Nios II 處理器的軟體開發都在該工具中完成，該工具基於 Eclipse 軟體開發，具有 Eclipse 軟體的通用性，軟體工程師可以輕鬆地在該工具下編寫、編譯與偵錯程式。軟體程式偵錯完成後會生成可執行檔（副檔名為 .elf），將該可執行檔下載到 SOPC 系統的硬體電路中運行。

6.4 SOPC 開發實戰

前文介紹了與 SOPC 設計相關的基礎知識，本節將基於一個具體的實例來說明 SOPC 開發流程。我們使用的實例是架設一個最基本的 SOPC 系統，然後在裡面實現各種程式設計中最簡單也是最經典的入門實例 "Hello，Word!"。結合該實例，可快速掌握 SOPC 的整個開發流程，包括 SOPC 系統硬體設計過程與 Nios 軟體開發過程。

6.4.1 SOPC 系統設計

在設計之前，我們首先來了解要設計的系統結構。如圖 6-7 所示，是基本的 Nios II 處理器的最小硬體系統，在這裡我們使用的處理器是 Nios II 處理器，使用的記憶體 RAM 與 ROM 是基於 FPGA 晶片內建的儲存資源，透過 Avalon 匯流排將 Nios II 處理器與記憶體 RAM 與 ROM 連接起來。這裡的 Avalon 匯流排用來傳輸指令與資料，另外我們使用 UART 序列埠作為 Nios II 處理器的標準輸入與輸出口。

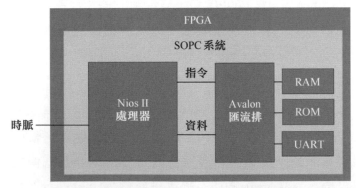

圖 6-7 Nios II 處理器的最小硬體系統

6.4.2 SOPC 硬體設計

SOPC 硬體設計的具體步驟如下。

（1）創建 Quartus Prime 專案，選擇 FPGA 晶片型號。

（2）在 Platform Designer 工具中，選擇需要的 IP 核心並設定其參數，架設 Qsys 嵌入式系統。

（3）將 Qsys 系統整合到 Quartus Prime 專案的訂製模組中。

（4）給頂層模組使用到的輸入輸出訊號分配接腳，然後編譯整個專案。

（5）將編譯生成的 sof 檔案或 pof 檔案下載到 FPGA 開發板上。

6.4.2.1 創建 Quartus Prime 專案

打開 Quartus Prime 軟體，在 "File" 選單下選擇 "New Project Wizard"，將出現如圖 6-8 所示的視窗，這裡將該專案名命令為 sopc_hello。創建專案後，設定晶片元件，如圖 6-9 所示。在這個案例中使用的軟體版本是 Quartus Prime Standard Edition 18.1，使用的元件是 Cyclone V 系列元件 CSXFC6D6F31C6。

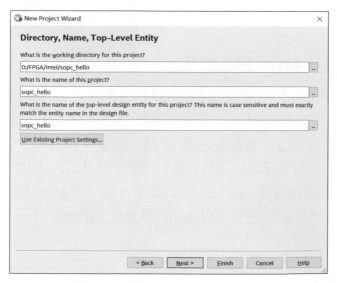

圖 6-8　創建 Quartus Prime 專案

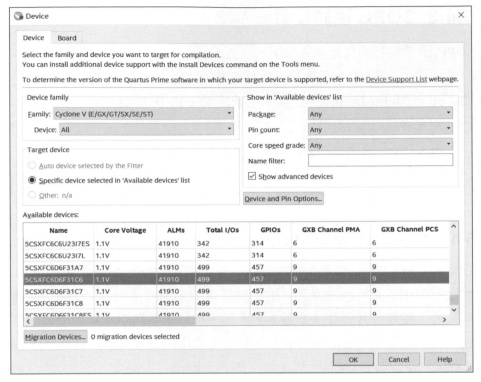

圖 6-9 設定晶片元件

6.4.2.2 建構 Qsys 嵌入式系統

在 Quartus Prime 軟體主介面的 "Tools" 選單中，打開選項 "Platform Designer"，將打開 Platform 的初始設計介面，如圖 6-10 所示。標籤頁 "IP Catalog" 中包含了各種類別的 IP 核心，英特爾公司提供了大量可用的 IP 核心，可快速幫助使用者實現功能，另外自訂的 IP 核心也可加入 "IP Catalog" 中供使用，"HLS" 為高層次綜合設計 HLS 生成的自訂 IP 核心。我們可以將這些 IP 核心加到標籤頁 "System Contents" 中實現 SOPC 系統的建構。

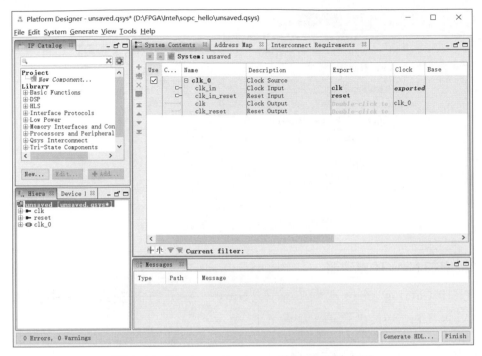

圖 6-10 Platform Designer 的初始設計介面

1. 設定時脈 IP

如圖 6-11 所示，在 "System Contents" 中已經包含一個名為 "clk_0" 的時脈 IP 核心。雙擊該時脈 IP 核心，可以設定時脈頻率，預設時脈頻率為 50Mhz，這裡為提高 Nios II 處理器的運行頻率，更改為 100000000Hz，如圖 6-11 所示。接下來還需要增加 Nios II 處理器、RAM 記憶體、ROM 記憶體以及 jtag uart 串列收發器。

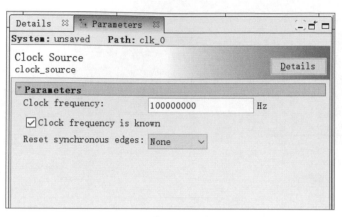

圖 6-11　時脈 IP 核心設定介面

2. 增加 Nios II 處理器

在 "IP Catalog" 的搜索框中輸入 "Nios"，在下方的搜索結果中找到
"Nios II Processor" 選項，如圖 6-12 所示。

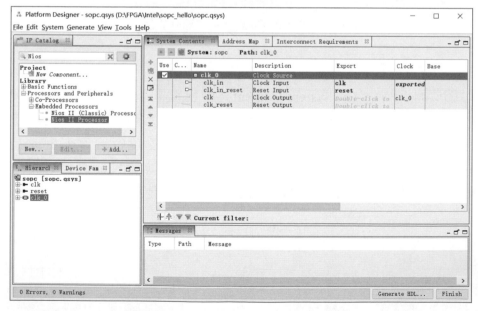

圖 6-12　在 "IP Catalog" 中尋找 IP 核心

雙擊 "IP Catalog" 中的 IP 核心 "Nios II Processor"，會出現設定介面，如圖 6-13 所示。預設設定是使用 "Nios II /f" 核心，該核心是經過性能最佳化的 32 位元 RISC 處理器，支援硬體乘法器、硬體除法器、ECC RAM Protectin 等功能。

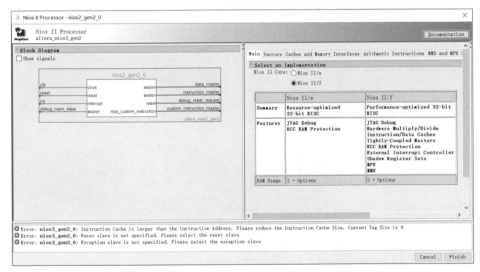

圖 6-13 Nios II 處理器設定介面

通常在增加 Nios II 處理器時，使用預設設定即可，如需修改也可以在增加處理後再進行設定修改，設定完成後，點擊 "Finish" 鍵，Nios II 處理器將被增加到 "System Contents" 中，如圖 6-14 所示。在圖中，我們看到存在 5 個錯誤，是因為還未對必要的訊號進行連接，還未給 Nios II 處理器設定記憶體，這裡暫時忽略，在 IP 都增加後再進行處理。

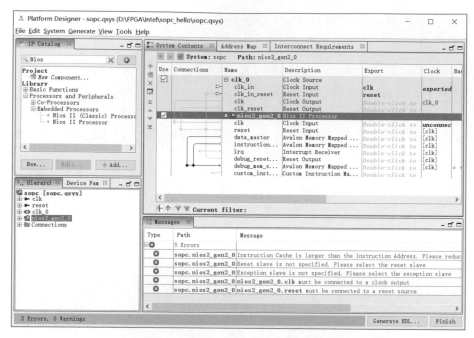

圖 6-14　加入 Nios II 處理器介面

3. 增加 RAM 記憶體

增加 RAM 記憶體與增加 Nios II 處理器的步驟相同，如圖 6-15 所示。
在 "IP Catalog" 中搜索 "ram"，在搜索結果中選擇 IP 核心 "On-chip
Memory"。

如圖 6-16 所示，雙擊 "On-chip Memory" 選項，在設定頁面將該晶片內
建記憶體 IP 核心設定為 RAM 記憶體。在 "Type" 選項處將記憶體類型
設定為 "RAM（writable）"，然後在 "Total Memory size" 處將儲存空間
設定為 20 KB，即圖中的 20 480byte，其他選項保持預設設定即可，點
擊 "Finish" 鍵。

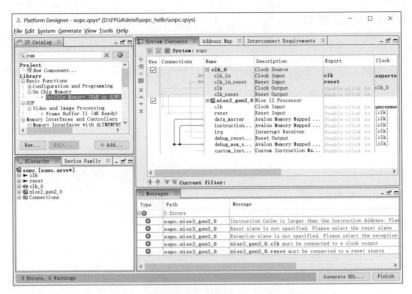

圖 6-15 搜索 "On-chip Memory" 選項

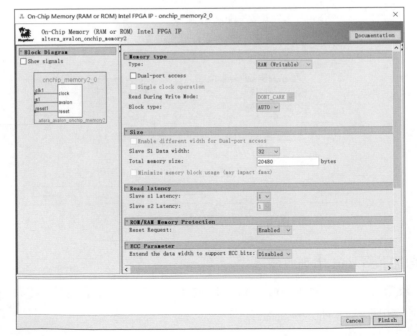

圖 6-16 設定 RAM 記憶體

4. 增加 ROM 記憶體

增加 ROM 記憶體與增加 RAM 記憶體類似，在 "IP Catalog" 中選擇記憶體 IP 核心 "On-Chip Memory"，如圖 6-17 所示，將其設定為 ROM（Read-only）記憶體，儲存空間大小設定為 10240bytes，其他選項為預設設定，不做修改，點擊 "Finish" 鍵。

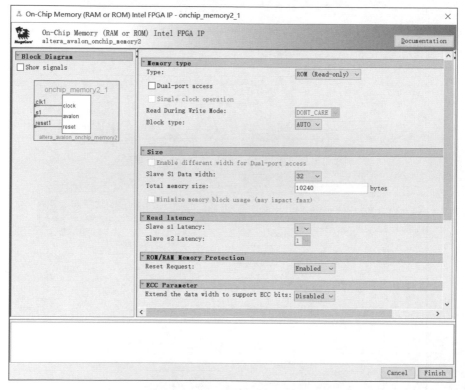

圖 6-17　設定 ROM 記憶體

5. 增加 jtag uart 串列收發器

接下來增加通訊介面 JTAG UART IP 核心，在 "IP Catalog" 中搜索 "jtag uart"，如圖 6-18 所示。

圖 6-18 搜索介面 JTAG UART IP 核心

雙擊 "JTAG UART Intel FPGA IP"，將彈出該 IP 核心的設定介面，如
圖 6-19 所示，這裡我們不需要做任何修改，點擊 "Finish" 鍵將該 IP 增
加到 "System Contents" 中。

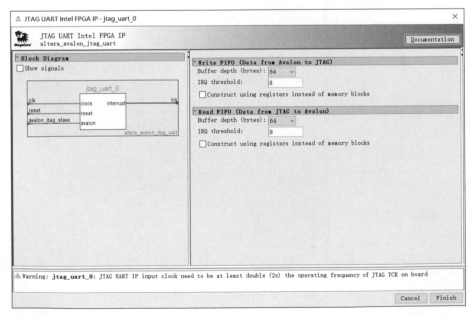

圖 6-19 JTAG UART IP 核心設定介面

6. 重新命名 IP 核心

在增加完所有 IP 核心後，為了更直觀地區分各 IP 核心功能，我們可以對增加到 "System Contents" 中 IP 核心進行重新命名。重新命名時，建議把每個 IP 核心都命名為一個容易瞭解的名稱，因為這些名稱在軟體程式中很可能被用到。

首先在 "System Contents" 標籤的 "Name" 這一列找到各 IP 核心的名稱，用滑鼠點擊選中需要重命名的 IP 核心名稱，然後點擊右鍵，在右鍵選單中選擇 "Rename"，或按快速鍵 Ctrl+R，游標將出現在 IP 核心的名稱處，此時可進行重新命名操作，如圖 6-20 所示。

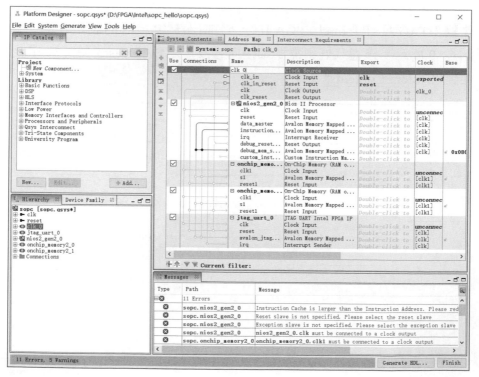

圖 6-20　修改 IP 核心名稱

各 IP 核心重新命名後，如圖 6-21 所示。

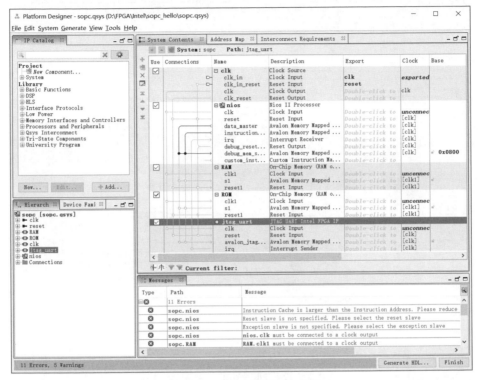

圖 6-21 IP 核心重新命名後

7. IP 核心互連

把所需的 IP 核心增加到 "System Contents" 後，再把各 IP 核心連接起來。剛開始接觸這一步時可能毫無頭緒，容易連錯或漏連。但實際上它是有規則可循的。首先我們將時脈 IP 核心的時脈訊號 "clk" 和重置訊號 "clk_reset" 與其他 IP 核心的時脈訊號與重置訊號連接起來。當我們連接訊號時，在 "Connections" 列中找到對應的連接點，滑鼠點擊這個空心的節點，空心的節點會變為實心的節點，同時對應的連線會由灰色變為黑色，如圖 6-22 所示。

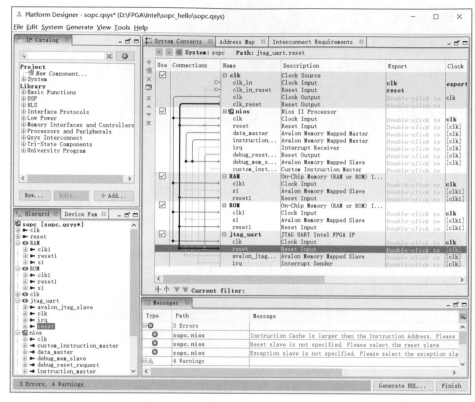

圖 6-22　連接時脈訊號與重置訊號

其次，我們從 Nios II 處理器的 Avalon 匯流排開始連接，可以看到圖 6-23 中 Nios II 的 Avalon 匯流排為 Master 類型，而其他 IP 的匯流排類型為 Slave 匯流排。我們可以把 Master 匯流排與

Slave 匯流排相連接，如此 Nios II 處理器作為 Master 可以存取 Slave 這種的從裝置。對於 Nios II 處理器而言，有兩組 Avalon Memory Mapped Master 匯流排，一組為 data_master，另一組為 instruction_master，即處理器的資料主通訊埠與指令組通訊埠。其連接規則是：資料主通訊埠需要與所有外接裝置 IP 核心連接，而指令主通訊埠只連接記憶體 IP 核心。因為在這裡運行的程式將從記憶體中讀取指令與資料。

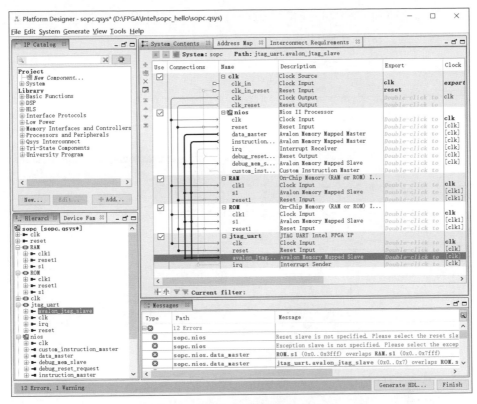

圖 6-23　連接資料與指令通訊埠

如此，IP 核心的連接基本結束。如圖 6-23 所示，還有部分接腳未連接，其中時脈 IP 還有 clk 與 clk_in_reset 兩個訊號，在 Export 列可以看到這兩個訊號的輸出介面。Export 列中的訊號被指定為硬體介面，為 SOPC 系統的輸出介面，在 SOPC 系統內部不需要連接。其中還有 Nios II 處理器中的與 debug 相關的訊號，在 debug 時會使用這些訊號，主要為 debug 時的重置訊號，連接也比較簡單。其中 jtag_uart IP 核心有一個 irq 訊號，如 uart 序列埠在軟體程式設計中使用中斷模式，將需要連接該訊號；如在軟體程式設計中使用查詢模式，則不需要連接該訊號。當然連接該訊號後，軟體端將同時支援中斷與查詢兩種模式，圖 6-23 中該訊號的連接只有一個去處，可以根據需要選擇是否進行連接。最終的連接圖如圖 6-24 所示。

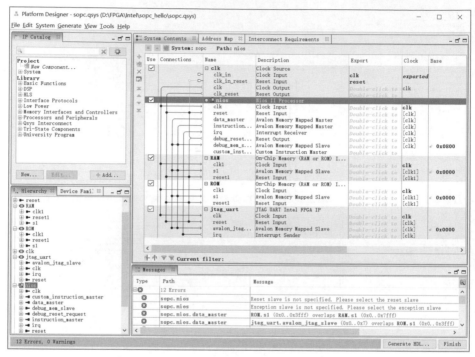

圖 6-24　介面連接完成介面

8. 最後的設定

IP 核心加入完成及各 IP 核心介面連接完成後，還需要解決標籤頁 Message 中的錯誤訊息，見圖 6-24，這裡的錯誤訊息都是與 Nios II 處理器、與匯流排有關的。

（1）Nios II 處理器設定。
首先對於 Nios II 處理器還需要設定重置位址與異常地址。雙擊 Nios II IP 核心，在標籤頁 "Parameters" 的子標籤中選擇 "Vectors"，如圖 6-25 所示。

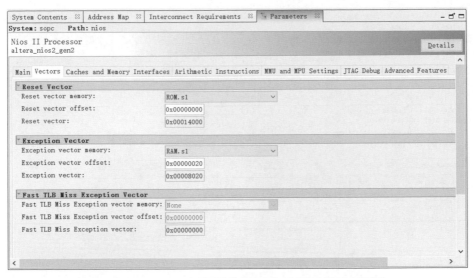

圖 6-25　Nios II 處理器的重置位址與異常地址設定

在 "Reset Vector" 專欄中，我們需要指定儲存重置程式的記憶體與異常地址。大部分的情況下我們選擇如 ROM 記憶體一種的非動態記憶體來儲存重置程式，因此這裡選擇 ROM 記憶體。

在 "Exception Vector" 專欄中，我們指定儲存異常程式的記憶體及其位址。大部分的情況下我們選擇讀寫速度較快的記憶體（多數是揮發性的 RAM 記憶體）來儲存異常程式。如程式在執行時期出現異常，程式將從該異常地址開始運行。

此外，我們還可以在 "Arithmetic Instruction" 專欄中選擇硬體除法器來提高運算性能，如圖 6-26 所示，選擇了 "SRT Radix-2" 方式來實現硬體除法器。在 "Summary" 欄中，可以看到其實現的性能參數與對應指令，從圖中可以看到這裡實現 32 位元的除法器使用了 35 個時脈週期。

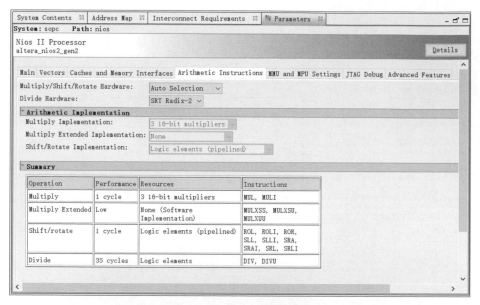

圖 6-26 設定硬體除法器

（2）分配基底位址與中斷號。

在 "System Contents" 中的 Base 這一列，顯示了匯流排的基底位址，即 Nios II 處理器需要這些基底位址去存取這些 IP 裝置，從圖 6-27 中可以看到，這裡的基底位址都是相同的，那必然會導致存取衝突。基底位址的設定可以使用 Platform Designer 工具提供的自動設定功能，在功能表列中點擊選單 "System"，然後在下拉式功能表中點擊選項 "Assign Base Address" 完成基底位址的自動分配。當然自訂基底位址也是可行的，雙擊 "Base" 列的 IP 位址，即可完成修改，修改後點擊灰色的「鎖」這個符號，如此在點擊選項 "Assign Base Address" 時，該位址將不會被重新分配。

在 Platform Designer 工具中還有一個常用的功能是 "Assign Interrupt numbers"，同樣在 Platform Designer 的選單 "System" 中。當使用多個中斷來源連接到 Nios II 處理器時，可以透過該工具進行設定，該選項自動為 IP 核心分配中斷號。對於中斷的優先順序，在連接中斷時會自動分配，我們可以在標籤頁 "System Contents" 的 "IRQ" 列查看，也可以直接在 "IRQ" 列修改優先順序順序。如圖 6-27 所示，到這裡，"Message" 專欄中的錯誤訊息已全部解決，SOPC 建構完成。

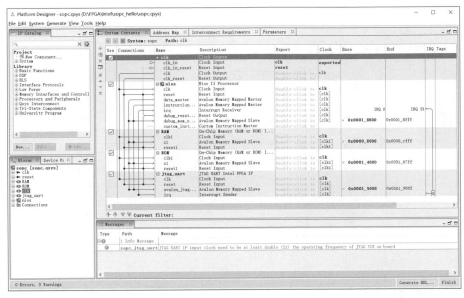

圖 6-27 分配各 IP 的基底位址

最後，我們需要將設計的 SOPC 系統（或 Qsys 系統）轉為硬體，增加到 Quartus Prime 當中。點擊圖 6-27 最下方的 "Generate HDL..."，將彈出系統的設定介面，大部分的情況下預設設定即可，如圖 6-28 所示，再點擊 "Generate"，等待 SOPC 硬體生成完成即可，如圖 6-29 所示。

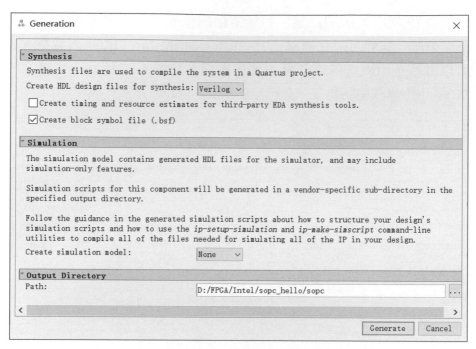

圖 6-28 將 SOPC 設計生成為硬體

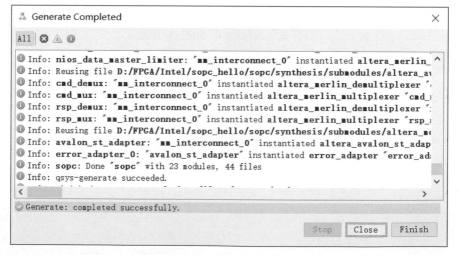

圖 6-29 SOPC 硬體生成完成

6.4.2.3 整合 Qsys 系統

在 SOPC 設計完成且成功生成硬體後，將生成 IP 核心。需要手動
將 IP 核 心 增 加 到 Quartus Prime 專 案，正 如 SOPC 設 計 完 成 後，
Quartus Prime 軟體這邊的提示訊息一樣，如圖 6-30 所示，在該實例中
"generation_directory" 在 SOPC 生成硬體的設定中被設定為 D:/FPGA/
Intel/ sopc_hello/sopc。

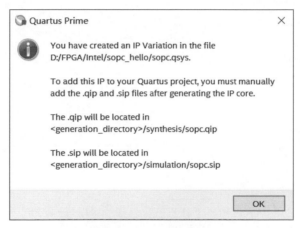

圖 6-30　提示訊息

首先我們把生成的 IP 核心增加到專案當中，Quartus Prime 支援的 IP
檔案副檔名為：*.qsys、*.qip、*.ip、*.sip，這裡可將 sopc.qsys 檔案增
加到專案目錄中，如圖 6-31 所示。

對該 IP 核心的呼叫，可以參考 sopc 目錄下生成的 sopc_inst.v 檔案。在
這裡 FPGA 專案比較簡單，除這個 qsys 檔案外，僅使用了一個 PLL 時
脈鎖相迴路 IP 核心，用於將 FPGA 外部時脈倍頻到 Qsys 系統設計時
指定的 100MHz，最終得到的頂層檔案原程式如下：

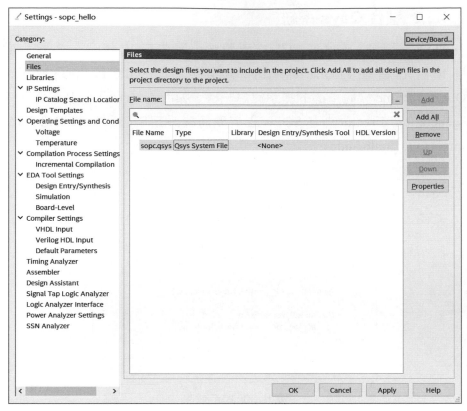

圖 6-31　將生成的 IP 核心增加到 FPGA 專案

```
module sopc_hello (
    clk,
    reset
    );
    input       clk;
    input       reset;
    wire clk100m;
    wire resetn;
    pll pll0(
        .refclk(clk),          //refclk.clk
        .rst(reset),           //reset.reset
        .outclk_0(clk100m),    //outclk0.clk
```

```
        .locked(resetn)              //locked.export
    );
    sopc sopc(
        .clk_clk        (clk100m),    //clk.clk
        .reset_reset_n (resetn)  //reset.reset_n
    );
endmodule
```

頂層檔案設計完成後，需要對頂層模組的輸入輸出訊號分配接腳，在分配接腳之前我們需要對該專案進行分析與綜合。打開 "Assignments" 選單下的 "Pin Planner" 工具，對接腳進行分配。再對專案進行一次全編譯，編譯完成後會生成 sof 檔案與 pof 檔案，將 FPGA 的設定檔下載到 FPGA 電路板上，SOPC 的硬體設計部分完成，如圖 6-32 所示。

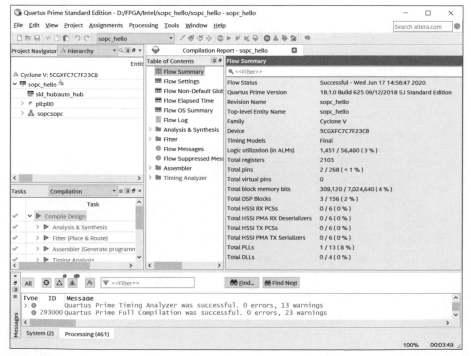

圖 6-32　編譯自訂 SOPC 的 FPGA 專案

透過在 FPGA 上設計 SOPC，完成了一個訂製的 SOPC 系統，包括 Nios II 處理器、RAM 記憶體、ROM 記憶體以及 jtag uart 串列收發器。還可以在此基礎上擴充各種功能模組，利用 FPGA 的硬體特性自訂各種外接裝置的硬體驅動模組以及功能演算法模組。硬體部分設計好之後，可以使用提供的工具 Nios II Software Build Tools for Eclipse 進行軟體程式設計，軟體程式設計的程式將可以運行在這個 SOPC 之上。

6.4.3 SOPC 軟體設計

SOPC 硬體部分設計完成後，我們將開始基於 Nios II 處理器的軟體設計流程，與硬體的設計流程相比，該過程比較簡單。

（1）透過在 Quartus Prime 軟體中的 "Tools" 選單中打開 "Nios II Software Build Tools for Eclipse" 軟體，在彈出的視窗中設定軟體的目錄，如圖 6-33 所示。

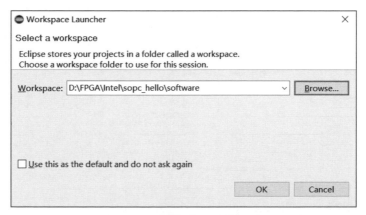

圖 6-33　為 SOPC 的軟體環境創建 Workspace

（2）設定好軟體 "Workspace" 後，點擊 "OK" 鍵進入 Nios II Software Build Tools for Eclipse 軟體的主介面，如圖 6-34 所示。

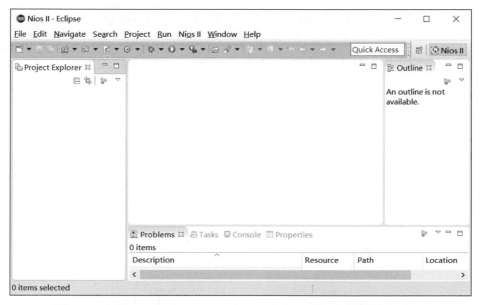

圖 6-34 Nios II Software Build Tools for Eclipse 軟體的主介面

（3）創建軟體範本與 BSP，如圖 6-35 所示。

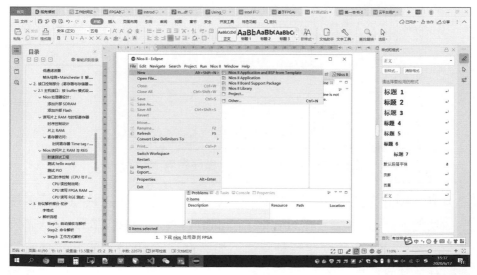

圖 6-35 創建軟體範本與 BSP

（4）在這裡指定 Nios II 的目標硬體（在 qsys 中架設的處理器系統），
並設定好專案名，然後點擊 "Next" 和 "Finish" 鍵，如圖 6-36
所示。工具將針對設計的 SOPC 硬體生成 BSP（Board support
package），以及軟體範例。

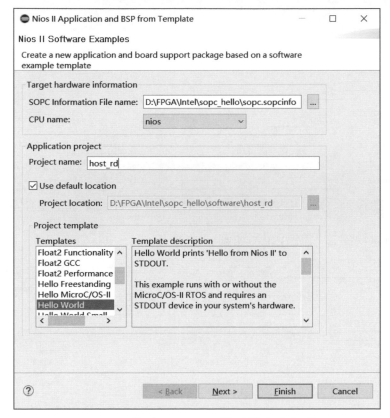

圖 6-36　指定 Nios II 目標硬體專案介面

（5）專案創建完成，如圖 6-37 所示。在此基礎上，可以根據需要實現
功能。圖 6-37 中，在 "Project Explorer" 欄中的 BSP 部分包括了所
訂製的 SOPC 的軟體驅動程式，如需對特定 IP 核心進行存取，可
在這裡查看相關的使用方法。

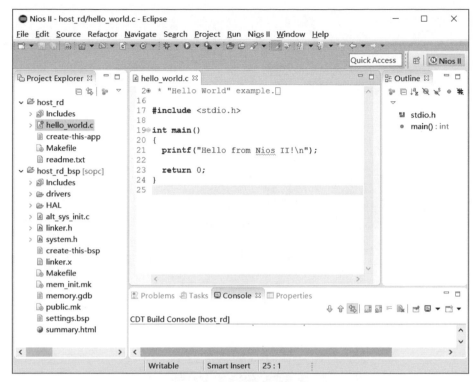

圖 6-37　專案創建完成

在使用 Nios II 處理器時，有一個選項可以用來減少程式運行的程式量，從而減少軟體佔用的儲存空間。滑鼠移動到 "Project Explorer" 欄的 BSP，點擊右鍵，在選單中選擇 Nios II，然後在子功能表中點擊 BSP Editor，在彈出的視窗中選取 "enable_small_c_library" 與 "enable_reduce_device_drivers"，如圖 6-38 所示。

選取 "enable_small_c_library" 可以減少程式量，是因為完整的 ANSI C 標準函數庫通常不適於嵌入式系統，BSP 提供了裁剪版本的 ANSI C 標準函數庫，所佔用資源會更少。

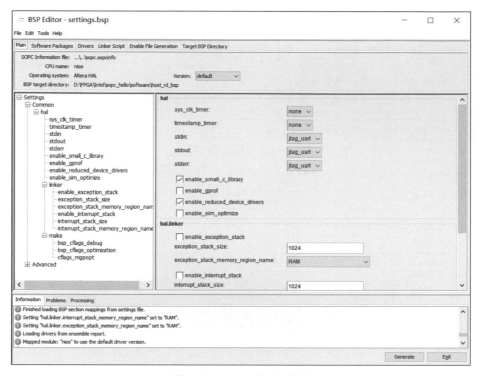

圖 6-38 BSP 設定介面

選取 "enable_reduce_device_drivers" 可以減少程式量，是因為 BSP 為處理器提供了兩個版本的驅動函數庫，預設使用執行速度更快。但對於程式量比較大的版本，這裡的選項將使用另一個更小封裝的驅動函數庫。

如圖 6-38 所示，設定 Nios II 處理器的標準輸入輸出口也在這個介面。在 SOPC 硬體設計過程中我們增加了 jtag_uart 這個 IP 核心，在這裡可以看到預設的標準輸入裝置 stdin 與標準輸出裝置 stdout 都指向了 jtag_uart。所謂標準輸入輸出裝置，在程式設計中是指，使用 "printf" 這裡標準的 C 語言輸入輸出函數時將使用的裝置。在該例中，我們使用了

"printf" 這個函數來列印字串 "Hello from Nios II !",這個字串將透過 jtag_uart 輸出。

編譯後下載到 SOPC 硬體當中,可以在 Nios II console 視窗中看到輸出結果,如圖 6-39 所示(這裡使用的是 Debug 功能)。

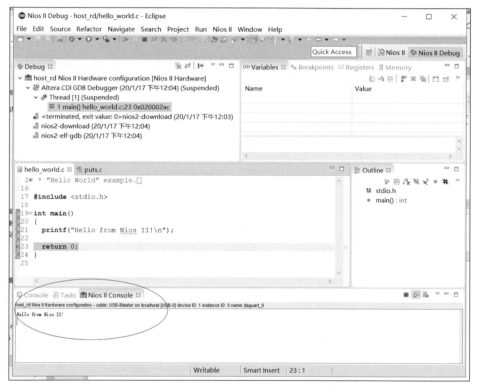

圖 6-39 軟體從 SOPC 硬體上輸出結果

Chapter 07

基於英特爾 FPGA 的 HLS 開發

7.1 HLS 的基本概念

近幾年崛起的機器學習、深度學習、人工智慧、工業模擬等領域，對計算性能的需求越來越高，已經遠遠超過了 CPU 等傳統處理器所能提供的上限。CPU 等傳統處理器本身也存在一些計算性能瓶頸，如平行度不高、頻寬不夠、延遲高等。在這種情形下，利用特定的硬體對特定的應用進行加速，成為許多計算密集型應用的首選。而利用硬體進行應用的加速的工作，不可避免地會傳遞到硬體工程師／邏輯工程師的手中。針對傳統的計算領域，硬體工程師／邏輯工程師足以應付，但是，如果遇到上述所說的諸如深度學習等複雜的演算法，則難以應對，從演算法的實現上，不易實現；從開發的時間成本上，難以縮短。解決這兩個難題的需求，便是 HLS 誕生的契機。

HLS，全稱高層次綜合設計（High-Level Synthesis），其主要目的就是使用進階程式語言，實現對硬體的功能模組開發。其主要核心思想就是利用進階程式語言（C/C++）實現硬體描述語言（HDL）難以描述的演算法，並應用到硬體開發當中——目前主要應用在 FPGA 開發領域。HLS 的主要特點是利用進階軟體程式語言，如 C/C++，甚至於 Python，實現演算法核心，以此解決問題和節省開發時間。

利用 HLS，可以利用演算法（軟體）工程師嫻熟的演算法實現能力，快速地開發和實現 FPGA 的功能模組，並且整合到 FPGA 專案當中，這樣做的好處，可以聚焦在演算法的快速疊代和功能實現上，在軟體的環境下直接實現了功能的模擬的測試，並且可以和硬體模擬進行無縫的銜接，極大地縮短了整個硬體專案的開發週期。

但是，需要注意的是，HLS 雖然加快了硬體專案的開發週期，一定程度上降低了硬體專案的開發難度，但是，HLS 並不能取代全部的硬體專案，因為 HLS 的生成結果是硬體程式以及 IP Core，不是可以直接在硬體上運行的可執行檔。因此，HLS 只能作為硬體 FPGA 專案的補充和模組，無法作為完整的專案進行使用。

7.2 HLS 的基本開發流程

英特爾 HLS 實際上是擴充版本的 C/C++，因此，利用英特爾 HLS 編寫的程式，可以直接使用 GCC/GCC-C++ 進行 CPU 端的編譯、執行和模擬，方便 FPGA 專案的核心程式的開發和偵錯。在確認核心程式在 CPU 端執行的結果沒有問題之後，再利用英特爾 HLS 的編譯工具 i++ 進行編譯，最終可以生成硬體專案程式或對應的 IP Core。利用英特爾 HLS 生成的硬體程式，可以達到或接近 RTL 程式相同的性能，但是資源佔用只會多出 10% ～ 15%。因此，在面對複雜演算法的快速開發和疊代時，英特爾 HLS 越來越成為專案應用的首選。英特爾 HLS 的基本開發流程大致如下。

（1）使用 C/C++ 編寫核心演算法模組，並且包含 main 函數。

（2）使用普通的 GCC/GCC-C++ 編譯器進行編譯，或使用英特爾 HLS 編譯器指定參數進行編譯，進行功能驗證。

（3）使用英特爾 HLS 編譯器指定參數進行編譯，生成硬體程式或 IP Core，以及對應的編譯報告。

（4）根據編譯報告，對核心演算法模組進行最佳化，最終最佳化到一個比較滿意的結果。

（5）生成最終的硬體程式或 IP Core，並且與 FPGA 專案進行整合。

7.2.1 HLS 的安裝

工欲善其事，必先利其器。在使用英特爾 HLS 加速 FPGA 硬體模組開發之前，需要先安裝英特爾 HLS 工具集，才可正常使用。英特爾 HLS 工具集包含在英特爾 Quartus Prime 開發套件當中，將 Quartus Prime 套件安裝完成之後，即可使用英特爾 HLS 工具集。由於英特爾 HLS 需要使用 C/C++ 編譯器，因此，通常使用 Linux 作為英特爾 HLS 的承載環境。簡短的安裝過程如下。

（1）安裝 CentOS7.4。安裝完成之後，還需要安裝必要的依賴軟體，如下所示：

```
yum install -y glibc.i686 glibc-devel.i686 libX11.i686 \
               libXext.i686 libXft.i686 libgcc.i686 libgcc.x86_64 \
               libstdc++.i686 libstdc++-devel.i686 ncurses-devel.i686 \
               qt.i686
```

（2）下載 Quartus Prime 套件：https://fpgasoftware.intel.com/18.1/?edition=lite&platform= linux/。

（3）解壓縮 Quartus Prime 套件壓縮檔，並安裝。

（4）設定環境變數。安裝的過程不再贅述。假設 Quartus Prime 安裝在 /opt/intelFPGA_lite，則環境變數的設定如下所示：

```
export
    PATH=$PATH:/opt/intelFPGA_lite/18.1/quartus/bin/:/opt/
```

```
    intelFPGA_lite/18.1/modelsim_ase/bin/
source /opt/intelFPGA_lite/18.1/hls/init_hls.sh
```

完成上述安裝和設定之後，就可以使用英特爾 HLS 編譯器 i++ 進行接下來的開發編譯了。

下面以一個簡單的實例介紹 HLS，並說明 HLS 的基本開發流程。我們選用的例子是，實現兩個數的加法，並返回其結果。

7.2.2 核心演算法程式

針對上述要求，使用普通的 C/C++ 進行編寫，其大致程式如下所示：

```
int adder(int a, int b)
{
    return a + b;
}


int main(int argc, char * argv[])
{
    int res = adder(4, 8);
    printf("The result of adder is %d\n", res);
    return 0;
}
```

7.2.3 功能驗證

利用英特爾 HLS 進行核心硬體程式的生成，首先必須確保演算法的正確性。如何確保演算法的正確性，對於運行在 CPU 上的程式而言，並不是難事，只需要將該程式進行編譯，然後執行即可。

```
gcc -Wall -o test test.c
```

大部分的情況下，如果沒有特殊的需求，也可以使用英特爾 HLS 進行編譯，生成 CPU 端的測試程式，進行模擬測試。

```
i++ -o test test.c -march=x86-64
```

上述操作僅是從 CPU 的角度來解釋或驗證我們所需要的核心演算法是否運行正常，可以得到預期的值。

執行的操作大致如下所示：

```
./test
```

如果執行的結果和我們的預期相匹配，即按上述原始程式，編譯之後得到的結果是 res 為 12，可說明核心程式的功能是正確的，接下來就可以進行硬體程式的生成了。

7.2.4　生成硬體程式

要生成 FPGA 硬體程式，只能使用英特爾 HLS 的編譯器操作。不過，在編譯之前，需要對上述範例程式進行細微的修改。修改之後的程式大致如下所示：

```
#include "HLS/hls.h"
int adder(int a, int b)
{
    return a + b;
}


int main(int argc, char * argv[])
{
    int res = adder(4, 8);
    return 0;
}
```

在上述程式中，我們增加了 HLS 的標頭檔，並且刪除了部分程式。需要注意的是，刪除的程式對於生成硬體程式並沒有影響。程式修改完成之後，利用英特爾 HLS 編譯器可以針對選用的 FPGA 元件套件進行對應元件的 FPGA 硬體程式的生成。假設現在選取的 FPGA 元件是 CycloneV 系列的元件，則編譯的指令大致如下所示：

```
i++ -o test test.c --component adder -march=CycloneV
```

需要注意上述指令的特殊點，因此多使用了以下幾個參數。

- --component：表示需要被編譯成 FPGA 硬體模組程式或 IP Core 的 C/C++ 函數。
- -march：表示針對的 FPGA 元件系列。

有時在一個 C/C++ 的原始檔案當中可能包含多個需要被編譯成 FPGA 硬體模組程式的函數，如果按照上述編譯指令，需要增加多個 --componet 指令參數，這顯然不太方便。因此，還有另外一種編寫和編譯的方式。修改之後的程式如下所示：

```
#include "HLS/hls.h"

component int adder(int input_a, int input_b)
{
        return input_a + input_b;
}

int main(int argc, char * argv[])
{
        int result = adder(4, 5);
        return 0;
}
```

同樣，針對上述程式，編譯的指令也需要進行部分修改，修改之後的編譯指令如下所示：

```
i++ -o test test.c --march=CycloneV
```

生成硬體程式的編譯指令，編譯之後生成的結果產物與功能驗證的結果產物是完全不同的，如圖 7-1 所示。其大致生成的結果產物如下。

（1）可執行檔。

（2）FPGA 硬體模組程式。

（3）編譯報告。

（4）驗證程式。

（5）Quartus Prime 專案。

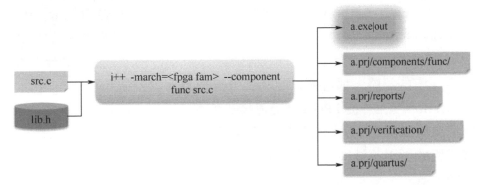

圖 7-1　編譯之後生成的結果產物

以上述程式為例，最終編譯生成的結果產物大致如圖 7-2、圖 7-3 所示。

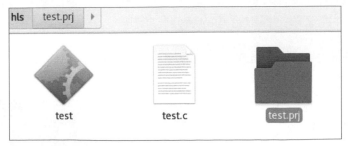

圖 7-2　生成 FPGA 硬體程式的結果產物

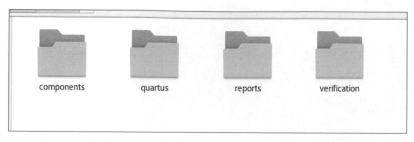

圖 7-3　生成 FPGA 硬體程式的結果產物（test.prj 內部）

以圖 7-2 為例，test 為編譯生成的可執行模擬檔案；而核心演算法的硬體程式實現，則是放在了 test.prj/components/func 當中。以上述程式為例，核心演算法 adder 生成的硬體核心程式，其位置在 test.prj/components/adder 當中。圖 7-3 中，reports 是生成的硬體程式的性能和資源評估報告，後續的演算法／程式最佳化，以及性能最佳化所需要採取的策略，都需要以此為參考進行合理的方法和手段的選擇；verfication 是用於從 FPGA 硬體專案的角度驗證核心演算法所生成的硬體模組程式的合法性和合理性；而 quartus 則是生成了核心演算法的硬體模組的頂層設計檔案，同樣是用於驗證 FPGA 硬體模組程式的正確性的。

7.2.5　模組程式最佳化

FPGA 硬體模組程式的最佳化，依賴於從編譯報告當中獲取性能分析，然後根據性能瓶頸，採取合適的最佳化措施。

在 HLS 編譯生成硬體程式後，編譯目錄下會生成一個 report 的目錄，該目錄保存的是 HLS 的編譯報告。英特爾 HLS 的編譯報告是以 Web 頁面的形式存在的，只需用網頁瀏覽器打開，即可查看。編譯報告主要分為以下幾種。

7.2.5.1 報告總覽

整體上，分析生成的硬體程式，包括編譯的指令、資源的消耗等，如圖 7-4 所示。

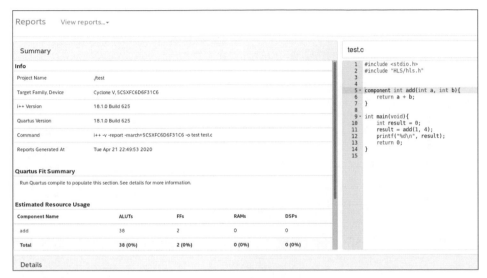

圖 7-4 編譯報告總覽

7.2.5.2 迴圈與瓶頸分析

具體到 HLS 程式（C/C++），分析程式的影響以及性能，如圖 7-5 所示。

在多數情況下，程式的最佳化以及修改，都是主要依賴於該部分報告所列出的資料的。而這部分報告，也通常是開發人員關注的重點。

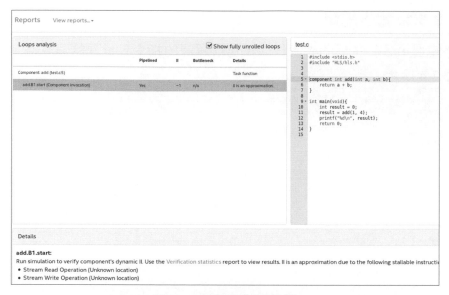

圖 7-5　迴圈與瓶頸分析

7.2.5.3　資源分析

資源分析，則是深入到每一行程式，查看其程式所佔用的加法器、邏輯資源等，如圖 7-6 所示。

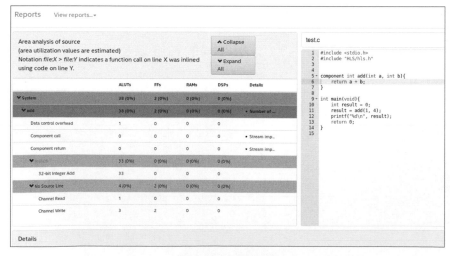

圖 7-6　資源分析

根據每一行程式的資源的分析，開發者可以按照這些相關的提示以及建議，進行程式等級的最佳化，從而提高性能。

7.2.5.4　模組分析

模組分析，則是使用圖示的方式，將程式或程式的執行過程比較直觀地顯示出來，如圖 7-7 所示。

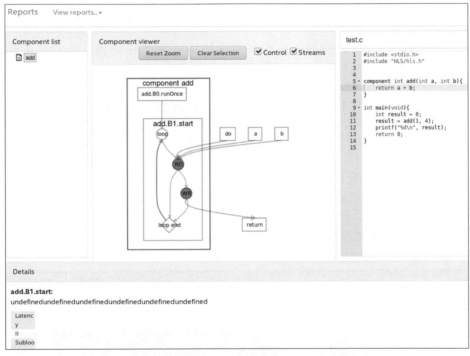

圖 7-7　模組分析

模組的圖示分析可以比較清晰明了地將模組執行過程中的存取操作、瓶頸部分分析出來，便於開發人員及時而直接地發現程式當中可能存在的性能瓶頸，並提出最佳化建議。

7.2.6 HLS 的 Modelsim 模擬

在 HLS 編譯生成硬體程式後，在編譯目錄下會生成一個 Verification 目錄，該目錄保存了 HLS 模擬驗證相關的檔案。每當執行 HLS 編譯器，就會生成 Verification 目錄。

當執行編譯 FPGA 程式生成的可執行檔 test-fpga.exe 時，編譯器會自動完成模擬，並輸出驗證結果。這個過程看上去與軟體執行相同，但實際上是呼叫了 Modelsim 執行了模擬這個過程的，並透過 Modelsim 的 DPI 介面完成了模擬資料的互動，最後驗證結果的正確性。這與純軟體的模擬結果操作不同。

當然，我們也可以打開 Modelsim 查看模擬過程中生成的模擬波形。預設情況下，模擬波形是沒有保存的，所以是不能透過 Modelsim 打開的，如需查看波形，要在 i++ 編譯時加 -ghdl 標籤，以使 HDL 訊號在模擬後完全視覺化。

在使用 -ghdl 標籤完成 i++ 編譯後，在 Verification 目錄下會生成 vsim.wlf 檔案，檔案所在位置為：a.prj/verification/vsim.wlf。

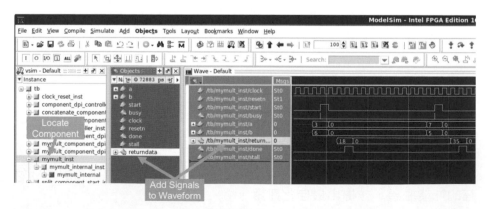

圖 7-8　HLS 編譯模擬過程中的時序圖範例

緊接著便可以使用 Modelsim 打開 vsim.wlf 檔案查看波形了，使用以下
命令即可打開波形檔案：vsim a.prj/verification/vsim.wlf。HLS 編譯模
擬過程中的時序圖示例如圖 7-8 所示。

7.2.7　整合 HLS 程式到 FPGA 系統

在 HLS 開發流程中，整合 HLS 到專案中是開發流程的最後一步。在
進行詳細介紹前，先來回顧一下 HLS 的開發流程，如圖 7-9 所示。首
先，在 C 環境下創建程式，main 函數的內容對應 Testbench，HLS 部
分內容對應 Component 函數。其次，使用 g++ 或 i++ 命令呼叫編譯器
把程式生成為 x86 端的可執行檔，運行該檔案進行程式的功能驗證。
再次，在使用 i++ 命令編譯時，增加 -march=<FPGA fam> 選項，該編
譯過程把 HLS 程式轉為 Verilog HDL 程式，並生成 FPGA 的 IP 核心，
該過程還會生成 reports 報告，除此之外運行該編譯過程生成的可執行
檔，將呼叫 Modelsim 對結果進行模擬驗證。最後，將 HLS 程式整合
到 FPGA 系統當中。

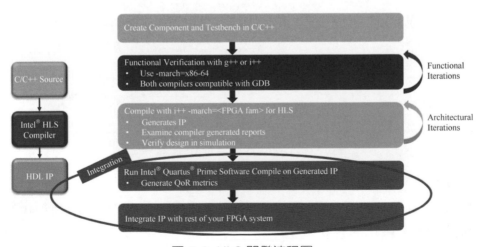

圖 7-9　HLS 開發流程圖

在編譯過程中，會生成 components 目錄，該目錄包含 HLS 整合達到 FPGA 系統的所有檔案，可以把該目錄拷貝到專案目錄中，以方便整合。將 HLS 程式整合到 FPGA 系統中有兩種方式，一種是以傳統 FPGA 模組的實體化方式加入 FPGA 系統當中，另一種是透過 IP 的方式加入 FPGA 系統當中。

7.2.8 HDL 實體化

將 HLS 程式進行 HDL 實體化的過程，首先是將 component 資料夾下的 IP 檔案增加到 Quartus Prime 軟體當中。Quartus 支持的 IP 檔案副檔名為：*.qsys、*.qip、*.ip、*.sip，在標準版 Quartus Prime 中使用 *.qsys 檔案，在專業版 Quartus 中使用 *.ip 檔案。

Quartus Prime 中使用傳統的增加檔案的方式增加 IP 檔案到專案中，如圖 7-10 所示為增加 qsys 檔案。

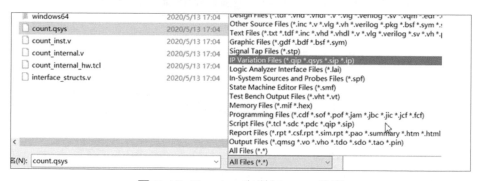

圖 7-10　Quartus 中增加 qsys 檔案

編譯生成的資料夾 components 目錄下面，有個 *_inst.v 檔案，該檔案為 HDL 實體化的參考檔案，在 FPGA 系統中可以參考該檔案將 HLS 的程式進行 HDL 實體化。

```
dut dut_inst (
  // Interface: clock (clock end)
```

```
.clock     ( ), // 1-bit clk input
// Interface: reset (reset end)
.resetn    ( ), // 1-bit reset_n input
// Interface: call (conduit sink)
.start     ( ), // 1-bit valid input
.busy      ( ), // 1-bit stall output
// Interface: return (conduit source)
.done      ( ), // 1-bit valid output
.stall     ( ), // 1-bit stall input
// Interface: returndata (conduit source)
.returndata( ), // 32-bit data output
// Interface: a (conduit sink)
.a         ( ), // 32-bit data input
// Interface: b (conduit sink)
.b         ( )  // 32-bit data input
);
```

7.2.9 增加 IP 路徑到 Qsys 系統

增加 IP 路徑到 Qsys 系統同樣使用的是 components 目錄中的 IP 檔案，
如圖 7-11 所示。其操作流程如下：

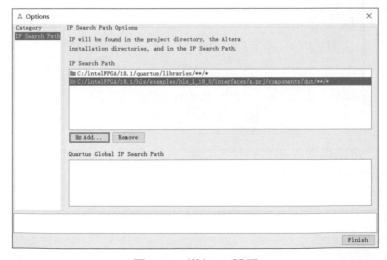

圖 7-11　增加 IP 路徑

（1）打開 Platform 或 Qsys。

（2）增加 IP 路徑：Tool → Options 下增加 components 目錄：
.prj/components/**/*。

（3）增加 IP 路徑後，將在 IP 核心清單裡列出目錄下的 HLS 模組，雙擊 IP 核心可以將 IP 核心加到 Qsys 系統，如圖 7-12 所示。

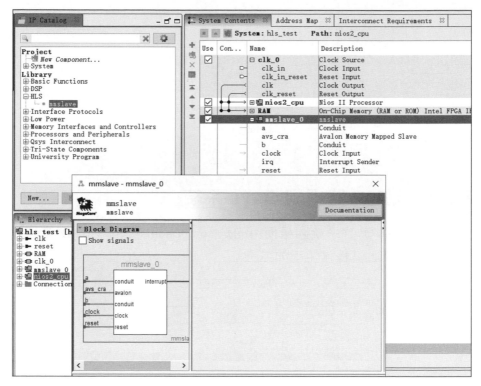

圖 7-12 增加 IP 核心

（4）設定通訊埠匯流排與介面，如圖 7-13 所示。在實際應用中，可根據實際情況靈活控制 HLS 的介面。

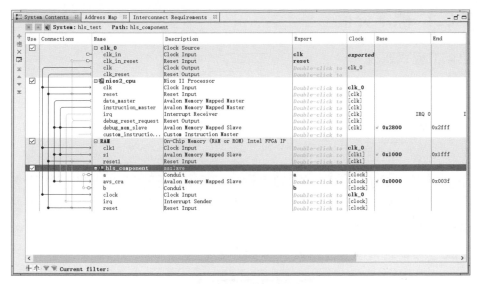

圖 7-13　設定匯流排和介面

7.3 HLS 的多種介面及其使用場景

HLS 中所謂的介面，實際上就是上面我們提到的包含核心演算法的函數的定義形式。不同的定義形式，對應不同的介面類型；不同的介面類型，應對不同的應用場景，相對應的，也會帶來不同的收益。接下來將以一些簡單的範例來説明常見介面的使用方式與場景。

英特爾 HLS 的 C/C++ 程式最終生成的 FPGA 硬體程式，主要是使用英特爾 FPGA 的 Avalon 介面進行通訊和資料互動的。大部分的情況下，除了預設的標準介面之外，常見的 Avalon 介面包含以下兩種。

（1）Avalon Streaming 介面：資料流程單向，介面靈活簡單。

（2）Avalon Memory Mapped 介面：基於記憶體位址的讀／寫介面，可以使用典型的主從連接。

7.3.1 標準介面

以以下程式為例：

```
component int add(int a, int b)
{
    return a + b;
}
```

在上述程式當中，函數傳遞的參數中沒有使用任何其他特殊的識別符號，也沒有使用如 C/C++ 中常用的指標等資料類型，這種形式的函數定義對應的就是預設的介面。這種形式的英特爾 HLS 最終生成的硬體程式，其電路結構大致如圖 7-14 所示。

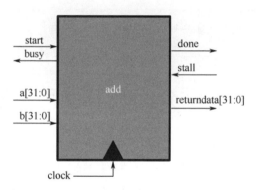

圖 7-14　預設介面生成的電路介面

圖 7-14 中，HLS 將函數 add 封裝為一個電路模組，函數傳遞的參數 a 與 b 被封裝為這個電路模組的資料介面，其餘的訊號為輔助控制參數傳遞的時序控制訊號。

每一個 HLS 程式都會生成這樣的 FPGA 硬體模組介面，都會包含 start、busy、done 和 stall 這幾個訊號。其中，start 和 busy 在被呼叫的階段生效，而 done 和 stall 則是在模組元件呼叫完成的返回階段生效。其時序比較簡單，如圖 7-15 所示。

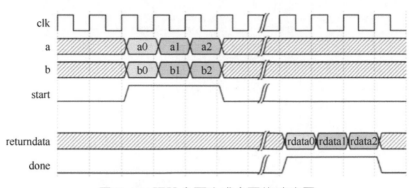

圖 7-15　預設介面生成介面的時序圖

圖 7-15 中標準介面相對簡單，其使用場景就是把 HLS 程式直接作為 FPGA 的正常程式設計模組使用，該方式為最常用的介面方式。HLS 的 component 程式編譯完成後將生成以 IP 核心的形式存在的 Verilog HDL 程式，將該程式複製到專案目錄下，使用傳統的 Verilog HDL 程式語言實體化該 IP 核心即可。

7.3.2　隱式的 Avalon MM Master 介面

如果將上述程式修改一下，將其中的參數修改為指標類型，修改之後的程式大致如下所示：

```
component int dut(int a, int *b, int i)
{
    return a * b[i];
}
```

該函數所生成的硬體程式，其最終的電路結構可能如圖 7-16 所示。

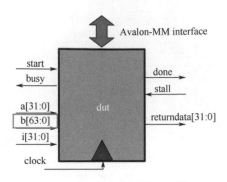

圖 7-16　最終的電路結構

圖 7-16，比較標準介面可以發現，電路結構中多了一個 Avalon Memory Mapped 介面（以下簡稱 Avalon MM 介面）。使用指標資料類型作為函數的參數或返回值，會隱式地多生成 Avalon MM 介面，而且模式是 Avalon MM Master（主模式）介面。在這裡，介面 b 在 component 的函數中是用指標的類型描述的，指標的實質是一個儲存區的初始位址，在電路結構中 b 也表示類似的位址，位址寬度預設為 64 位元。Avalon MM Master 介面需要連接到支援 Avalon MM Slave 介面的類似 RAM 儲存區的裝置，該電路模組透過 Avalon 匯流排與 RAM 模組聯通，如圖 7-17 所示。

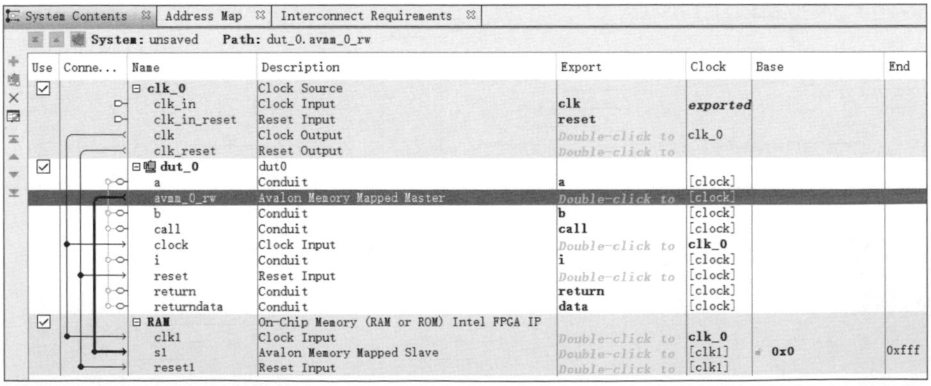

圖 7-17　Avalon 匯流排與 RAM 模組聯通

因此，在這裡，當透過 i 的變換來索引 b 指標的資料時，在電路中將透過 Avalon MM 介面去存取 RAM 中的資料。如圖 7-18 所示為 Avalon-MM 時序圖，b 通訊埠輸入一個 RAM 的初始位址，Avalon 匯流排透過該初始位址 b 與位址偏移 i，獲取 slave 裝置（如 RAM 記憶體）對應的資料 b[i]，然後在運算完成後返回運算值。比較標準介面的時序，這裡僅增加了一組 Avalon MM 匯流排，如該匯流排直接與記憶體連接，那麼其時序也不需要注意了。

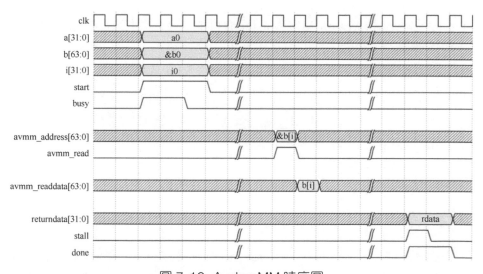

圖 7-18　Avalon MM 時序圖

在實際應用中，除指標類型會生成 Avalon MM 介面外，全域純量與陣列類型也會生成 Avalon MM 介面，將這幾種情況進行整理，如表 7-1 所示。另外，在這裡，由於在程式中沒有指明使用 Avalon MM Master 介面，但實際生成了這個介面，因此我們把它稱為隱式的 Avalon MM Master 介面。比較標準介面的使用場景，使用 Avalon MM Master 介面可以直接對記憶體資料進行存取，當需要大量資料參與運算，資料已快取到存放裝置時，使用 Avalon MM Master 介面有明顯的優勢。

表 7-1　資料類型對應

C/C++ 資料	HDL 介面
純量資料	與 start/busy 相連結的預設管道
指標	Avalon MM 介面
全域純量和陣列	Avalon MM 介面

7.3.3　顯性的 Avalon MM Master 介面

除了隱式地使用 Avalon MM Master 介面之外，也可以顯性地使用。顯性的介面通常可以更進一步地對資源和參數進行控制，在某些對資料有明確要求的情況下，顯性的 Avalon MM Master 介面是一個不錯的選擇。其基本範例如下所示：

```
component int dut(
ihc::mm_master<int> &a,
ihc::mm_master<int> &b, int i)
{
    return a[i] * b[i];
}
```

透過與指標的方式進行比較可知，該程式的內容同樣使用了矩陣運算，參數 a 與參數 b 沒有直接使用指標的方式定義，而是使用了 ihc 類別的新的資料類型定義。該程式生成的顯示的 Avalon MM Master 如圖 7-19 所示，同樣會比標準介面多出一個 Avalon 匯流排界面，但介面的位元寬卻不像直接使用指標的方式一樣佔用了 64bit 的寬度，這就是顯性的 Avalon MM Master 介面的好處，可以避免不必要的位元寬浪費。

顯性的 Avalon MM Master 介面需要使用以下運算式進行定義：

```
ihc::mm_master<datatype, /*template arguments*/>
```

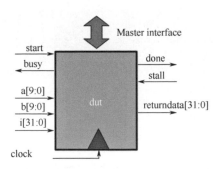

圖 7-19 顯性的 Avalon MM Master 介面電路圖

datatype 表示參數的資料類型。除此之外,該運算式還可以接收更多的
參數,以期對資料實現更加細粒度的控制。可選的參數及其相關說明
如表 7-2 所示。

表 7-2 顯性的 Avalon MM Master 介面的屬性

參數	有效值	預設值	描述
ihc::dwidth	8,16,32,…,1024	64	資料匯流排寬度
ihc::awidth	1-64	64	位址匯流排寬度
ihc::aspace	>0	1	位址空間
ihc::align	>default	type	位址空間對齊
ihc::latency	>=0	1	確定的讀取資料延遲
ihc::maxburst	1—1024	1	讀寫的最大傳輸速率

關於顯性的 Avalon MM Master 介面的基本使用,可以參考下例:

```
component int dut(ihc::mm_master<int, ihc::aspace<1>, ihc::dwidth<32>>&a,
    int b, int i)
{
    return a[i] * b;
}


int main(void)
{
```

```
    int A[1000];
    ihc::mm_master<int, ihc::aspace<1>, ihc::dwidth<32> > mm_A(A,
sizeof(int)*1000);
    ...
    dut(mm_A, 6, 4);
    return 0;
}
```

顯性的 Avalon MM Master 介面的應用場景與隱式的 Avalon MM Master
介面相同，但隱式的 Avalon MM Master 介面的資料位元寬與位址位元
寬都是 64 位元，而實際往往不需要那麼大，會浪費大量位址空間。顯
性的 Avalon MM Master 介面則可以更加準確地定義 Avalon 介面的資
料位元寬、位址位元寬，避免不必要的浪費，更方便我們合理利用資
源。

7.3.4 Avalon MM Slave 介面

除了使用 Avalon MM Master 這種主模式的介面之外，也可以在英特爾
HLS 當中使用 Avalon MM Slave（從模式）介面。Avalon MM Slave 介
面的引入，使 HLS 程式設計得到的模組介面匯流排化，這使 HLS 的使
用場景從傳統的 FPGA 介面存取方式轉向了匯流排的介面方式，可快
速地使 HLS 的程式整合到 SOPC 或 SOC 系統中實現更複雜的功能。

在 HLS 中 Avalon MM Slave 介面的定義，其實質是把介面訊號匯流排
化，使用場景是為 HLS 模組提供 Avalon MM Slave 介面，供 Master 裝
置存取。常用的 Master 裝置包括 Nios II 軟核心處理器與 ARM 硬核心
處理器。HLS 使用 Avalon MM Slave 介面後，Nios II 軟核心處理器與
ARM 硬核心處理器便可以使用 Master 的介面直接與 HLS 模組進行直
接的資料互動。

在 HLS 開發過程中，採用 Avalon MM Slave 來定義 HLS 的介面的方法比較簡單，共有三種定義方式，其針對的場景如下。

MM Slave component：針對整個 HLS 程式設計模組，將時序控制訊號及函數返回值匯流排化。

MM Slave Register Argument：將 HLS 程式設計模組的參數匯流排化，Master 裝置透過存取暫存器的形式存取參數。

Slave Memory Argument：針對 HLS 程式設計模組的參數為矩陣的場景，Master 裝置透過匯流排可對 memory 部分進行讀寫操作。

7.3.4.1 定義 component 為 Slave 介面

定義 component 為 Slave 介面，是把 HLS 模組 component 函數相關的控制訊號介面定義為 Avalon 匯流排界面，如 start、busy 及 returndata。與 Avalon MM Master 介面相比，Slave 介面不再直接使用 start、busy 訊號，而是使用元件控制和狀態暫存器的方式，對上述訊號進行替換。定義方式只需要在 component 前加 hls_avalon_slave_component，如下所示：

```
hls_avalon_slave_component
component int dut_slave(...)
{
    return a * b;
}
```

上述程式經過編譯之後生成的硬體程式，對應的電路結構如圖 7-20 所示，start 訊號、done 訊號以及函數的返回值 returndata 被匯流排化，透過 Avalon MM 匯流排可以存取，而 component 的通訊埠參數 a 與 b，因沒有被定義為匯流排，而繼續保持標準介面的方式。

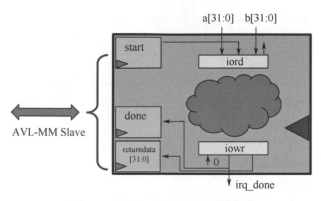

圖 7-20 Slave 介面的電路結構

如圖 7-21 所示，在 Qsys 系統設計中，使用 Nios II 軟核心處理器這樣的 Master 裝置，可以對 Avalon MM Slave 介面的 HLS 模組進行直接存取。圖中，介面 a 與 b 因未被定義為匯流排形式，所以以分離的形式存在，在 Qsys 系統中，可將這兩個訊號 Export 到外部通訊埠。

圖 7-21 Slave 介面的存取

對於如何透過匯流排界面進行 Slave 介面的存取，在 HLS 編譯過程中會產生一個標頭檔案 <component_name>_csr.h，在標頭檔中可以查看要存取資料的位址偏移，Master 裝置透過存取對應的位址對介面進行存取與讀寫。在本例中，透過標頭檔可以看到有五個暫存器位址，分別為 busy、start 及 returndata 訊號對應的暫存器，另外還有中斷使能暫存器與中斷狀態暫存器。這裡，component 模組的 Avalon Memory Slave 匯流排分配到的啟始位址為 0x3000，返回

值 returndata 暫存器的偏移是 0x20，則 Nios II 處理器讀取 0x3020 這個位址的資料即可得到 component 模組的返回值。

```
/* Byte Addresses */
#define DUT_SLAVE_CSR_BUSY_REG (0x0)
#define DUT_SLAVE_CSR_START_REG (0x8)
#define DUT_SLAVE_CSR_INTERRUPT_ENABLE_REG (0x10)
#define DUT_SLAVE_CSR_INTERRUPT_STATUS_REG (0x18)
#define DUT_SLAVE_CSR_RETURNDATA_REG (0x20)

/* Argument Sizes (bytes) */
#define DUT_SLAVE_CSR_RETURNDATA_SIZE (4)
```

7.3.4.2 定義參數為 Slave Register 介面

在 MM Slave component 的定義中，可以看到 component 模組的參數 a 與 b 並沒有在 Avalon 匯流排的定義中，如在實際的使用場景中需要把參數 a 或 b 也增加到 Master 可以存取的暫存器中，則可以使用 MM Slave Register Argument 來完成定義。在實際應用中，可以根據需求僅定義 a 或僅定義 b，也可以同時定義所有的參數，其使用範例如下：

```
hls_avalon_slave_component
component int dut_slave(int a, hls_avalon_slave_register_argument int b)
{
return a * b;
}
```

範例中使用了 MM Slave component 定義 component，這三個訊號，即
start、done、returndata 被定義為匯流排可以存取的暫存器。使用 MM
Slave Register Argument 定義了參數 b，使參數 b 也被定義為可以透過
匯流排存取的暫存器。這裡因參數 a 沒有使用匯流排定義，所以模組的
a 介面依然是一個獨立的訊號介面。Slave 暫存器的電路結構如圖 7-22
所示。

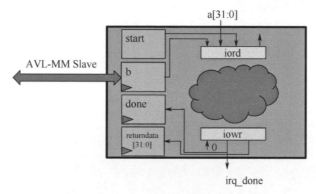

圖 7-22 Slave 暫存器的電路結構

7.3.4.3 定義參數為 Slave Memory 介面

前兩節的 Slave 介面定義可以把原標準介面的所有訊號都以暫存器的
形式加入 Avalon 匯流排當中，能夠滿足大多數使用場景，但在需要
讓 HLS 的 component 模組傳遞一定量的資料時或在需要 HLS 模組快
取一定資料量的參數的使用場景中，則需要將介面定義為 Memory 的
形式。針對這種資料量比較大的場景，Slave 提供了專門的介面進行處
理，具體的範例如下：

```
component int dut(int a,
    hls_avalon_slave_memory_argument(2500 * sizeof(int)) int * b, int i)
{
    return a * b[i];
}
```

Slave Memory 介面對於巨量資料的處理，通常是使用晶片內建記憶體實現的，比較適用於指標和引用資料類型，特別適宜巨量資料量的陣列或資料。Slave Memory 介面電路如圖 7-23 所示。在圖中可以看到參數 b 呼叫了晶片內建的 M20K 儲存模組，並支援 Avalon 匯流排的存取。因為在該範例中僅將 b 定義為 Slave 匯流排的形式，而 component、參數 a 與參數 i 沒有定義為 Slave 匯流排的形式，所以除了參數 b 的存取可以透過 Avalon 匯流排進行存取外，其餘訊號依然為 FPGA 的標準介面。

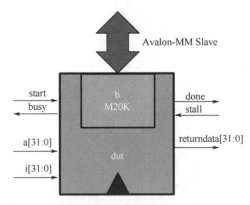

圖 7-23　Slave Memory 介面電路

7.3.5　Avalon Streaming 介面

除 Avalon MM Master 介面與 Avalon MM Slave 介面外，還有一種在英特爾 HLS 當中被廣泛使用的匯流排界面是 Avalon Streaming（流式）介面。與標準介面和 Avalon MM 介面不同，大部分的情況下，Avalon Streaming 介面會將參數變成 HDL 模組上的管線輸入輸出通訊埠，並且會創建 valid 和 ready 訊號。簡單的範例如下：

```
component int dut(ihc::stream_in<unsigned char> &a,
ihc::stream_out<unsigned char> & b)
{
```

```
for(int i=0;i<N;i++)
{
    unsigned char input = a.read();
    input = 255 - input;
    b.write(input);
}
}
```

與範例中的程式一樣，輸入通訊埠必須綁定使用 stream_in 修飾符號，而輸出通訊埠則必須綁定 stream_out 修飾符號。在使用 Avalon Streaming 介面時，函數當中對應參數不再是直接使用，而是必須透過 read/write 進行讀寫操作。Avalon Streaming 介面生成的電路結構如圖 7-24 所示。

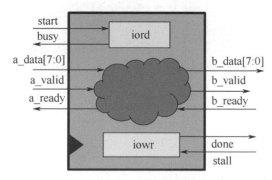

圖 7-24 Avalon Streaming 介面生成的電路結構圖

在預設情況下，Avalon Streaming 介面屬於阻塞式，當出現以下情形時，可能會導致對應的硬體模組在執行時期一直處於等候狀態。

（1）嘗試讀取空的緩衝區，或沒有收到 valid 訊號。

（2）嘗試向已經滿的緩衝區繼續寫入資料。

針對以上情況，英特爾 HLS 也提供了非阻塞式的 Avalon Streaming 介面。非阻塞式的 Avalon Streaming 介面大致如下：

```
T tryRead(bool &success)
bool tryWrite(T data)
```

非阻塞式的 Avalon Streaming 介面的使用方式大致如下：

```
component void dut(ihc::stream_in<int>&a,
    ihc::stream_out<int>&b)
{
    bool success_in = false, success_out = false;
    int input = a.tryRead(success_in);
    if(success_in)
    {
        int result = input * 255;
        success_out = b.tryWrite(result);
        if(sucess_out) .....
    }
}
int main(void)
{
    ihc::stream_in<int> a;
    ihc::steram_out<int>b;
    a.write(100);
    dut(a, b);
    int res = b.read();
    return 0;
}
```

7.4 HLS 簡單的最佳化技巧

英特爾 HLS 的主旨是以軟體開發的思想／思維，來開發 FPGA 硬體核心模組，最終的結果是生成 FPGA 硬體的模組程式或 IP Core。因此，在使用英特爾 HLS 時，還是存在一些限制的。

（1）不支持 system calls。一些依賴作業系統的函數是不能被綜合的，如 printf，還有檔案操作函數 open()、time()、sleep() 等。

（2）不支援動態記憶體分配，如 malloc()、alloc()、free()。

（3）禁止使用遞迴函數。

（4）指標的限制：通常不支持指標類型強制轉換（pointer casting），指標陣列必須指向一個大小一定的空間。

（5）不支援標準範本函數庫（standard template libraries），因為範本函數庫中常常包含遞迴函數和動態記憶體分配。

基於英特爾 FPGA 的 OpenCL 異質技術

8.1 OpenCL 基本概念

8.1.1 異質計算簡介

近幾年崛起的機器學習、深度學習、人工智慧、工業模擬等領域,對計算性能的需求越來越高,已經遠遠超過了 CPU 等傳統處理器所能提供的上限;而 CPU 等傳統處理器本身也存在一些計算性能瓶頸,如平行度不高、頻寬不夠、延遲高等。在這種情形下,平行計算如火如荼地發展了起來。

計算依賴於處理器。CPU 更多注重的是控制,難以承載大量的平行計算。而 FPGA 以及其他異質晶片與 CPU 不同,這些晶片擁有更多的核心,本身就是一個龐大的計算陣列,因此,FPGA 以及其他異質晶片,天然地就具備了高平行性的基礎。但是,這些晶片畢竟不是專門為了進行中央控制而生的,因此,它們只適合這種巨量資料量的高速平行計算,對於控制邏輯,並不擅長。

因此,使用 CPU 做控制,FPGA 或其他異質晶片做計算,就成為一種提高計算性能的必然選擇。一般來說在一個系統中,既有 CPU,又有 GPU,或 FPGA 或專有晶片,這種系統我們稱之為異質計算系統。

異質計算系統將 CPU 從繁重的計算工作當中解放出來，集中於控制層面，其他異質晶片接替了簡單但是繁重的計算工作，發揮出自身的平行性優勢，從整體上提高了應用程式的計算和處理能力。這種架構，是巨量資料、雲端運算、人工智慧時代的必然選擇。

CUDA 是異質平行計算中的翹楚，尤其是在圖形圖型以及人工智慧領域，已經是名副其實的業界翹楚。但是，CUDA 是 Nvidia 公司的商業產品，並且嚴格地與 Nvidia 的 GPU 系列產品進行了深度綁定，無法適用於其他裝置。微軟的 C++ AMP 以及 Google 的 Render Script，也都是針對各自的產品制訂的方案，不具備普適性。如果每個廠商對異質計算都有不同的解決方案或整合框架，對於實際應用以及工業界而言，這是一個災難。

OpenCL 的誕生就是為了解決這個問題的。OpenCL 全稱是 Open Computing Language，即開放計算語言，是一套異質計算的標準化框架，它最初由 Apple 公司設計，後續由 Khronos® Group 維護，覆蓋了 CPU、GPU、FPGA 以及其他多種處理器晶片，支援 Windows，Linux 以及 MacOS 等主流平台。它提供了一種方式，讓軟體開發人員盡情地利用硬體的優勢，來完成整體產品的運行加速。

整體説來，OpenCL 框架有以下特點。

（1）高性能：OpenCL 是一個底層的 API，能夠極佳地映射到更底層的硬體上，充分發揮硬體的平行性，以獲得更好的性能。
（2）適用性強：抽象了當前主流的異質平行計算硬體的不同架構的共通性，又兼顧了不同硬體的特點。
（3）開放開放原始碼：不會被一家廠商控制，能夠獲得最廣泛的硬體支援。
（4）支持範圍廣：從普通的 CPU、GPU 到 FPGA 等晶片，從 Nvidia 到 Intel 等廣大廠商，都對 OpenCL 進行了支持。

另外，各個半導體廠商，包括 Intel、AMD、ARM、Nvidia 等，都不同程度地提供了對 OpenCL 的支援，軟體巨頭 Adobe、華為等也都不同程度地使用了 OpenCL，為 OpenCL 的發展增加助力。OpenCL 的生態發展良好。

由於硬體的平行度越來越高，需要處理的資料量越來越大，因此對即時性的要求也越來越高，OpenCL 在多個領域獲得了廣泛重視和大規模的推廣。

8.1.2　OpenCL 基礎知識

OpenCL 本質上是為異質計算（平行計算）服務的，和其他的計算系統存在一些區別。

整個 OpenCL 的大致結構如圖 8-1 所示。

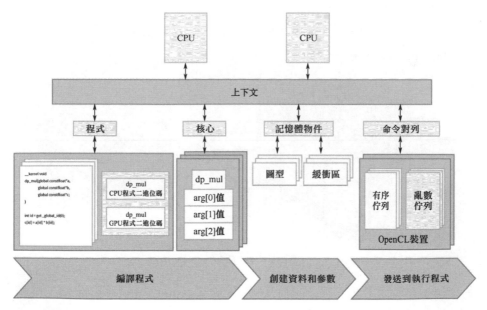

圖 8-1　OpenCL 架構圖

（1）異質裝置（晶片）由上下文連接。

（2）OpenCL 分為程式（主機端）和核心（裝置端）。

（3）主機和裝置之間可以透過一定的機制進行記憶體的相互存取。

（4）執行的指令透過命令佇列發送到 OpenCL 裝置進行執行。

為了簡單地描述 OpenCL 的結構和執行流程，通常將 OpenCL 的執行劃分為三個模型：平台模型、執行模型和儲存模型。

8.1.2.1 平台模型

OpenCL 的平台模型是由一個主機和許多個裝置組成的，也就是一個 Host 加多個 Device 的組織形式，如圖 8-2 所示。這些裝置可以是 CPU、GPU、DSP、FPGA 等。這種多種處理器混合的結構，組成了異質平行計算平台。在這些 Device 中又包含了一個或多個計算單元（Computing Units, CU），每個計算單元中可以包括許多個處理單元（Processing Elements, PE），核心程式（kernel）運行在這些 OpenCL 上，使用了裝置上的計算單元來實現功能，每個計算單元會呼叫許多個處理單元來完成各子任務。

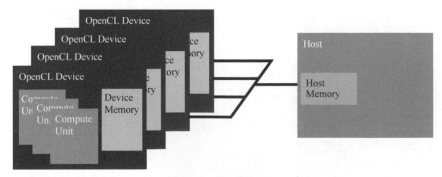

圖 8-2　平台模型

平台模型是應用程式開發的重點，是關於 OpenCL 如何看待硬體的抽象描述。OpenCL 平台模型由主機及其相連的或多個 OpenCL 裝置組成。

一般來説主機表示包含 X86 或 ARM 處理器的計算平台，OpenCL 裝置可以是 GPU、DSP、FPGA 或有硬體商提供、OpenCL 開發廠商支援的其他任何處理器。每個 OpenCL 裝置有一個或多個計算單元（Compute Units，CU），而每個計算單元又由一個或多個處理單元（Processing Elements，PE）組成，處理單元是裝置上執行資料計算的最小單元。

8.1.2.2 執行模型

執行模型表示 OpenCL 在執行過程中的定義。一般來説執行模型分為兩個部分：主機端和裝置端。

（1）OpenCL 套裝程式含主機端程式和裝置端核心（kernel）程式。

（2）主機端將核心提交到裝置端，並承擔 IO 操作。

（3）裝置端在處理單元執行計算。

（4）核心程式通常是一些簡單的函數，但是計算量非常大。

執行模型中，包含三個重要概念：上下文、命令佇列和程式核心。其中，上下文負責連結 OpenCL 裝置、核心物件、程式物件和記憶體物件；命令佇列提供主機和裝置的互動，包括程式核心的加入佇列、記憶體加入佇列、主機和裝置間的同步、核心的執行順序等；程式核心則是真正執行任務的實體。

（1）OpenCL 執行時期，主機發送命令到裝置上執行，系統會創建一個整數索引空間（NDRange），對應索引空間的每個點，將分別執行核心的實例。

（2）執行核心的每個實例稱為一個工作項（work-item），工作項由它在索引空間的座標來標識，這些座標就是工作項的全域 id（global id）。

（3）多個工作項組織成工作群組（work-group），工作項在工作群組中存在一個 id，這個 id 稱為局部 id（local id）。

（4）工作群組 id 和局部 id 可以唯一確定一個工作項的全域 id。

索引空間如圖 8-3 所示。

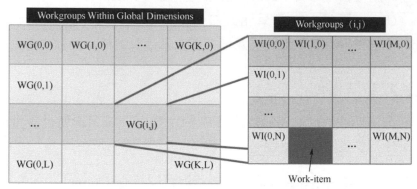

圖 8-3 索引空間

假設一個 2 維的 NDRange 空間為 12×12（gx, gy），被劃分成 3×3（wx, wy）工作群組，工作群組的組成為 4×4（Lx, Ly），那麼，現在在工作群組（1, 1）項中，局部座標為（2, 1）的工作項的全域 id 為（6, 5），其計算公式如下：

```
gx = wx × Lx +lx
gy = wy × Ly + ly
```

NDRange kernel 影響到每個計算單元，影響 kernel 的執行效率。

8.1.2.3 儲存模型

儲存模型表示 OpenCL 的執行過程中裝置和主機之間的記憶體互動。OpenCL 總共定義了五種不同的記憶體區域。

（1）宿主機記憶體：僅對宿主機（host）可見。

（2）全域記憶體：該區域的記憶體允許讀寫所有工作群組當中的所有工作項。

（3）常數記憶體：在執行一個核心期間保持不變，對於工作項是唯讀的記憶體區域。

（4）局部記憶體：針對局部工作群組，可用於工作群組之前的記憶體共用。

（5）私有記憶體：單獨工作項的私有區域，對於其他工作項不可見。

這些記憶體區域關係圖如圖 8-4 所示。

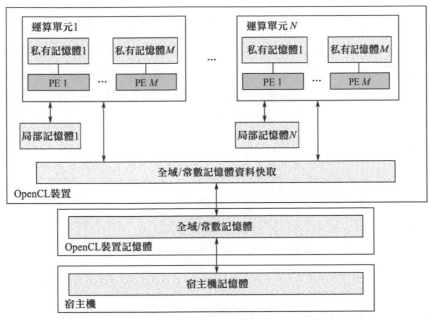

圖 8-4 OpenCL 記憶體區域關係圖

8.1.3 OpenCL 語言簡介

OpenCL 實際上是主機端和裝置端配合運行的模式，因此 OpenCL 語言分為兩部分程式：主機端程式和裝置端程式。主機端程式運行在 CPU 上，使用 C/C++ 語言進行編寫，按照 OpenCL 的規則對裝置端進行管理與排程。裝置端程式為 OpenCL 異質部分的程式，運行在如 FPGA、

GPU 的裝置端上，採用 OpenCL C 語言進行編寫，處理來自主機端的資料，並將處理完成的資料送回到主機端。

8.1.3.1 主機端程式

OpenCL 程式開發的第一步就是選擇 OpenCL 平台。OpenCL 平台指的是 OpenCL 裝置和 OpenCL 框架的組合。不同的 OpenCL 廠商屬於不同的 OpenCL 平台。一個異質計算平台可以同時存在多個 OpenCL 平台。舉例來說，在一台 Linux 伺服器上，可以同時存在英特爾的 CPU、Nvidia 的 GPU 以及英特爾 FPGA 或其他異質晶片。因此，在使用 OpenCL 進行開發的時候，必須顯性地指定所需要使用的 OpenCL 平台。指定 OpenCL 平台後，按照一定的流程就可以完成對裝置端的管理與排程了。具體的執行流程如下。

（1）搜索並選擇 OpenCL 平台。
（2）搜索並選擇 OpenCL 裝置。
（3）創建主機和裝置通訊的上下文和命令佇列。
（4）創建程式物件和核心物件。
（5）將核心物件送入裝置進行執行。
（6）獲得執行結果並清理環境。

8.1.3.2 裝置端程式

OpenCL 裝置端使用 OpenCL C 語言進行編寫。

OpenCL C 語言專門用於編寫 OpenCL 核心（裝置）程式，和其他語言相比，主要有以下特點。

（1）基於 C99 標準，並在 C99 規範上進行了擴充。
（2）語法結構和 C 語言相似，支援標準 C 的所有關鍵字和大部分的語法結構。

一段簡單的 OpenCL C 程式如下：

```
_kernel void adder(_global float * a,
        _global float * b, _global float * result)
{
        int tid = get_global_id(0);
        result[tid] = a[tid] + b[tid];
}
```

與 C 語言不同的是，OpenCL C 語言擴充了 C99 標準，並且增加了很多關鍵字和保留字，每一段 OpenCL C 程式的寫法也不太一樣，具體如下。

（1）OpenCL C 核心函數必須以 _kernel 或 kernel 關鍵字為函數的修飾符號。

（2）所有的 OpenCL C 核心函數，必須沒有返回值，統一以 void 作為函數的返回類型。

（3）函數的執行結果，透過傳遞的函數參數，以指標的方式傳遞。

除了以上規則之外，OpenCL C 還有其他一些重要的關鍵字和修飾符號。

（1）位址空間修飾符號。

執行一個核心的工作項可以存取四個記憶體區域，這些記憶體區域可以指定為類型限定詞。類型限定詞可以是 _global 或 global（全域）、_local 或 local（本地）、_constant 或 constant（常數）、_private 或 private（私有）。

如果核心函數的參數宣告為指標，則這樣的參數只能指向 _global、_local 以及 _constant 這三個記憶體空間。

全域位址空間（_global 或 global），表示從全域記憶體分配的記憶體物件，使用該識別符號修飾的記憶體區，允許讀寫一個核心的所有工作群組的所有工作項。全域位址空間的記憶體物件可以宣告為一個純量、向量或使用者自訂結構的指標，可以作為函數參數，以及函數內宣告的變數。但是需要注意的是，如果全域位址空間只能在函數內部使用，函數內部不能在全域位址空間中申請記憶體。

```
_kernel void my_kernel( _global float * a, _global float * res)
{
     global float *p;              // 合法
     global float num;             // 非法
}
```

常數位址空間（ _constant 或 constant）和 C 語言的常數類型（ const）類似，可以用於修飾函數參數，也可以直接申請和分配，OpenCL C 中的字元常數也是儲存於常數位址空間的。其用法基本和 C 語言的常數（const）一致。以下是常數位址空間的簡單使用。

```
_kernel void my_kernel( _constant float * a, _global float * res)
{
     _constant float *p =  a;      // 合法
     _constant float b;            // 非法
     _constant float r = 9.0;      // 合法
}
```

局部位址空間（ _local 或 local），即在局部記憶體中分配的變數。這些變數由執行核心的工作群組的所有工作項共用。一般來說讀取局部記憶體的方式比讀取全域記憶體的方式要快，因此，在 OpenCL 性能最佳化的時候，經常會使用局部位址空間對程式進行一些最佳化。

局部位址空間可以作為函數的參數以及函數內部的變數宣告，但是變數宣告必須在核心函數的作用域當中；宣告的變數不能直接初始化。下面是局部位址空間的簡單實用範例。

```
_kernel void my_kernel( _local float * a, _global float * res)
{
```

```
    _local float c =  1.0;    // 非法，不能直接初始化
    _local float b;           // 合法
    b = 9.0;
}
```

私有位址空間（_private 或 private），是針對某一個工作項私有的變數，這些變數不能在任何工作項或工作群組之間共用。

（2）存取限定詞。

除了以上位址空間關鍵字之外，OpenCL C 語言還擴充了存取限制符，用於限制對於參數的各種操作。OpenCL C 的存取限定詞只有三種。

① 唯讀限制：_read_only 或 read_only。

② 寫入限制：_write_only 或 write_only。

③ 讀取寫入：_read_write 或 read_write。

這種修飾符號通常被使用於圖型類型的參數。

8.2 基於英特爾 FPGA 的 OpenCL 開發環境

8.2.1 英特爾 FPGA 的 OpenCL 解決方案

英特爾公司針對異質計算提供了一套完整的 OpenCL 解決方案，如圖 8-5 所示，OpenCL 開發可以分為兩大部分。

一部分是主機端程式（OpenCL Host Program），採用標準的 C/C++ 語言進行開發。在傳統的 C/C++ 程式中加入 OpenCL 函數庫檔案（Intel FPGA OpenCL Libraries），參考 OpenCL 語言標準即可完成主機端程式的開發，使用 C/C++ 編譯器（Standard C Compiler）編譯後生成可執行檔，運行在 CPU 上。

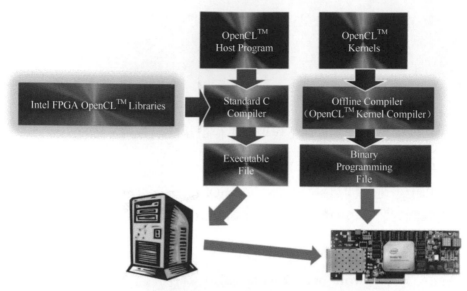

圖 8-5　英特爾 FPGA 的 OpenCL 架構

另一部分是裝置端程式（OpenCL Kernels），採用 OpenCL 語言進行開發，然後使用英特爾針對 FPGA 的專用 Kernel 編譯器進行編譯，編譯將生成 FPGA 的二進位程式檔案，下載到 FPGA 加速卡上後將在 FPGA 上運行。

本書中，我們針對的是英特爾 Arria10 FPGA，這裡先對其開發環境的架設進行簡單介紹。詳細的介紹可以參考英特爾官方的介紹，包括各種文件介紹以及 demo，網址如下：https://www.intel.com/content/www/us/en/programmable/products/design-software/embedded-software-developers/opencl/support.html/。

這裡對官方的 demo 進行了整理與簡單的説明，如表 8-1 所示。結合文件與參考 demo，可以逐漸掌握基於 FPGA 的 OpenCL 開發方法以及最佳化方法。

表 8-1 英特爾官方的 OpenCL demo 說明

類別	名稱	描述
基礎	Hello World	Hello World 基本範例
	Vector Addition	簡單加法運算範例
	Multithread Vector Operation	OpenCL 多執行緒開發方式範例
	OpenCL Library	將 RTL 程式作為 OpenCL 函數庫增加到 OpenCL 程式中，包含兩個範例：Library_example1 與 Library_example2
	Loopback - Host Pipe	OpenCL 的 Pipe 方式範例
最佳化相關	Channelizer Design Example	OpenCL 的 Channel 方式範例，包含多個 kerntel。實現的功能有 FIR 與 FFT
	Double_buffering	使用雙 buffer 方式提高資料吞吐量的範例
	Sobel Filter	圖型卷積處理方式範例，利用了 Pipeline 方式提高運算性能
	TdFIR	FIR 濾波器範例，可以參考時間序列相關演算法
	Matrix Multiplication	矩陣乘，該範例有兩個版。舊版更簡單，更容易瞭解，也更能表現 FPGA 的特點。新版本採用脈動矩陣處理架構，性能得到更大的提升
最佳化相關	Finite Difference Computation (3D)	使用了 3D 有限元差分計算模型的範例，採用了滑動窗重複使用的處理方式
	FFT (1D)	快速傅立葉轉換演算法的 OpenCL 實現範例，採用了滑動窗重複使用的處理方式
	FFT Off-Chip (1D) FFT (2D)	快速傅立葉轉換演算法，對巨量資料量的演算法處理進行了最佳化
應用	Video Downscaling	圖型降取樣處理演算法的 OperCL 實現範例
	JPEG Decoder	JPEG 圖型解碼解決方案
	Document Filtering	Bloom 濾波器，文件過濾
	Gzip Compression	高性能的 gzip 壓縮演算法的 OperCL 實現

類別	名稱	描述
	Mandelbrot Fractal Rendering	Mandelbrot 演算法的 OperCL 實現
	OPRA FAST Parser Design Example	證券交易常用的 FAST 解碼實例
	Asian Options Pricing	亞洲期貨價格計算的 OperCL 案例

8.2.2 系統要求

在 OpenCL 開發中，可以使用以下已經過測試的伺服器與作業系統進行環境設定。

伺服器：

（1）Dell* R640；

（2）Dell R740xd；

（3）Dell R740；

（4）Dell R840；

（5）Dell R940xa。

作業系統：

（1）Red Hat Enterprise Linux (RHEL) 7.4, Kernel version 3.10；

（2）CentOS 7.4, Kernel version 3.10；

（3）Ubuntu 16.04, Kernel version 4.4。

這裡使用的環境是 CentOS 7.4 x64，Kernel 版本為 3.10，安裝的軟體套件是：a10_gx_pac_ ias_1_2_pv_dev_installer.tar.gz。

最新的軟體下載網址以及安裝環境說明可參考以下網址：https://www. intel.com/content/ www/us/en/programmable/products/boards_and_kits/ dev-kits/altera/acceleration-card-arria-10-gx/ getting-started.html/。

8.2.3 環境安裝

從英特爾官網下載安裝套件後，進行解壓縮，解壓縮後運行解壓縮目錄下的安裝指令稿 setup.sh，操作如下所示：

```
tar -zxvf a10_gx_pac_ias_1_2_pv_dev_installer.tar.gz
cd a10_gx_pac_ias_1_2_pv_dev_installer
./setup.sh
```

該安裝套件包含 Quartus、OPAE、HLS、OpenCL 等軟體及相關驅動，在安裝時會一併進行安裝。如圖 8-6 所示為部分環境安裝流程。

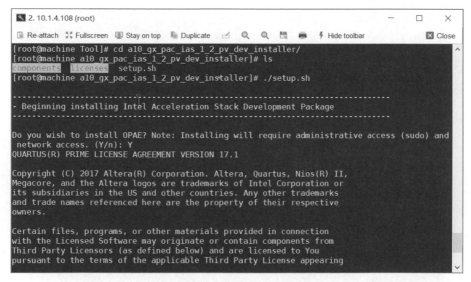

圖 8-6　部分環境安裝流程

8.2.4 設定環境變數

軟體與驅動安裝完成後，如需啟動軟體功能，需要設定以下環境變數。這裡的環境變數指向的指令稿包含了支援英特爾 FPGA OpenCL 開發的一整套工具與驅動，包括 Quartus、SDK、OpenCL BSP 等。

```
source    /root/inteldevstack/init_env.sh
source    /root/inteldevstack/intelFPGA_pro/hld/init_opencl.sh
export    ALTERAOCLSDKROOT=$INTELFPGAOCLSDKROOTs
```

8.2.5 初始化並檢測 OpenCL 環境

當 FPGA 加速卡第一次使用時，需要先下載 FPGA 初始設定檔案。初始設定檔案就是在安裝目錄下的 FPGA 二進位下載檔案 hello_world.aocx 檔案。使用 aocl 命令進行下載。下載完成後可以使用 aocl diagnose 命令進行環境初步測試，命令操作如下所示：

```
aocl program acl0 /root/inteldevstack/a10_gx_pac_ias_1_2_pv/opencl/
hello_world.aocx
aocl diagnose
```

在使用 aocl diagnose 命令後，將列印出環境測試資訊，如圖 8-7 所示。

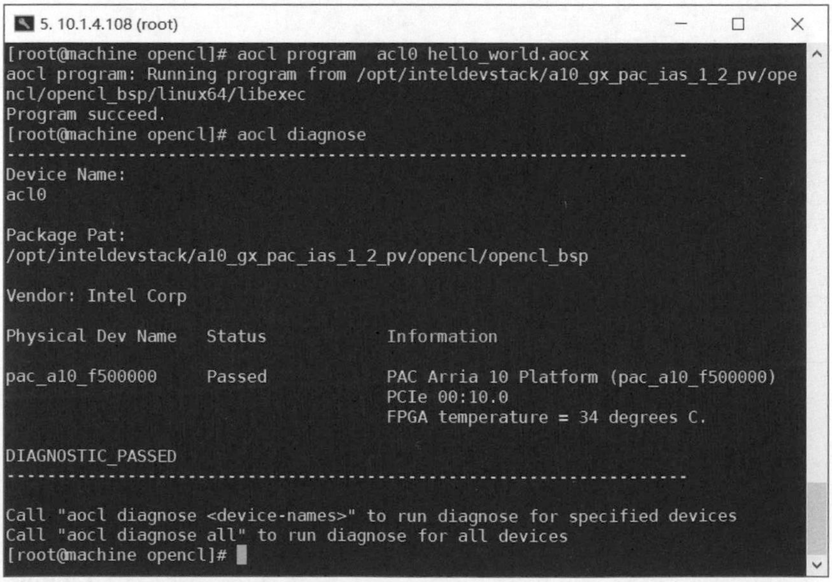

圖 8-7 環境測試資訊

與此同時，我們還可以使用 aocl diagnose all 命令對 FPGA 加速卡進行一個更詳細的測試，測試命令如下：

```
aocl diagnose all
```

輸入命令後，aocl 工具將進行一個完整的測試，同時會對 PCIe 的吞吐量進行一個測試，如圖 8-8 所示。

圖 8-8　Diagnose 診斷 pcie 吞吐量

另外，在我們不清楚軟硬體環境支援哪些裝置時，可以使用 aoc 命令進行查詢，如下所示：

```
aoc -list-boards
```

輸入命令後，可以看到終端列印出來的裝置清單及對應的 BSP 路徑，如圖 8-9 所示。

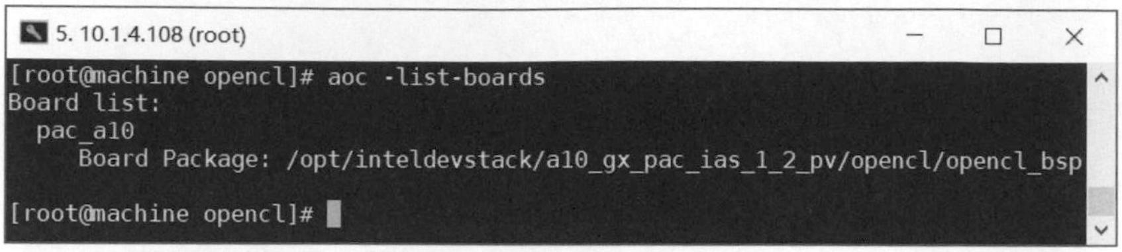

圖 8-9 BSP 的路徑

8.3 主機端 Host 程式設計

8.3.1 建立 Platform 環境

在 OpenCL 中，Host 端首先需要透過建立 Platform 環境，獲知當前支持的平台、支持的裝置。透過 clGetPlatformIDs 函數查詢或指定要使用的平台。

8.3.1.1 建立平台──Platform

一台伺服器可以有 GPU、FPGA 等多個平台，每個平台可以有多個 Device，使用 clGetPlatformIDs 函數可以獲取平台的 ID。

```
cl_int clGetPlatformIDs(cl_uint num_entries,
                        cl_platform_id *platforms,
                        cl_uint *num_platforms)
```

函數中第一個參數用來指定第二個參數返回的平台列表個數。第二個參數是一個指向 cl_platform_id 的指標，它是一個 OpenCL 平台的列表；第三個參數是可用平台的總數。OpenCL 異質平台模型圖例如圖 8-10 所示。

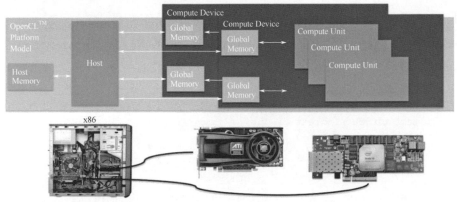

圖 8-10 OpenCL 異質平台模型圖例

8.3.1.2 創建裝置──Device

透過平台 ID 可獲得裝置個數，每個平台可以有多個 Device，透過 clGetDeviceIDs 函數可查看該平台的裝置，並指定要使用的裝置。OpenCL 平台對多裝置的支援圖例如圖 8-11 所示。

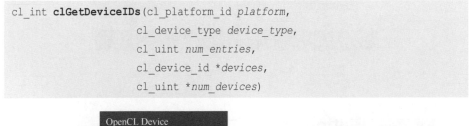

```
cl_int clGetDeviceIDs(cl_platform_id platform,
                      cl_device_type device_type,
                      cl_uint num_entries,
                      cl_device_id *devices,
                      cl_uint *num_devices)
```

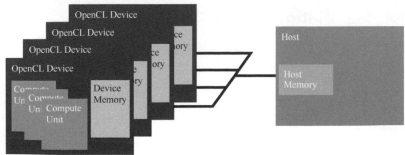

圖 8-11 OpenCL 平台對多裝置的支援圖例

8.3.1.3 創建上下文環境──Context

上下文可以指定一個或多個裝置作為當前的操作物件,上下文 context
用來管理 command-queue、memory、program 和 Kernel,以及指定
Kernel 在上下文中的或多個裝置上執行。OpenCL 平台上下文示意圖如
圖 8-12 所示。

```
cl_context clCreateContext(cl_context_properties *properties,
                           cl_uint num_devices,
                           const cl_device_id *devices,
                           void CL_CALLBACK  *pfn_notify (
                                 const char *errinfo,
                                 const void *private_info,
                                 size_t cb,
                                 void *user_data),
                           void *user_data,
                           cl_int *errcode_ret)
```

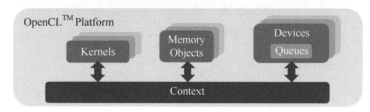

圖 8-12 OpenCL 平台上下文示意圖

8.3.1.4 建立 Platform 環境程式範例

創建平台環境的過程,主要實現的是選擇 Host 端的平台,查看指定平
台上的裝置,在所選裝置上創建上下文關係,建立軟體與硬體的互動
環境。程式範例如下。

```
//Get the first platform ID
cl_platform_id myp;
err=clGetPlatformIDs(1, &myp, NULL);
```

```
// Get the first FPGA device in the platform
cl_device_id mydev;
err=clGetDeviceIDs(myp, CL_DEVICE_TYPE_ACCELERATOR, 1,  &mydev, NULL);

//Create an OpenCL™ context for the FPGA device
cl_context context;
context = clCreateContext(NULL, 1, &mydev, NULL, NULL, &err);
```

8.3.2 創建 Program 與 Kernel

8.3.2.1 創建 program 物件

創建 OpenCL 的 Platform 環境後，主機端初步打通了對裝置端的控制。接下來還需要讓主機端知道什麼程式檔案（Program 物件）將運行在裝置端，以及裝置端的什麼功能（Kernel 物件）將要運行起來。

因此，這裡首先要使用 createProgramFromBinary 函數創建 Program 物件。在 FPGA 裝置中，createProgramFromBinary 函數指定了 FPGA 的二進位程式檔案 aocx，Host 端將透過 aocx 檔案對 FPGA 裝置進行設定。

在 OpenCL 標準中創建 Program 後還需要使用 clBuildProgram 對程式進行編譯。但對於 FPGA 而言這一步只是讓程式符合 OpenCL 的標準，實際沒有什麼必要。該過程可以參考以下程式：

```
void main()
{
...
//Read aocx file into unsinged char array
FILE *fp = fopen("program.aocx", "rb");//Open aocx file for binary read
fseek(fp, 0, SEEK_END);
size_t length=ftell(fp);                //Determine size of aocx file
```

```
unsigned char* binaries = (unsigned char*)malloc(sizeof(char) * length);
rewind(fp);
fread(binaries, length, 1, fp);
fclose(fp);
// 1. Create then build the program
cl_program program=clCreateProgramWithBinary(context, 1, &myDevice, &length,
(const unsigned char**)&binaries, &status, &err);
err = clBuildProgram(program, 1, &myDevice, "", NULL, NULL);
```

8.3.2.2 創建 kernel 物件

主機端透過創建 Program 指定程式檔案後，還需獲知程式檔案中有哪些 Kernel 程式，才能完成對裝置端 Kernel 程式的存取。當然如有多個 Kernel 存在於 Program 中，Host 端可以對任意指定 Kernel 進行存取。

創建 Kernel 的過程可以參考以下程式：

```
void main()
{
...
// 1. Create then build the program
    cl_program program = clCreateProgramWithBinary(...);
err = clBuildProgram(...);

// 2. Create kernel from the program
cl_kernel kernel = clCreateKernel(program, "increment", &err);

// 3. Allocate and transfer buffers on/to device
// 4. Set up the kernel argument list
// 5. Launch the kernel
// 6. Transfer result buffer back
}
```

該範例中創建的 Kernel 名為 increment，即在 aocx 檔案中存在一個名為 increment 的 Kernel 程式。Kernel 程式如下所示：

```
_kernel void increment ( _global float *a, float c, int N)
{
int i;
for (i = 0; i < N; i++)
a[i] = a[i] + c;
}
```

8.3.3　Host 與 Kernel 的互動

在建立 Platform 環境，並指定 Program 程式與程式中的 Kernel 後，在本小節將介紹主機 Host 端與裝置 Kernel 端（FPGA 端）的對話模式。

8.3.3.1　命令佇列（Command Queue）

命令佇列在 OpenCL 中是一個比較重要的概念，是一種主機請求裝置動作的機制。它具有以下特點。

（1）每個裝置（Device）有一個或多個命令佇列（Command Queue）。

（2）每個命令佇列連結一個裝置。

（3）主機向指定的命令佇列提交命令。

（4）提交給命令佇列的命令將按照順序在裝置端執行，這裡的裝置指的是 FPGA。

命令佇列透過操作上下文、記憶體和程式物件來管理裝置的所有操作。每個裝置可能有一個或多個命令佇列。在大多數情況下，命令佇列中的命令將按順序操作，如圖 8-13 所示為一個簡單的命令佇列範例圖，透過 "Write to Device" 命令參數從主機端傳遞到裝置端，然後在裝置端執行 Kernel，最後從裝置端讀取運行完成後的資料。

圖 8-13 簡單的命令佇列功能示意圖

大部分的情況下,裝置僅支援循序執行的命令佇列。但對於 FPGA 而言,FPGA 本身是可以脫離主機端控制獨立運行的,因此在英特爾的 OpenCL 開發中,透過增加 flag 等操作,可以實現亂數執行或管線並存執行等更加複雜的操作。

創建命令佇列的方式如下所示,命令佇列基於裝置與上下文創建,在命令中也有表現。需要注意的是,在 OpenCL 2.2 版本中,需要使用 cl CreateCommandQueueWithProperties 函數來替換該方式,使用方式類似。

```
cl_command_queue clCreateCommandQueue(
              cl_context context,
              cl_device_id device,
              cl_command_queue_properties properties,
              cl_int *errcode_ret)
```

8.3.3.2 創建 Kernel 端記憶體空間

在 Kernel 端需要創建一個記憶體空間來接收來自 Host 端的資料。使用以下函數定義完成:

```
cl_mem clCreateBuffer(cl_context context,
              cl_mem_flags flags,
              size_t size,
              void *host_ptr,
              cl_int *errcode_ret)
```

使用範例如下：

```
cl_mem = clCreateBuffer(context, CL_MEM_READ_WRITE, size,void *,status);
```

該函數的意義與 C 語言中創建空間的方式一致，因此在 host 端的記憶體空間建構，可以採用以下方式，當然在 Host 端簡單創建矩陣空間也是可以的：

```
unsigned int *in_buf_0 = (unsigned int *) aligned_alloc(64, n *
sizeof(unsigned int));
unsigned int *out_buf_0 = (unsigned int *) aligned_alloc(64, n *
sizeof(unsigned int));
```

8.3.3.3 將 Kernel 端資料空間與 kernel 建立關聯

以下分別將 in_0 與 out_0 連結到 Kernel 的第 1 個參數與第 2 個參數：

```
status = clSetKernelArg(kernel_0, 0, sizeof(cl_mem), &in_0);
status = clSetKernelArg(kernel_0, 1, sizeof(cl_mem), &out_0);
```

如此，Kernel 端的第一參數將從電路板上 DDR 的 in_0 獲取資料，第二個參數將把資料寫到電路板上 DDR 的 out_0。

8.3.3.4 將 Host 端記憶體輸入到 Kernel 端記憶體

將 Host 端記憶體輸入到 Kernel 端記憶體或將 Kernel 端 DDR 資料讀取到本地 DDR 中。範例分別如下。

（1）將 Host 端的資料空間寫入到 Kernel 端的資料空間，使用以下函數完成。

```
cl_int clEnqueueWriteBuffer(cl_command_queue command_queue,
                    cl_mem buffer,
                    cl_bool blocking_write,
                    size_t offset,
```

```
                            size_t cb,
                            void *ptr,
                            cl_uint num_events_in_wait_list,
                            const cl_event *event_wait_list,
                            cl_event *event)
```

使用範例如下，範例中實現的功能是將 Host 端的記憶體資料 in_buf_0
寫入到 Kernel 端記憶體 in_0 中。

```
clEnqueueWriteBuffer(queue0[0], in_0, CL_TRUE, 0, n * sizeof(unsigned
int), in_buf_0, 0, NULL, NULL);
```

（2）Host 將 Kernel 端的資料空間讀出儲存到 Host 端的資料空間，使用
以下函數完成。

```
cl_int clEnqueueReadBuffer(cl_command_queue command_queue,
                           cl_mem buffer,
                           cl_bool blocking_read,
                           size_t offset,
                           size_t cb,
                           void *ptr,
                           cl_uint num_events_in_wait_list,
                           const cl_event *event_wait_list,
                           cl_event *event)
```

使用範例如下，範例中實現的功能是將 Kernel 端的記憶體 out_0 讀出
到 Host 端記憶體 out_buf_0 中。

```
status = clEnqueueReadBuffer(queue0[0], out_0, CL_TRUE, 0, n *
sizeof(unsigned int), out_buf_0, 0, NULL, NULL);
```

8.3.4 OpenCL 的核心執行

OpenCL API 提供了兩個執行核心程式的 API，一般使用標準的
clEnqueueNDRange Kernel 函數來實現，使用方式如下所示：

```
cl_int clEnqueueNDRangeKernel (cl_command_queue command_queue,
          cl_kernel kernel,
          cl_uint work_dim,
          const size_t *global_work_offset,
          const size_t *global_work_size,
          const size_t *local_work_size,
          cl_uint num_events_in_wait_list,
          const cl_event *event_wait_list,
          cl_event *event))
```

（1）work_dim：表示執行全域工作項的維度，其設定值通常只有 1、2 和 3。一般來說，該值最小為 1，最大為 OpenCL 裝置 CL_DEVICE_MAX_WORK_ITEM_DIMENSIONS。在 英 特 爾 FPGA OpenCL 平台，work_dim 最大值為 1。

（2）golobal_work_offset：全域工作 id 的偏移量，大多數情況下，設定為 NULL。

（3）global_work_size：指定全域工作項的大小。

（4）local_work_size：指定一個工作群組當中的工作項的大小。

該函數是 OpenCL 核心執行的最常用的函數。另一種是僅針對單工作項的方式的 clEnqueueTask 函數，該函數因不需要設定工作項，所以更加簡單。

```
cl_int clEnqueueTask(cl_command_queue command_queue,
                     cl_kernel kernel,
                     cl_uint num_events_in_wait_list,
                     const cl_event *event_wait_list,
                     cl_event *event)
```

其使用範例如下：

```
void main()
{
    ...
```

```
cl_program program = clCreateProgramWithBinary(...);
err = clBuildProgram(...);
cl_kernel kernel = clCreateKernel(program, "increment", &err);
...
err = clSetKernelArg(…)
...
// 5. Launch the kernel
err = clEnqueueTask(queue, kernel, 0, NULL, NULL);

// 6. Transfer result buffer back
}
```

8.3.5　Host 端程式範例

透過如上描述，我們知道 Host 端程式的設計主要為四部分內容，分別
是創建 Platform 環境、創建 Program 與 Kernel、Host 與 Kernel 的記憶
體資料互動以及 Kernel 核心的執行。整個流程如下：

```
void main()
{   ...
    // 1. Create then build program
    cl_program program = clCreateProgramWithBinary(…);
    err = clBuildProgram(program, 1, &device, NULL, NULL, NULL);

    // 2. Create kernel from the program
    cl_kernel kernel = clCreateKernel(program, "increment", &err);

    // 3. Allocate and transfer buffers on/to device
    float* a_host = ...
    cl_mem a_device = clCreateBuffer(..., CL_MEM_COPY_HOST_PTR,
        a_host, ...);
    cl_float c_host = 10.8;

    // 4. Set up the kernel argument list
```

```
err = clSetKernelArg(kernel,0,sizeof(cl_mem),(void*)&a_device);
    err = clSetKernelArg(kernel, 1, sizeof(cl_float), (void *) &c_host);
    err = clSetKernelArg(kernel, 2, sizeof(cl_int), (void *)
        &NUM_ELEMENTS);
        ...
    // 5. Launch the kernel
    err = clEnqueueTask( queue, kernel, 0, NULL, NULL);

    // 6. Transfer result buffer back
    err = clEnqueueReadBuffer( queue, a_device, CL_TRUE, 0,
    NUM_ELEMENTS*sizeof(cl_float),a_host, 0, NULL, NULL);
}
```

8.4 裝置端 Kernel 程式設計流程

Kernel 的開發分為四個流程：Kernel 設計、功能驗證、靜態分析、動態分析，如圖 8-14 所示。

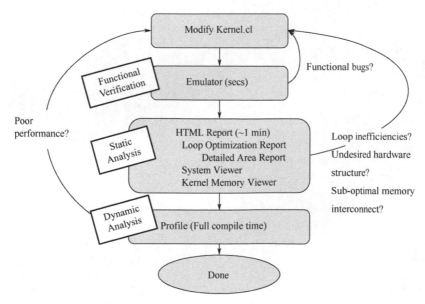

圖 8-14 OpenCL Kernel 端編譯流程圖

8.4.1 Kernel 編譯

8.4.1.1 AOC 命令

裝置端程式設計完成後，需要使用 aoc 命令對裝置端 Kernel 程式進行
編譯，完成編譯後生成 FPGA 專用的二進位程式檔案，檔案副檔名為
aocx。以 vector_add 這個官方 demo 為例，常用方法如下。

（1）基本方法

```
aoc  device/vector_add.cl  -o  bin/vector_add.aocx
```

（2）附加 report 報告

```
aoc  device/vector_add.cl  -o  bin/vector_add.aocx  -v  -report
```

編譯命令列印的資源預估範例如圖 8-15 所示。

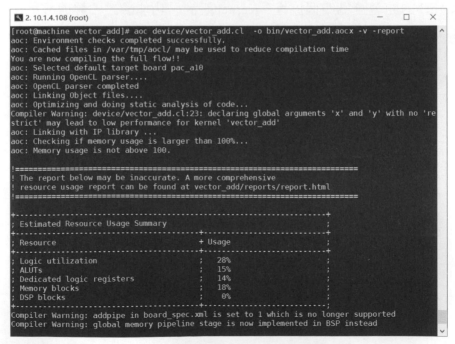

圖 8-15 編譯命令列印的資源預估範例

（3）指定 board 的編譯方式如下。

查詢支援的 board：

```
aoc -list-boards
```

編譯時指定 board：

```
aoc -board=pac_a10  device/vector_add.cl  -o  bin/vector_add.aocx
```

（4）快速編譯選項：

```
-fast-compile
```

該選項節省 40% ～ 90% 的時間，快速編譯生成 aocx 檔案。缺點是：①使用更多的資源；② Fmax 及主頻更低；③耗電可能會更高。

（5）其他使用方式，可以透過 help 命令進行查看：

```
aoc  -h
```

AOC 命令 help 範例如圖 8-16 所示。

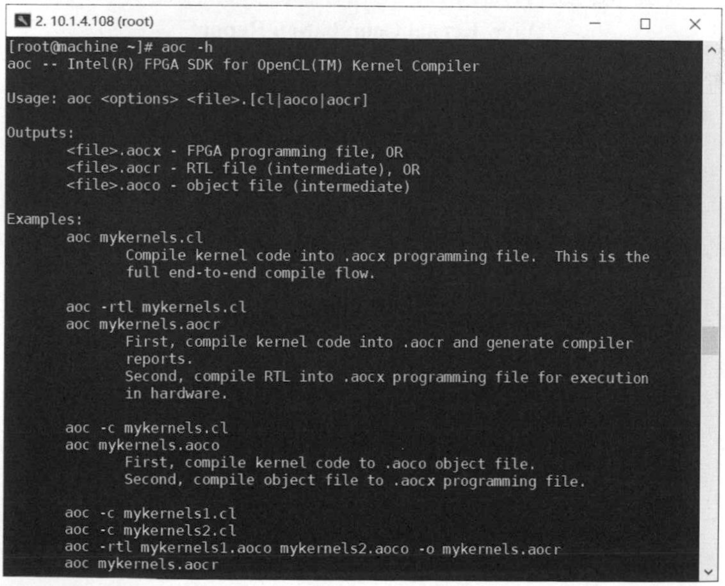

```
2. 10.1.4.108 (root)
[root@machine ~]# aoc -h
aoc -- Intel(R) FPGA SDK for OpenCL(TM) Kernel Compiler

Usage: aoc <options> <file>.[cl|aoco|aocr]

Outputs:
        <file>.aocx - FPGA programming file, OR
        <file>.aocr - RTL file (intermediate), OR
        <file>.aoco - object file (intermediate)

Examples:
        aoc mykernels.cl
                Compile kernel code into .aocx programming file.  This is the
                full end-to-end compile flow.

        aoc -rtl mykernels.cl
        aoc mykernels.aocr
                First, compile kernel code into .aocr and generate compiler
                reports.
                Second, compile RTL into .aocx programming file for execution
                in hardware.

        aoc -c mykernels.cl
        aoc mykernels.aoco
                First, compile kernel code to .aoco object file.
                Second, compile object file to .aocx programming file.

        aoc -c mykernels1.cl
        aoc -c mykernels2.cl
        aoc -rtl mykernels1.aoco mykernels2.aoco -o mykernels.aocr
        aoc mykernels.aocr
```

圖 8-16 AOC 命令 help 範例

8.4.1.2 AOCL 命令

AOCL 的主要功能是將 Kernel 編譯生成的 aocx 檔案下載到 FPGA。當然，AOCL 還有其他功能，如表 8-2 所示。

表 8-2 AOCL 相關命令

Host Compilation Commands (Use in your makefile)	
aocl compile-config	Displays the compiler flags for compiling your host program
aocl link-config	Shows the link options needed by the host program to link with libraries
aocl makefile	Shows example Makefile fragments for compiling and linking a host program
Board Management Commands (Functionality Provided by BSP)	
aocl install	Installs a board driver onto your host system
aocl diagnose	Runs the board vendor's test program
aocl flash <.aocx>	Programs the on-board flash with the FPGA image over JTAG
View Kernel Compilation Report	
aocl report	Displays kernel execution profiler data

AOCL 的常用方法如下。

（1）下載包含 BSP 在類別的映像檔檔案 aocx：

```
aocl program  <board instance>  <BSP compatible image>.aocx
```

直接運行在 FPGA 上，透過 PCIe 或 JTAG 下載。例如：

```
aocl  program acl0  bin/hello_world.aocx
```

（2）將 aocx 檔案下載到 Flash 上：

```
aocl flash <board instance> <BSP compatible image>.aocx
```

FPGA 通電時，從 Flash 載入 aocx 檔案運行。

（3）吞吐量測試：aocl diagnose 與 aocl diagnose all。使用 aocl diagnose all 後將對當前 PAC 卡進行吞吐量等測試。

（4）使用 aocl help 或 aocl help <subcommand> 查看 aocl 命令的相關資訊。

查看全部支援的選項：

```
aocl help，aoc -help
```

查看子項目的詳細說明資訊（如 install）：

```
aocl help install
```

（5）可以看到 install 的詳細描述，它可以將支援的電路板驅動安裝到 Host 系統，目的是讓 Host 端軟體能夠與電路板通訊。

```
aocl install
```

8.4.1.3 查看資源的幾種方式

方式 1：瀏覽器打開 Report 目錄下的 report.html（bin 目錄下的 Report 檔案與 bin/builder 目錄下的 Report 檔案，內容相同，在 OpenCL 轉 sv 檔案時就已經生成，僅供參考）。Report 報告如圖 8-17 所示。

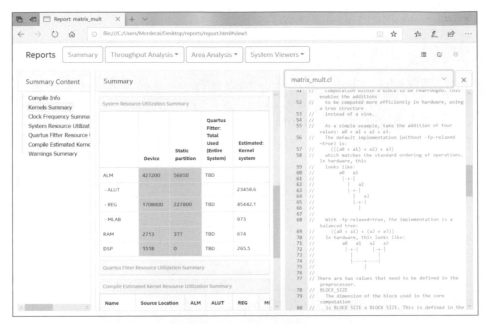

圖 8-17　Report 報告

方式 2：查看 bin/< 專案名 > 目錄下的 acl_quartus_report.txt 檔案，該報告是全編譯後的報告，比較準確，如圖 8-18 所示。

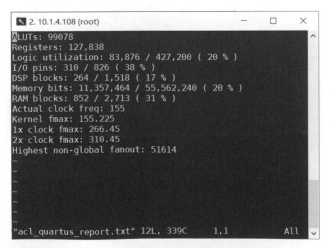

圖 8-18　acl_quartus_report.txt 檔案中的 Report 報告

方式 3：直接查看編譯輸出檔案，位於 build/output_files 檔案目錄下。
每個過程的輸出及報告都應在這個目錄下。在該目錄下有個檔案為
afu_fit.fit.summary，用記事本的方式可以打開查看，如圖 8-19 所示。

```
2. 10.1.4.108 (root)                                      —    □    ×
Fitter Status : Successful - Sun Apr 26 13:27:32 2020
Quartus Prime Version : 17.1.1 Build 273 12/19/2017 Patches 1.01
dcp,1.02dcp,1.36,1.38 SJ Pro Edition
Revision Name : afu_fit
Top-level Entity Name : dcp_top
Family : Arria 10
Device : 10AX115N2F40E2LG
Timing Models : Final
Logic utilization (in ALMs) : 83,876 / 427,200 ( 20 % )
Total registers : 127838
Total pins : 310 / 826 ( 38 % )
Total virtual pins : 0
Total block memory bits : 11,357,464 / 55,562,240 ( 20 % )
Total RAM Blocks : 852 / 2,713 ( 31 % )
Total DSP Blocks : 264 / 1,518 ( 17 % )
Total HSSI RX channels : 12 / 48 ( 25 % )
Total HSSI TX channels : 12 / 48 ( 25 % )
Total PLLs : 25 / 112 ( 22 % )
~
~
~
~
~
"afu_fit.fit.summary" 17L, 667C                17,1              All
```

圖 8-19　afu_fit.fit.summary 檔案中的 Report 報告

8.4.2　功能驗證

Kernel 程式設計好之後，可以先運行在 cpu 上，驗證其結果的正確
性，如此便不需要等待 FPGA 編譯完成。編譯與運行方式如下。

Aoc 編譯：

```
aoc  device/hello_world.cl  -o  bin/hello_world.aocx  -march=emulator
```

或：

```
aoc  device/hello_world.cl  -o  bin/hello_world.aocx  -march=emulator
-legacy-emulator
```

對於 -march=emulator，可能因為安裝環境依賴等問題顯示出錯，此時可嘗試更改命令為 -march=emulator -legacy-emulator，使用舊版本的模擬器進行模擬編譯，如圖 8-20 所示。

```
[root@machine device]# aoc -o helloworld.aocx hello_world.cl -march=emulator -legacy-emulator
aoc: Running OpenCL parser....
error: unknown argument: '-march=emulator-legacy-emulator'
Error: OpenCL parser FAILED
[root@machine device]# aoc -o helloworld.aocx helloworld.cl -march=emulator -legacy-emulator
Error: Invalid kernel file helloworld.cl: No such file or directory
[root@machine device]#  aoc -o helloworld.aocx hello_world.cl -march=emulator -legacy-emulator
aoc: Running OpenCL parser....
aoc: OpenCL parser completed successfully.
aoc: Linking Object files....
aoc: Compiling for Emulation ....
[root@machine device]# []
```

圖 8-20　AOC 命令 emulator 編譯截圖

Host 運行：

```
CL_CONTEXT_EMULATOR_DEVICE_INTELFPGA=1   ./host
```

舊版本：

```
CL_CONFIG_EMULATOR_DEVICE_INTELFPGA=1   ./host）
```

OpenCL 19.3 以後的版本，可以直接執行 ./bin/host -emulator，部分模擬結果如圖 8-21 所示。

```
===== Host-CPU preparing A,B matrices and computing golden reference for matrix C =====

Allocated memory for host-side matrices!
Transposing and re-formatting of matrices!
Block-wise reformatting of matrix A!
Transposing of matrix B!
*** Computing golden reference of the result C matrix (computing two sections of matrix C)
*** This takes several minutes...
*** Computing the first section of the golden C reference, HC(section)=128, WC(section)=256!
*** Computing the last section of the golden C reference, HC(section)=64, WC(section)=256!
Block-wise reformatting of matrix B!
Block-wise reformatting of golden output matrix C!
Reordering within blocks of block-wise golden output matrix C!

===== Host-CPU setting up the OpenCL platform and device =====

Initializing IDs
Intel(R) Corporation

Device Name: EmulatorDevice : Emulated Device
Device Vendor: Intel(R) Corporation
Device Computing Units: 1
Global Memory Size: 67560668160
Global Memory Allocation Size: 67560668160
```

圖 8-21　軟體 emulator 模擬 kernel 程式運行截圖

8.4.3 靜態分析

Aoc 編譯：加 -rtl，僅編譯 OpenCL 部分，將 Kernel 程式轉為 sv 檔案，並生成靜態報告。透過靜態分析，在前期便可以快速最佳化 Kernel 程式，如迴圈的 II 值最佳化、依賴關係的最佳化。

命令使用方法如下所示：

```
aoc -rtl -board=<board> <kernel file>
```

如果只有一個類型的 PAC 卡，則可以省去 -board 選項。在使用該方式進行編譯後，在編譯的 Reports 目錄下可以查看靜態分析的報告，其目錄為：

```
<kernel file folder>\reports\report.html
```

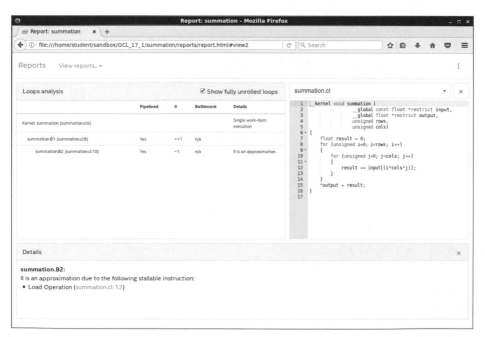

圖 8-22　靜態分析 Loops 分析報告截圖

使用瀏覽器打開 Report.html 檔案，選擇專欄 "Loops analysis" 可以看到工具對程式的迴圈過程的分析情況，如圖 8-22 所示，根據該結構可以根據實際情況對迴圈進行最佳化。

選擇專欄 "Area analysis of source" 可以看到工具對程式的資源面積進行分析的結果，如圖 8-23 所示，根據該結構可以判斷程式的各個敘述的資源使用情況是否合理，然後最佳化。

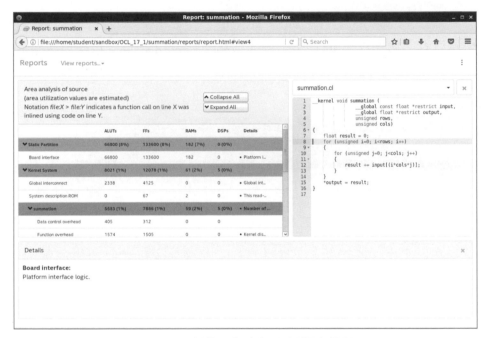

圖 8-23 靜態分析資源分析報告截圖

8.4.4 動態分析

Kernel 程式設計最佳化完成後，可增加 profile 選項完整編譯，增加該選項後，再運行程式時，會自動分析資料封包，獲取吞吐量及 DDR 存取速度等資訊。

8.4.4.1 編譯時指定 **profile** 功能，以及需要動態分析的 **kernel** 檔案

```
aoc -profile <kernel file>
```

如需要對所有 Kernel 進行動態操作，可以使用 "-profile=all"。

8.4.4.2 生成 **profile.mon** 檔案

需要下載 aocx 後再運行 host 程式，才會生成 profile.mon 檔案。該檔案包括 host 與 aocx 在執行時期的真實的資料流程分析。

8.4.4.3 查看 **profile** 報告

```
aocl report <kernel file>.aocx profile.mon
```

運行該命令，將打開圖形介面的 profile 報告，如圖 8-24 所示。

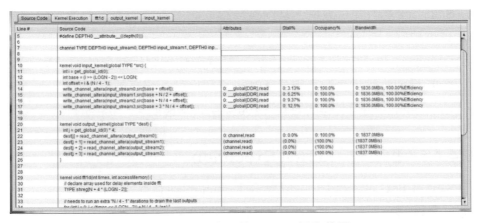

圖 8-24 圖形介面的 Profile 報告截圖

8.4.4.4 報告分析 Source Code

打開 Profile 圖形介面後，我們首先來分析 "Source Code" 這部分內容。
如圖 8-25 所示，其中主要有四個參數，分別如下。

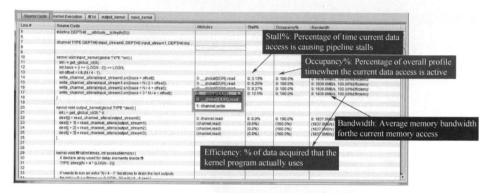

圖 8-25　Profile 報告原始程式碼測試資料

- Attributes：顯示對應敘述使用的資料來源與去向。
- Stall：阻塞時間百分百，當前資料存取導致管道阻塞的時間百分比；越小越好。
- Occupancy：當前資料存取處於活動狀態佔總執行時間的百分比，如 RTL 程式，正常情況下程式總在一直運行著；越高越好。
- Efficiency：使用資料的效率，100% 為效率最高。

8.4.4.5 報告分析 Kernel Execution

在 Kernel Execution 標籤可以查看 Kernel 的執行時間軸，以及記憶體輸出傳輸的時間軸。透過該圖，可以核對 Kernel 執行時間以及記憶體傳輸資料的時間是否合理。如圖 8-26 所示為 double buffer 方式 Kernel 的比較合理的時間軸，僅在開始時需要等待 host 把資料傳輸到 Kernel 端，僅在結束時需要等待 Kernel 執行完成後才把執行完成後的資料從

Kernel 端讀出到 host，其他執行時間裡 Kernel 的執行與資料傳輸過程
平行進行。

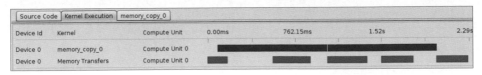

圖 8-26　Profile 報告 Kernel 執行時間

需要注意的是，如需查看記憶體的傳輸時間軸（Memory Transfers），需
要在 host 運行前設定環境變數：**export ACL_PROFILE_TIMER=1**，
否則圖中沒有 Memory Transfers 這一行。

第三部分

人工智慧應用篇

人工智慧簡介

「人工智慧」，在普通人看來是一個神秘的詞彙，因為我們總覺得，它代表了某一種神秘的人工智慧技術。對大部分人來說，只能感受到人工智慧帶來的一些成果，當需要我們能夠比較深入、徹底地去研究它時，卻會讓人覺得這個領域是那麼的遙不可及。其實，當我們真正地去了解和探究它之後就會發現，人工智慧原來並不是那麼的神秘。技術本身是服務於生活的，能夠接近生活的技術，才是整個世界所需要的。

9.1 FPGA 在人工智慧領域的獨特優勢

在傳統的使用方式方法中，FPGA 通常用於通訊、訊號處理及圖形影像處理等領域。在這些傳統領域中，FPGA 以其獨特的平行計算的強大優勢，奠定了其主導地位。在深度學習對演算力越來越渴求的當下，FPGA 也以其獨特的優勢，吸引了越來越多研究者的注意。英特爾公司也順勢而為，憑藉自身在 FPGA 領域的多年深耕，經過針對性的研發，讓英特爾旗下的 FPGA 產品可以廣泛地應用於人工智慧深度學習神經網路中，特別是在目前應用非常廣泛的圖形圖型領域的人工智慧方面。

在人工智慧深度學習的圖形影像處理領域，英特爾針對 FPGA 的平行性特點，對 FPGA 進行了諸多最佳化，使得英特爾 FPGA 可以在深度學習方面大顯身手。比較其他硬體而言，英特爾 FPGA 具有以下特點。

（1）易用，提供了軟體抽象，以及深度學習常用的平台和類別庫，支持對訂製的深度學習加速函數庫進行軟體自訂程式設計。在硬體層面，支援深度學習的計算過程的加速，加快了深度學習的計算過程，縮短了計算的延遲。

（2）即時性好，FPGA 本身就具有確定性延遲，延遲可控，並且延遲非常低。

（3）靈活性好，與 ASIC 不同，英特爾 FPGA 支持可訂製，可以促進深度學習演算法方面不斷進步。

針對卷積神經網路這種計算密集型的常用神經網路，英特爾 FPGA 還創造性地利用硬體的特性，進行深度學習神經網路的加速。

（1）高度平行化架構：支援高效的批次影片圖型串流處理。

（2）可設定分散式幅度點 DSP 模組：支援 FP32、FP16 和 FP11 三種浮點計算模式，可以根據需求調節計算性能，加快神經網路的計算速度。

（3）高耦合的高頻寬記憶體：英特爾 FPGA 最高擁有超過 50TB/s 的晶片內建 SRAM 頻寬，並且支持隨機存取，可大幅度降低延遲，最大限度地減少外部的儲存存取。

（4）可程式化資料路徑：可以減少不必要的資料移動，從而進一步降低延遲，並且提高計算的效率。

（5）可動態設定：可以根據資料輸送量以及模型的準確性要求進行權衡，並以此為依據調整計算的精度。

9.1.1　確定性低延遲

人工智慧深度學習的應用場景並不是在實驗室，訓練部分也並不是深度學習的價值所在，真正的價值是在應用端，是深度學習的推理部分。而絕大部分的應用場景都是在行動裝置或邊緣工業裝置中，特別是一些即時監控的地方。

在即時監控和處理方面，對深度學習的即時性要求最高的當屬無人機或自動駕駛領域，推理的時間延遲會影響汽車煞車的回應時間和距離，因此，在無人機或自動駕駛領域中，對人工智慧深度學習的推理即時性要求非常高，要求表現必須優於人類，這是其最基本的要求。

不同的深度學習神經網路的計算量不同，因此推理延遲也不同，如圖9-1 所示。但是，FPGA 可以提供確定性的系統延遲，充分利用晶片的平行性，降低計算延遲；並且由於 FPGA 本身擁有靈活可訂製的 I/O，因此，可以確保提供確定性的低延遲 I/O。

圖 9-1　不同的深度學習神經網路的推理延遲

9.1.2　靈活可設定

深度學習神經網路在實際應用中，尤其是在即時性要求非常高的場景中，如何快速地針對圖形圖型進行處理，是一個影響延遲的重要因素。英特爾 FPGA 充分利用硬體的靈活可重配機制，根據神經網路的具體需求，靈活變換電路結構，充分利用硬體的每一個性能。為此，英特爾 FPGA 針對神經網路，增強了批次處理的能力（利用 FPGA 的平行性）；並且，在不影響神經網路精度的前提下，適當降低了資料的位元寬，使得 FPGA 在同一時刻、同一行指令下可以處理更多的資料。同時，由於神經網路在計算過程中需要使用權重資料，而每一層神經網路的權重資料可能是相同的，英特爾 FPGA 為了加快運行速度，特意採取了權重共用的方式，減少資料的儲存量。英特爾 FPGA 還利用類似稀疏權重、緊湊網路等方式，進一步加速神經網路的計算過程。

9.1.3 針對卷積神經網路的特殊最佳化

如果回過頭去看卷積神經網路的基本原理，可以發現，其核心的操作就是一些矩陣的計算操作，並且大部分是浮點計算。而英特爾 FPGA 的計算單元，可以支援最大超過 8TFLOP 的浮點計算，極大地增強了乘累積加計算（即矩陣計算）的性能；並且，英特爾 FPGA 提供了最高高達 58TB/s 的高頻寬本地記憶體，極大地增強了神經網路的儲存性能，從各種層面，多維度地提高了卷積神經網路在 FPGA 上的執行效率和性能。

英特爾 FPGA 正在以其獨特的優勢，逐步擴充其在深度學習神經網路中的應用，並且收到越來越多的科技工作者的青睞。

9.2 人工智慧的概念

很多人對人工智慧都會存在一些誤解，例如：

（1）電影裡的機器人就是人工智慧的典型代表嗎？
（2）人工智慧好像是無所不能的。
（3）人工智慧未來會威脅到人類的生存嗎？

到底什麼是人工智慧？

人工智慧（Artificial Intelligence，AI），這個詞拆開來看就是「人工」和「智慧」，單獨分開瞭解對我們來說是沒有任何難度的，但是當把它們組合在一起的時候，就是一個可以改變世界的技術了。探其本質，可以給它一個精簡而又準確的定義：人工製作的系統所表現出的智慧，也就是機器智慧，當然這裡的智慧其實就是像人一樣的思維過程和智慧行為。當然這是一個層面的瞭解，就人工智慧的發展現狀而言，也可以將其定義為：研究這樣的智慧能否實現以及如何實現的科學領域。

我們以簡單的傳統軟體和人工智慧做一個簡單的比較。

傳統軟體通常是一個 if-then 的基本邏輯。開發人員（人類）透過自己的經驗總結出一些有效的規則，然後讓電腦自動地運行這些規則，即馮‧諾依曼的儲存運行的思想。從這個角度上說，傳統軟體執行的永遠是人類已經設定好的規則，不可能超越人類的知識邊界。軟體的所有執行，其輸入條件和輸出結果，是人類可預期的，但是，當輸入的資料出現變化，傳統軟體極有可能就出現無法處理的情況。也就是說，傳統軟體無法繞開開發人員制定的規則，像人類一樣進行自主學習。

但是現實生活中充滿了各種各樣的複雜問題，這些問題幾乎不可能透過制定規則來解決，比如人臉辨識透過規則來解決，效果會很差，因為我們無法窮舉所有的規則。

而人工智慧則不太一樣，它和傳統軟體存在一些近乎基本的差異：人工智慧從特定的大量資料中總結規律，歸納出某些特定的規律／規則，然後將這些規律／規則應用到現實場景中去解決實際問題。這就是人工智慧發展到現階段的本質邏輯。而人工智慧總結出來的規律／規則並不像傳統軟體一樣，可以直觀精確地表達出來，它更像人類學習到的知識一樣，比較抽象，很難表達。人工智慧和傳統軟體的本質區別就在於，人工智慧擁有自主學習能力。

9.3 人工智慧的發展史

「人工智慧」一詞最初是在 1956 年美國的達特茅斯（Dartmouth）大學舉辦的一場長達兩個月的研討會中被提出的，從那以後，人工智慧作為新鮮事物開始進入人們的視野之中，研究人員不斷探索發展了許多相關的理論和技術，人工智慧的概念也隨之擴充。在任何領域，都是萬事開頭難的，當出現了第一個引路人後，後面的發展就會是不可估量的，人工智慧也是如此。

9.3.1 早期的興起與低潮

在第一次提出人工智慧的概念之後，一些重要的理論結果也層出不窮。1950 年，著名科學家艾倫·圖靈（Alan Turing）極具前瞻性地提出了人工智慧的測試標準，即著名的圖靈測試（Turing Test）。該測試提出了測試人工智慧的標準，即如何判斷一台電腦或裝置具備智慧性。電腦或裝置需要滿足或具備以下能力，通過圖靈測試，才可被認為是具備智慧性的，即可以像人一樣去行動：

（1）自然語言處理；
（2）知識表達（儲存）；
（3）自動推理：用已知的結論推理新的結論；
（4）自動學習：在新的環境中進行學習。

但是，由於時代的侷限，科學研究工作者無法實現任何一個滿足圖靈測試的裝置。不過幸運的是，即使是時代的侷限，也無法阻擋人類前進的腳步，除了圖靈測試，艾倫·圖靈還提出了機器學習、基因演算法、增強式學習等，麥卡洛克與皮特斯提出了麥卡洛克-皮特斯模型（MP 模型）以及布林邏輯電路，為人工智慧提出了基礎的理論支持和研究方向。

9.3.2　人工智慧的誕生

1956 年，約翰·麥卡錫（John McCarthy）在達特茅斯會議（Dartmouth）第一次提出了人工智慧的概念，將人工智慧推向了大眾，標誌著人工智慧作為一門正式的學科誕生了，他也因此被稱為「人工智慧之父」。1958 年，約翰·麥卡錫發明了 Lisp 語言，該語言是人工智慧界第一個最廣泛流行的語言，至今仍然在人工智慧領域被廣泛應用。Lisp 語言與後來在 1973 年實現的邏輯式語言 PROLOG，並稱為人工智慧的兩大語言。約翰·麥卡錫另一個卓越貢獻是 1960 年第一次提出將電腦批次處理方式改造成分時方式，這使得電腦能同時允許數十個甚至上百個使用者使用，極大地推動了接下來的人工智慧研究。

幾乎是同一時間，艾倫·紐厄爾（Allen Newell）和赫伯特·亞歷山大·西蒙（Herbert Alexander Simon）編制了一個推理程式，可以用於自動證明一些數學定理，進而推導出了另外一個普遍問題解決器（General Problem Solver）。

但是，人工智慧在這段時間也面臨不少問題：語言翻譯還需要深厚的背景知識，如何進行複雜問題求解，以及如何降低計算的複雜度。

9.3.3　人工智慧的「冬天」

20 世紀 70 年代，出現了利用領域的特定知識幫助推理的專家系統，並且誕生了知識表達和推理專用的程式語言 Prolog 和 Planner 等。1982 年，第一個商用的專家系統 R1 誕生，並且開始進行商用。但是，在實際的工商業應用中，專家系統無法達到預期的效果，人工智慧的研究陷入低潮。

不過幸運的是，1986 年，神經網路開始興起，專家學者提出了反向傳播演算法、多層神經網路。不過，限於當時的運算能力，這些演算法或思想，還僅停留在理論研究層面，無法進入專案實踐，遑論生產應用。

9.3.4 交換學科的興起

20 世紀 80 年代後期，科學家們不再侷限於傳統的人工智慧領域，開始使用各種數學方法進行人工智慧的研究和分析。機率論被用於不確定條件下的推理，隱式馬可夫模型的數學理論逐步被應用到語音辨識領域，貝氏網路開始主導不確定推理和專家系統。

在這段時間內，統計學、機器學習和資料採擷等學科、工具被大量地應用在人工智慧的研究和開發中，大大提高了人工智慧的研究速度，為人工智慧的高速發展注入了新的動力，也指明了新的方向。

9.3.5 雲端運算與巨量資料時代的來臨

進入 21 世紀，資訊時代帶來了資料的爆炸式增長，巨量資料分析的需求變得越來越普遍。從巨量資料中，學習模式規律、提取事物的內在關聯，成為人工智慧新的研究方向。巨量的資料使得人工智慧演算法的結果可以不斷提高，人工智慧的研究方向從實現輸入所有資料（指定規則）到從資料中學習知識（自主學習）進行轉變，電腦系統結構的進化（多核心處理器、加速器、GPU 等）使得電腦整體的演算力獲得了極大的提高，分散式平行計算更是將分而治之的思想貫徹到底，人工智慧終於迎來了發展的高峰。各種深度學習神經網路的不斷湧現，使得人工智慧不管從精度、自主程度，還是學習能力，都比之前任何一個時代要強大得多，人類社會湧現出了越來越多的人工智慧，人工智慧與人類社會的關聯也越來越緊密。語音辨識、文字瞭解、物體辨識、無人機或自動駕駛、智慧型機器人等越來越多的人工智慧湧入人類社會，為文明的建設和發展添磚加瓦。

9.4 人工智慧的應用

目前，人工智慧的主要應用都是建立在對自然界現存的、容易轉換成數位訊號的模擬符號系統的假設上的，人工智慧利用最廣泛的領域集中在對網站異常資訊的監測、法律判別、經濟交易、醫療診斷等方面，但這些應用主要著眼於電腦技術和機械操作相結合，使機械的自動化程度更高，但是這還遠遠達不到絕對意義上的人工智慧。目前來講，人工智慧可以總結為以下三個方面。

9.4.1 智慧決策

舉例來講，一般在準備投資之前，大部分人會選擇大型的證券投資機構進行諮詢，在傳統的分析架構下，基金經理或交易員通常會翻看大量的財務資訊、交易資料以及一些必要的歷史記錄作為素材進行分析建模，最後列出對應的投資建議。如今有了人工智慧的幫助，在經過大量訓練及回溯測試之後，人工智慧的交易勝率已經達到 70%。而且人天生存在弱點，貪婪和恐懼等情緒往往會影響交易決策結果，人工智慧程式化交易的引入，可以極佳地避免人在投資過程中可能出現的主觀判斷。

9.4.2 最佳路徑規劃

越來越多的基於地理資訊高效設定共用資源的手機應用，如雨後春筍般層出不窮，改變著現代人們的生活方式。以物流配送產業為例，在設計配送運輸路線之前需要確定目標，根據配送貨物的具體要求、所在配送中心的實力以及其他必要的客觀條件，配送中心可以以效益最高、成本最低、路程最短、噸公里數最少、準確性最高等作為目標設計具體路線。現在物流產業的服務越來越人性化，在時間上可以選擇即日達、次日達、定點派送等，在地點上可以選擇定點投遞或上門取件等服務方式，為了滿足所有寄件人和收件人對貨物品種、規格、數量的要求，滿足對貨物送達時間範圍的要求，各配送路線上的貨物量需要在不超過車輛容量，和載重量限制的條件下實現最大化配送。人工智慧更優於人類的地方就在於，當人類根據經驗思考最省時最高效的路線時，人工智慧依據其儲存的路徑資訊，迅速地對各種可能的路徑進行比較，考慮到距離、路況、突發情況等人類無法預判的約束以大量資料為依靠得到最有效的計算結果。

9.4.3 智慧計算系統

人工智慧近期的一大研究目標，就是如何在一定程度上代替人類從事腦力工作，使現有的電腦變得更加好用。我們也可以將人工智慧瞭解為電腦科學的拓展。除此之外，人工智慧還有用自動機模擬人類的思維方式，和獨特的行為這一更長遠的研究目標。它的提出不僅侷限於電腦科學的範圍，而是融合了自然科學、社會科學等很多相關科學領域的知識。

從目前來看，已經有部分應用開始往這方面進行轉變了，如自動程式設計機器、自動生成詩句，以及自動作畫等。雖然這些應用目前並不成熟，但是任何一門技術或應用都不是一蹴而就的，我們有理由相信，這些自動化的腦力工作工具會越來越多，也會越來越成熟。

9.5 人工智慧的限制

但是，人工智慧並不是萬能的，無法像人類一樣，學習或貫通多個領域，到目前為止，人工智慧還處於單一任務的階段。舉例來說，語音辨識的人工智慧應用無法進行圖形圖型的辨識，圖形圖型辨識的人工智慧無法進行文字的判斷。只有將所有的規律／規則和知識融合在一起，形成網狀介面，人工智慧才能做到融會貫通。

當前的人工智慧，主要的手段就是從大量資料中總結歸納知識，這種粗暴的歸納法有一個很大的問題是：只關注現象，不關心背後的原因，因此，人工智慧也會犯很低級的錯誤。

也正是由於歸納邏輯在當前使用得最多，也相對使用得比較廣泛，因此，需要依賴大量的資料。資料越多，歸納總結出來的規律／規則就越具有普適性，精度也越高，對應的，準確性也就越高、越可靠。

9.6 人工智慧的分類

在目前的工業界以及學術界，人工智慧分為三個等級：弱人工智慧；強人工智慧；超人工智慧。

9.6.1 弱人工智慧

弱人工智慧也稱為限制領域人工智慧（Narrow AI）或應用型人工智慧（Applied AI），指的是專注於且只能解決特定領域問題的人工智慧。目前常見的人工智慧的應用，都屬於弱人工智慧的範圍，包括大名鼎鼎的 AlphaGo，火遍全球的語音辨識、圖型辨識以及文字辨識等。這些應用或機器只不過「看起來」像是智慧的，但是並不真正擁有智慧，也不會有自主意識。

9.6.2 強人工智慧

強人工智慧又稱為通用人工智慧（Artificial General intelligence）或完全人工智慧（Full AI），指的是可以勝任人類當前所有工作的人工智慧。強人工智慧應當具備以下能力。

（1）存在不確定性因素時，進行推理、使用策略、解決問題、制定決策的能力。
（2）知識表示的能力，包括常識性知識的表示能力。
（3）規劃能力。
（4）學習能力。
（5）使用自然語言進行交流溝通的能力。
（6）將上述能力整合起來實現既定目標的能力。

強人工智慧可能製造出「真正」能推理和解決問題的智慧型機器，並且，這樣的機器將被認為是具有知覺、有自我意識的。當前，學術界認為強人工智慧主要有以下兩種。

（1）人類的人工智慧，即機器的思考和推理就像人的思維一樣。
（2）非人類的人工智慧，即機器產生了和人完全不一樣的知覺和意識，使用和人完全不一樣的推理方式。

9.6.3 超人工智慧

假設電腦程式透過不斷發展，可以比世界上最聰明、最有天賦的人類還聰明，那麼，由此產生的人工智慧系統就可以被稱為超人工智慧。

關於超人工智慧，目前學術界並沒有完全統一認識，有的認為只有前面兩種人工智慧，而超人工智慧屬於強人工智慧的分支；有的則認為超人工智慧是人工智慧發展的最終形態，是獨立於強人工智慧和弱人工智慧的一種分類。

但不管如何進行區分，人工智慧的定義，大多可劃分為四種，即機器「像人一樣思考」、「像人一樣行動」、「理性地思考」和「理性地行動」。這裡「行動」應廣義地瞭解為採取行動，或制定行動的決策，而非肢體動作。理性地思考和理性地行動，是人工智慧發展的終極目標。

我們當前所處的階段是弱人工智慧，強人工智慧還沒有實現（甚至差距較遠），而超人工智慧更是連影子都看不到。「特定領域」目前還是人工智慧無法逾越的邊界，現實世界中的人工智慧，都還在各個「特定領域」中不停地打轉，尋求新的突破。

9.7 人工智慧的發展及其基礎

人工智慧的研究是高度技術性和專業的，各分支領域都是深入且各不相通的，因而涉及範圍極廣。人工智慧的核心問題包括建構能夠跟人類相似甚至卓越的推理、知識、規劃、學習、交流、感知、移物、使用工具和操控機械的能力等。目前，弱人工智慧已經有初步成果，甚至在一些影像辨識、語言分析、棋類遊戲等方面的能力超越人類的水準，而且人工智慧的通用性代表著，能解決上述問題的是一樣的 AI 程式，無須重新開發演算法就可以直接使用現有的 AI 完成任務，與人類的處理能力相同，但要達到具備思考能力的強人工智慧還需要時間。

人工智慧的研究手段，目前比較流行的方法包括統計方法、計算智慧，其中包括搜索和數學最佳化、邏輯推演；而基於仿生學、認知心理學，以及基於機率論和經濟學的演算法等也在逐步探索中。因此，就目前而言，數學工具的研究和應用，指導著人工智慧的研究方向。

人工智慧離不開數學，數學對人工智慧演算法來說是必備基礎，想要瞭解一個演算法的內在邏輯，沒有數學是不行的。雖然在之後的實際操作中對於演算法的實現可能就是調整參數、調整套件，不會用到更深層次的數學原理，但是如果直接使用現有工具的效果不理想時，如果不懂得數學，就很難對演算法進行有針對性的最佳化，進而阻礙了人工智慧技術在該領域的應用發展。數學是人工智慧學習路上的「天花板」。在人工智慧的應用中，下列數學理論與工具是必不可少的。

9.7.1 矩陣論

矩陣論是線性代數的後繼課程，是學習經典數學的基礎。在線性代數的基礎上，進一步介紹了線性空間與線性變換。歐式空間與酉空間以及在此空間上的線性變換，深刻地揭示了有限維空間上的線性變換的本質與思想。為了拓展高等數學的分析領域，透過引入向量範數和矩陣範數在有限維空間上建構了矩陣分析理論。從應用的角度來講，矩陣代數是數值分析的重要基礎，矩陣分析是研究現行動力系統的重要工具。為了矩陣理論的實用性，對於矩陣代數與分析的計算問題，利用 Python 軟體實現快捷的計算分析，將所學的理論知識應用於本專業的實際問題，轉化為解決實際問題的能力。矩陣論作為數學領域的重要分支，已成為現代科技領域處理大量有限維空間形式與數量關係的有力工具。

9.7.2 應用統計

2011 年諾貝爾經濟學獎獲得者 Thomas J.Sargent 在世界科技討論區上表示人工智慧都是利用統計學來解決問題。隨機性在自然現象和社會現象中普遍存在，應用統計學作為一門收集、整理、描述、顯示和分析資料的科學，在測量、通訊、品質控制、氣象、水文、地震預測等多個領域都具有重要的應用。

9.7.3 回歸分析與方差分析

回歸分析和方差分析是數理統計中常用的方法，用於研究變數與變數之間的相關性。在實踐中我們可以發現，變數之間的關係可以分為兩種，一種是各變數之間存在著完全確定的關係，另一種是變數之間的關係是非確定性的，這種關係無法用一個精確的數學式子來表示，可以稱為相關關係或統計依賴關係。在有相關關係的變數中，仍分為幾種不同的情況。第一種情況，這些變數全部為隨機變數，可以將變數中的任一看為「因變數」，其餘則作為「引數」。第二種情況，某些變數是可以觀測和控制的非隨機變數，另一個變數與之有關，但它是隨機變數，可以把隨便量作為因變數，可控變數作為引數，此時變數的地位不可交換。回歸分析方法是處理第二種情況的重要工具，回歸的內容包括確定預報變數與回應變數之間的回歸模型，根據樣本觀測資料核對回歸模型，利用所得回歸模型根據一個或幾個變數的值預測或控制另一個變數的設定值，並列出這種預測或控制的精度。方差分析與回歸分析的要求與方法都不同，方差分析是根據實驗結果進行分析，鑑別各有關因數對實驗結果的影響程度。在方差分析中，因數可以不是數量化的指標，而是不同的條件，它可以用來檢驗多個常態整體平均值是否有顯著性差異。

9.7.4 數值分析

數值分析是計算數學的重要部分，它研究用電腦求解各種數學問題的數值計算方法及其理論與軟體實現。用電腦求解數學問題通常經歷以下五個步驟：實際問題→數學模型→數值計算方法→程式設計→上機計算求出結果。根據實際問題建立數學模型往往是應用數學的任務，計算數學關注的是如何列出數值計算方法，並根據計算方法編制演算法程式，從而求得最終的計算結果。電腦及科學技術的快速發展使求解各種數學問題的數值方法也越來越多，解決問題的速度和效率也獲得了很大的提升。數值分析涉及數學的各個分支，所包含的內容十分廣泛。

只有在上述數學工具的幫助下，人工智慧才能得以高速發展。

在人工智慧的研究過程中，從時間的先後順序來看，實際上經歷了多個時期，相對的，也採用了多種研究方法。從比較原始的計算技巧，到後續的數學統計想法、機器學習，到目前廣泛應用的深度學習，人工智慧的智慧程度越來越高，精度也越來越高。在目前，以及可預見的將來，深度學習將成為人工智慧研究和開發的絕對主力。從狹義上講，深度學習約等於人工智慧。

10.1 深度學習的優勢

傳統的做法中，人工智慧使用資料分析或機器學習的方式，作為開發的主流方式。以機器學習為例，其主旨就是使用函數或演算法從資料中提取必要的特徵，利用這些特徵，作為判斷的標準，並對新的資料進行判斷，從而得出結論。在機器學習中，通常採用隨機森林、單純貝氏、決策樹及支持向量機等不同的演算法操作。但是，由於機器學習演算法只是從部分資料中提取特徵，樣本數小，因而覆蓋範圍比較窄。

我們以一個簡單的例子説明。

在深度學習出來之前，針對自動辨識信用卡卡號的需求，是利用範本匹配的方式，使用機器學習的函數和演算法，進行辨識和操作。一般來說每家銀行的信用卡的數字字型是相同的，因此，可以針對這些數字，生成一個相同的範本，即作為機器學習演算法提取到的特徵，如圖 10-1 所示。

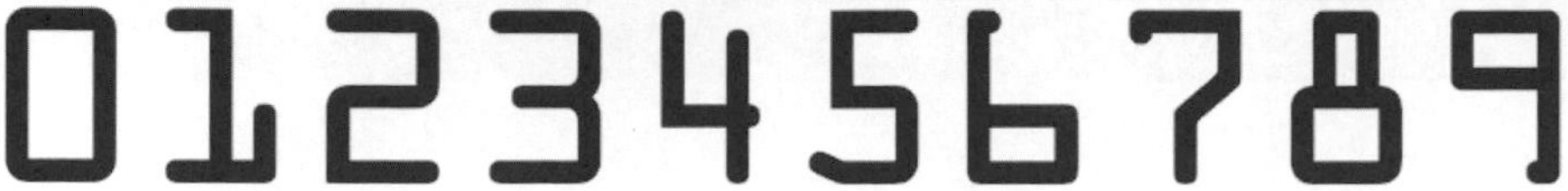

圖 10-1　機器學習提取的特徵（數字）

然後，用這些提取出來的特徵，去與信用卡或金融卡上的數字進行一一匹配，最終實現對信用卡或金融卡的卡號的辨識，其結果大致如圖 10-2 所示。

圖 10-2　機器學習的辨識結果 1

從圖 10-2 中可以看到，辨識效果是比較好的。

但是，如果機器學習演算法提取到的特徵不是上面的這種比較標準的數字，而是如圖 10-3 所示的數字，此時，辨識的效果就會變得非常差，如圖 10-4 所示。因為這是使用了非標準的信用卡或金融卡的數字特徵，來辨識標準的信用卡或金融卡的卡號。

圖 10-3　非標準的數字

圖 10-4　機器學習的辨識結果 2

而類似上述這種問題，就是深度學習最初的目標：提高泛化性和精度。我們看一下深度學習針對不同的人手寫的數字的辨識情況，如圖 10-5 所示。

圖 10-5　不同人寫的手寫數字

然後用深度學習（使用 TensorFlow 實現）的方式，對這些數字圖片進行辨識，辨識的結果如圖 10-6 所示。

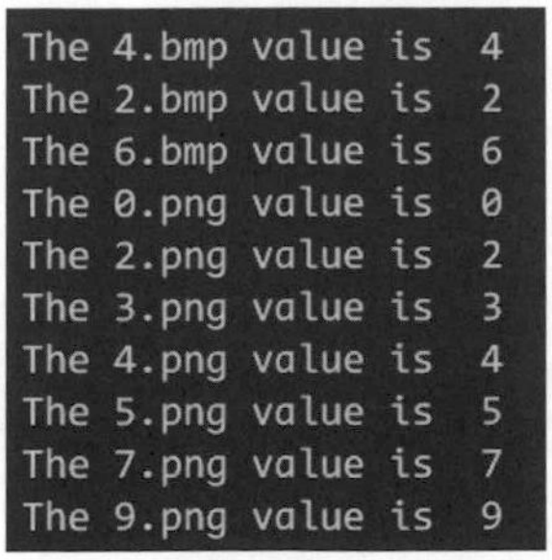

```
The 4.bmp value is  4
The 2.bmp value is  2
The 6.bmp value is  6
The 0.png value is  0
The 2.png value is  2
The 3.png value is  3
The 4.png value is  4
The 5.png value is  5
The 7.png value is  7
The 9.png value is  9
```

圖 10-6　深度學習的辨識結果

從上面的結果可以明顯地看出，深度學習的泛化性和精度，比傳統的機器學習要好很多。這也是為什麼目前提到人工智慧，大多數人首先想到的就是深度學習。

由於這些優越性，深度學習在工業生產、保全、質檢和零售等領域獲得了越來越廣泛的應用，並且，也在不斷地擴充更多的應用領域。

10.2 深度學習的概念

深度學習實際上是一個計算過程，計算（探求）的是事物的內在關聯，是人類利用數學工具對現實世界的描述。而深度學習這個計算的過程，或計算的方法，稱為深度學習神經網路。

深度學習從使用的過程來說，分為兩步。

（1）訓練：即從巨量的資料當中提取共通性以及特徵，並最終進行記錄。這些得到的記錄結果，通常稱為深度學習神經網路模型，簡稱模型。訓練的過程通常會持續很長時間，一般在幾周到幾個月不等。

（2）推理：利用訓練得到模型，對新輸入的資料進行推理，得到結果。推理的過程比較快速，通常是以毫秒為單位的。

深度學習神經網路到底是什麼？模型又是什麼？我們以一個普通的例子說明，如圖 10-7 所示。

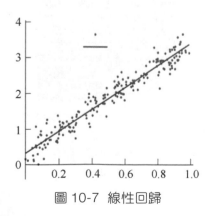

圖 10-7　線性回歸

圖 10-7 中，座標系上有一系列的紅點，我們需要用一條曲線（藍色）去擬合這些紅點，最終需要達到的目的是：讓大多數紅點均勻分佈在這條曲線的兩邊，並且使得紅點到曲線的距離最小，通俗的説法就是求解一個方程式。只不過這個方程式可能並不是常見的數學問題中的嚴格匹配，而是近似結果。

求解這條未知的曲線，首先就是分析這些點的規律，判斷這些點的分佈滿足什麼樣的曲線，是線性的還是二次曲線，是雙曲線還是三角函數。根據這些判斷，我們可以設定這條曲線的大致樣式，以圖 10-7 為例，這條曲線可能是線性的，因此，其方程式的形式可能是：

$$y = ax+b$$

設立方程式之後，剩下的操作就是根據紅點的 x 和 y 的值，去求解 a 和 b，最終得到一個完整的方程式。

有了這麼一個概念之後，我們可以做以下簡單的比喻。

（1）深度學習神經網路類似一個方程式。

（2）架設深度學習神經網路就是設立方程式的過程。

（3）訓練深度學習神經網路就是求解方程式中的 a 和 b 值的過程。

（4）訓練的結果，即神經網路模型就是方程式的最終形態，即知道了 a 和 b 的方程式。

（5）神經網路的推理，即輸入新的 x，求解 y 值的過程，最終得到 y 值。

10.3 神經網路的基本組成

深度學習神經網路，簡稱神經網路，實際上，它是對生物神經網路的一種模仿，其組織形式類似生物神經網路。其中，神經元是神經網路的基本組成單元，神經元是神經網路的輸入輸出節點，而神經元之間的關聯（連線）則是計算過程，如圖 10-8 所示。

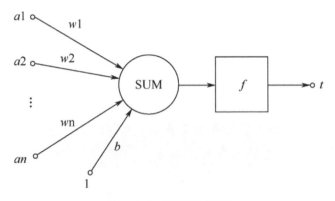

圖 10-8　局部計算圖

神經元和連線共同組成了神經網路的局部計算圖。當大量的局部計算圖以某種規則順序排列起來時，則組成了整體的計算圖，也就是神經網路。在有的文章或論文中，神經元指的是輸入輸出節點與連線的組合，即局部計算圖。為了方便後續瞭解，在本書中，關於神經元的說法，我們採取第一種說法。

10.3.1 神經元的基本原理

計算圖實際上是一系列的演算法，它是由一系列的神經元組成的，可以對其使用一系列的數學運算式進行表達。我們以最基礎的神經元計算圖的圖示為例，如圖 10-9 所示。

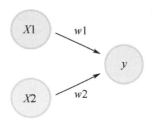

圖 10-9 基本計算圖

圖中：X1 和 X2 為輸入節點；W1 和 W2 為權重參數，可以將其看作之前的方程式中的參數；Y 為輸出節點。上面計算圖的數學表達可以簡單地換算為：

$$Y = XY = x_1 \times w_1 + x_2 \times w_2$$

需要注意的是，計算的實際數學原理要比上面的公式複雜很多，不過，多數情況下，我們可以使用上邊的計算公式進行簡單的替換或表述。除此之外，在實際情況中，計算圖可能會多出一個節點，如圖 10-10 所示。

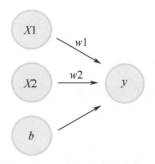

圖 10-10 更為普遍的計算圖

這種情況下，x1，x2，w1 和 w2 的含義都不變，而 b 則表示一個雜訊參數，在神經網路中，參數 b 則被稱為偏置項。相對應的，上述計算圖的計算公式則變化為：

$$Y = XY + B = x_1 \times w_1 + x_2 \times w_2 + b$$

當多個神經元或計算圖按照一定的順序組合、連接起來時，便組成了一個神經網路。

10.3.2 全連接神經網路

全連接（Full Connection，FC）神經網路是由神經元組成的，是結構上最為簡單的神經網路。其結構大致如圖 10-11 所示。

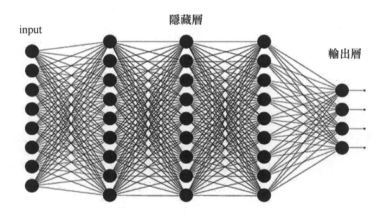

圖 10-11 全連接神經網路結構

針對圖 10-11，做以下說明。

（1）黑色的小數點表示節點，多個節點組合為層。

（2）每層之間透過連線連接起來。

（3）左邊為第一層，表示神經網路的輸入。

（4）最右邊一層為神經網路的最後一層，表示神經網路的輸出。

（5）中間層為隱藏層。

（6）一般來說描述一個神經網路的複雜度，使用層數作為度量。層數越多，神經網路越複雜。

（7）全連接神經網路的上一層與下一層之間、所有的節點之間都存在連線。

按照上面所講的計算圖的概念，每層全連接神經網路的計算規則可以總結如下：

假設第一層的輸入有 m 個 x，總共有 n 條連線（下一層會輸出 n 個節點），則下一層的每個 y 的計算公式大致為：

$$\begin{pmatrix} y_i \\ y_{i+1} \\ \vdots \\ y_n \end{pmatrix} = \begin{pmatrix} x_i \\ x_{i+1} \\ \vdots \\ x_n \end{pmatrix} \times \begin{pmatrix} w_i & w_{i+1} & \cdots & w_n \end{pmatrix}$$

從這裡可以看到，神經網路的每層之間的計算，都滿足矩陣運算的規則，實際上，神經網路中的數學計算，大部分都是矩陣的計算，滿足矩陣乘法的計算規則。

10.3.3 卷積神經網路

10.3.3.1 全連接神經網路的劣勢

全連接神經網路處理的是輸入中的每個元素，輸入的資料越多，則計算量越大。當計算量達到一定程度時，全連接神經網路就會因為資源消耗過快，而導致沒有資源繼續進行計算。特別是在圖形影像處理方面，全連接神經網路的劣勢表現得非常明顯。

對於圖形圖型而言，需要處理的資料量太大，並且在數位化的過程中，很難保留原有的特徵，從而導致圖形影像處理的準確率不高。

圖形圖型是由畫素組成的，每個畫素又由顏色組成，按照當前常用的色彩格式 RGB 進行計算，現在普通的一張 1000×1000 畫素的彩色圖片，需要處理的參數就高達 1000×1000×3，即 3000000 個參數。如此大的資料，處理起來是非常消耗資源的，更不用說在神經網路的訓練時使用的是 GB 乃至 TB、PB 等級資料量的巨量圖片了。

因此，使用卷積（Convolution）操作，加快圖型的處理，便成為圖形圖型領域神經網路的通用做法；而使用卷積操作的神經網路，統稱為卷積神經網路（Convolutional Neural Network，CNN）。

10.3.3.2　卷積的基本組成

典型的卷積操作主體至少包含兩部分：卷積操作，通常稱為卷積層；池化操作，通常稱為池化層。卷積操作之後的結果，再送入全連接神經網路（全連接層），最終獲得推測結果或分類。

從作用上來說，卷積層負責提取圖形圖型中的局部特徵，而池化層負責進行參數降維（即降低參數量），透過對卷積層、池化層的疊加和組合，卷積神經網路可以在保留圖形圖型特徵的基礎上，大幅度地降低計算的參數量，從而加速神經網路的計算過程。

那麼，什麼是卷積，什麼是池化？

10.3.3.3　卷積的基本原理

以單色圖為例，在電腦儲存的圖型中，每個畫素點都有一個特定的值。使用一個卷積核心（篩檢程式、濾波器），對原始圖型進行覆蓋，然後計算原始圖型被覆蓋的區域的每個點與卷積核心上的每個點的乘累加，得到的結果，作為輸出圖型的畫素點，如圖 10-12 所示。

$y = 0 \times (-1) + 0 \times (-2) + 75 \times (-1) + 0 \times 0 + 75 \times 0 + 80 \times 0 + 0 \times 1 + 75 \times 2 + 80 \times 1$
$= 155$

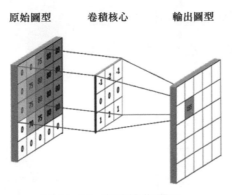

原始圖型　　　卷積核心　　　輸出圖型

圖 10-12　卷積操作圖示

卷積實際上就是點對點的乘積之後加起來的結果。計算完一次之後，卷積核心按照順序，並且按照一定的間隔，向原始圖型的右方和下方進行滑動，繼續進行卷積計算，計算獲得輸出圖型的第二個畫素點。如果用公式總結，則一次卷積的操作基本如下：

$$Y=\sum_{i=0}^{n} x_i w_i$$

從上面的操作可以看出，一次完整的卷積操作，輸入圖型和輸出圖型的大小是不同的，其對應的關係如下：

輸出圖片邊長 = (輸入圖片邊長 - 卷積核心邊長 +1) / 滑動步進值

有的時候，可能要求輸出圖片和輸入圖片一致，則需要對原始圖片的周圍，使用 0 進行填充。

在實際的卷積神經網路中，卷積操作通常是針對不同的顏色通道，每個通道都採用多個相同大小、但是權重數值不同的卷積核心進行多次卷積，盡可能地提取圖型特徵而不損失。

10.3.3.4 池化的基本原理

經過卷積操作之後，圖型特徵提取完成，但是參數量還是非常大。這時就需要使用池化操作。池化操作分為兩種：最大值池化和平均值池化。假設現在輸入圖型為 4×4 畫素，採用 2×2 畫素大小的篩檢程式（池化核心），每次移動兩個畫素，則最大值池化如圖 10-13 所示。

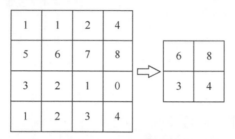

圖 10-13　最大值池化

最大值池化即求取 2×2 區域中的最大值，將其作為輸出圖型的畫素。

而平均值池化則如圖 10-14 所示。

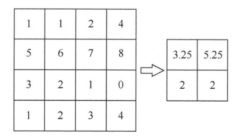

圖 10-14　平均值池化

平均值池化即求取 2×2 區域中的所有畫素值的平均值，將其作為輸出圖型的畫素。

從上述圖示中可以明顯看到，經過池化操作之後，原本的資料量至少降低了 3/4，極大地降低了資料維度，減少了運算量。

10.3.4 常見的卷積神經網路

結合前面的全連接神經網路,按照一定順序,對卷積、池化進行反覆的疊加操作,就可以生成不同的卷積神經網路演算法。比如,最早出現的 Lenet-5,如圖 10-15 所示。

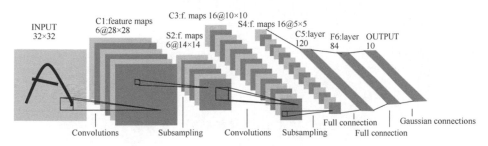

圖 10-15 Lenet-5 卷積神經網路演算法

又如,後續出現的 AlexNet,如圖 10-16 所示。

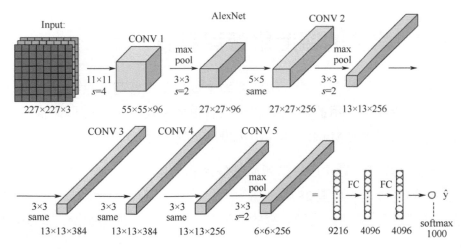

圖 10-16 AlexNet 卷積神經網路演算法

再如,圖形圖型辨識常用的 VGG16 演算法,如圖 10-17 所示。

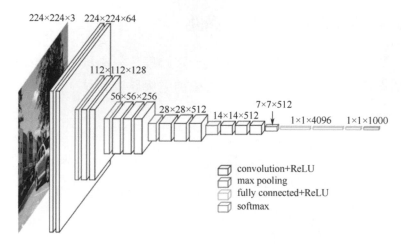

圖 10-17 VGG16 卷積神經網路演算法

這些演算法萬變不離其宗，都是透過反覆的疊加卷積、池化以及全連接，最終生成了一系列性能和精度都各異的神經網路演算法。

10.4 常見的深度學習資料集

深度學習神經網路需要經過訓練才能生成模型，才可以使用。在科學研究和生產中，常用的深度學習資料有很多。比如，在圖形影像處理領域，有入門級的 Mnist 資料集，如圖 10-18 所示。

Mnist 資料集幾乎是深度學習所必須經歷和使用的資料集，它的資料集所包含的圖片是一張張 28×28 畫素大小的灰階圖型，總共包含從 0—9 這 10 個數字，其中，用於訓練的圖型有 60000 張，而測試圖片有 1000 張。

而在比較專業的科學研究和生產活動中，使用最為廣泛的則是 ImageNet 資料集，如圖 10-19 所示。ImageNet 資料集是一個比較大型的資料集，資料集包含了 120 萬張訓練圖片，5 萬張驗證圖片以及 10

萬張測試圖片，每張圖片都是 224×224 的 RGB 彩色圖片，總共包含
了 1000 個物體分類，並且，該資料集還在不斷地擴充。

圖 10-18 Mnist 資料集

圖 10-19 ImageNet 資料集

10.5 深度學習的應用挑戰

綜上所述，深度學習包含了訓練和推理兩大部分，訓練的時間通常在幾天到幾個月不等，而推理則是在秒級出結果。但是，上述資料通常是在伺服器以及 PC 個人電腦等 x86 平台上的結果，並且，大部分還使用了比較高端的 GPU 卡。而深度學習的實際應用，通常是在行動端甚至是沒有多少運算能力的工業邊緣裝置上，進行深度學習神經網路的推理計算過程。而這些行動裝置，通常而言，並不是使用 x86 的 CPU，而是基於 ARM 架構的 CPU。這些 ARM 架構的 CPU 都存在相同的特點：耗電低、主頻較慢，並且對於浮點運算的支持比較有限。而深度學習神經網路的運算過程，恰好基本都是依賴於高精度浮點計算的。這就導致了一系列問題的出現。

（1）推理速度慢，延遲高。

（2）推理精度低，浮點運算能力弱。

（3）無法進行推理，網路結構佔據的資源太多。

針對上述問題，工業界採取了以下方法，針對行動端的深度學習應用進行最佳化。

（1）最佳化演算法，針對演算法進行剪枝。

（2）採用定點計算替換浮點計算。

（3）採用平行晶片進行硬體加速。

在上述幾種方法中，演算法最佳化以及定點計算替換，都需要大量的研究工作，尤其是演算法的最佳化，需要科學家做大量的研究。而利用平行晶片或智慧晶片，加快計算的速度，就成為當前比較主流的做法。

常見的平行晶片中，GPU 體積太大、耗電太高，ASIC 晶片定制度高、不可變，而 FPGA 晶片靈活可訂製，耗電低，因而獲得了廣泛的關注。因此，工業界以及學術界在深度學習神經網路的應用中，逐步開始增加了 FPGA 晶片的使用，並且獲得了較大的成功。

Chapter

11

基於英特爾 FPGA 進行 深度學習推理

人工智慧分為多個領域，有語音辨識、文字辨識、電腦視覺（圖形圖型）辨識等。在這些領域中，目前電腦視覺應用最為普遍，應用範圍也最為廣泛。而基於電腦視覺的深度學習應用也越來越多，如人臉辨識、臉部檢測、臉部辨識、物件檢測和分類、智慧零售、車輛檢測、車輛分類、工業檢測。

由於智慧城市的發展與普及，電腦視覺在城市交通、自動駕駛、公共部門、緊急回應等產業領域獲得了高速增長。而針對電腦視覺的要求，也相對的越來越高：更高的解析度、更高的準確性、更快的檢測速度、更強大的運算能力、更大的頻寬吞吐能力。新的場景、新的需求，帶來了新的問題。

11.1 視訊監控

視訊監控屬於電腦視覺中非常重要的一種任務，大部分深度學習即時推理應用都依賴於此。在智慧城市發展如日中天的當下，視訊監控遇到了之前任何一個時代都不曾遇到過的問題。

（1）智慧攝影機和感測器激增：智慧城市廣泛依賴於攝影機和感測器，而這些攝影機和感測器遍佈於城市的每個角落。

（2）資料爆炸：遍佈於城市每個角落的攝影機和感測器每天擷取生成大量的影片資料。據估計，僅中國大陸，在 2020 年，每天產生的即時影片資料將達到 1.6EB。

（3）處理效率低下與成本高昂：CPU 循序執行，無法及時快速地處理巨量資料，視訊監控資料也需要巨量的儲存資源進行臨時存放。

在了解如何解決這些問題之前，我們先看看電腦視覺系統的一些基本概念。

11.2 視覺系統架構

如圖 11-1 所示，電腦視覺系統主要分為三個部分。

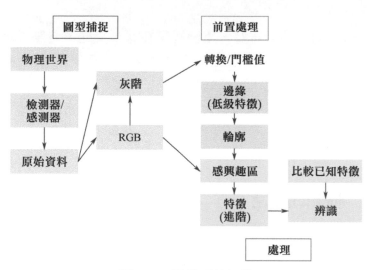

圖 11-1 視覺系統架構

（1）圖型捕捉：包括利用攝影機／感測器等裝置，進行物理世界的原始資料獲取。

（2）前置處理：對原始資料的處理。根據需求的不同，可以分為處理
　　　為灰階圖型以及不做任何處理的原始 RGB 彩色圖型。其中，針對
　　　需要灰階圖型的場景，還需要將原始資料進行一系列的操作，如
　　　轉換、邊緣提取、輪廓標注等。

（3）處理：對前置處理之後的圖型的進一步提取和處理，包括提取進
　　　階特徵等。而在實際使用中，通常的處理過程還包含與已知的物
　　　體特徵進行比較，從而實現圖型的辨識。

11.2.1 物理特徵的捕捉

電腦視覺主要依靠光學進行圖形圖型擷取，因此，擷取裝置可以擷取
的物理特徵，主要就是光學特徵，包括：物體的顏色、光源的亮度、
光源的強度、光散射。這些物理特徵，被擷取裝置所擷取，共同組成
了物體的圖形圖型描述。

11.2.2 前置處理

現代攝影機在進行圖形圖型捕捉時，通常會對圖型執行多個前置處理
的步驟，具體步驟如下。

（1）資料取樣，修改合適的解析度。
（2）去除雜訊，提高圖型的銳利度。
（3）修正圖型的清晰度。
（4）修正圖型縮放。
（5）低級特徵提取。

圖形圖型前置處理——提高畫質晰度示意圖如圖 11-2 所示。

圖 11-2　圖形圖型前置處理──提高畫質晰度示意圖

透過以上簡單的前置處理，物理世界的光學特徵得以以數位的方式，經過攝影機，進入電腦內部。在前置處理操作中，低級特徵提取操作主要是為了圖形圖型的辨識和為檢測提供最基本的素材。一般來說低級特徵提取包含兩部分工作：定義感興趣區域和場景分割（將圖型劃分為畫素等級的物件）。比如，在筆記型電腦前面有一個玻璃杯，如果要辨識該玻璃杯，就需要將玻璃杯所在的區域標記出來，即定義感興趣區域；然後在畫素等級的層面上，將玻璃杯和其他物體（背景）進行分割，如圖 11-3 所示。

圖 11-3　圖形圖型前置處理──低級特徵提取──區域分割

11.2.3　進階處理

相對應的，進階處理就不再是簡單的圖形圖型的分割了，而是真正地辨識物件的屬性。所謂的物件屬性，指的是圖形圖型中的物件／物體的大小、位置，以及類別等資訊。電腦或人類可以根據這些資訊判斷或辨識物體。

如圖 11-4 所示,電腦視覺的進階處理就是辨識並判斷出圖中包含了 5
隻鴨子和 15 隻鴿子。電腦視覺的進階處理不僅包含上述物體辨識,還
包含圖型瞭解、圖型語義瞭解等。圖中,圖型瞭解的結果就是「小鳥
棲息在某公園的池塘附近」。不過,相比較而言,圖形圖型的進階處理
由於涉及更多的操作、更多的判斷,因此計算量很大。

圖 11-4 範例圖

11.3 電腦視覺的常見任務

電腦視覺的應用範圍非常廣泛,可以根據應用場景,分為五大類。

(1)圖型分割:對圖形圖型中感興趣的區域與其他背景/前景進行隔
　　離。
(2)物件檢測:檢測圖形圖型中包含的物體。
(3)物件分類:對圖形圖型包含的物體進行區分。
(4)臉部辨識:辨識圖形中物體的臉部資訊。
(5)物件追蹤:持續地追蹤物體,並預判運動物體的軌跡。

電腦視覺的常見任務分類如圖 11-5 所示。

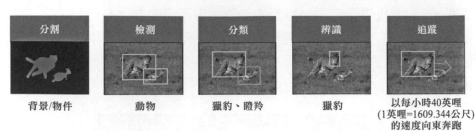

圖 11-5　電腦視覺的常見任務分類

11.3.1　圖形圖型分割

圖形圖型分割的應用場景非常多，其他類型的圖形影像處理，大部分都基於圖形圖型分割。分割任務根據不同的應用需求，可以大致分為兩種。

（1）語意分割：根據物件類型標記圖形圖型中的每個畫素，如圖 11-6 所示。

圖 11-6　語意分割

（2）實例分割：根據物件類別和物件實例標記圖型中的每個畫素。

11.3.2 物件檢測

圖形圖型的物件檢測，是對圖型中的所有物件進行定位和分類，其基本原理是在圖形圖型分割的基礎上，對圖型進行進一步的特徵提取，並與已有的特徵表進行比較，從而得到圖型中物件的定位和分類資訊。大部分的情況下，物件檢測的資料需要包含邊界框（用於標記物件）、物件類別，有的時候，還會包含物件所屬類別的可信度（置信度），如圖 11-7 所示。

圖 11-7　物件檢測

用於物件檢測的常見神經網路包括 YOLO、Single Shot MultiBox Detector（SSD）、Faster-RCNN 等，特別是 YOLO，由於其網路結構較小，計算量相對較低，精度在可容忍的範圍內，在目前的行動端以及工業物聯網中，應用非常廣泛。

11.3.3 物件分類

物件分類與物件檢測類似，但不同的是，物件分類更為細緻。它的主要目的是將物件進行細分，盡可能地精確。生物學上對於物種的分類，按照從大到小、從粗到細的原則，可以排列為門、綱、目、科、屬、種。以此進行比較,物件分類相當於將物件劃分到門或綱這樣粗粒度的等級,而物件檢測,則是精確到屬或種這樣細粒度的等級,並且同時輸出檢測到的物件的類別的可信度,如圖 11-8 所示。

圖 11-8　物件分類

11.3.4　臉部辨識

臉部辨識是物件檢測的細分領域,專門用對人的臉部特徵的檢測和辨識。臉部辨識,尤其是人臉辨識,在保全領域的應用極為廣泛,幾乎所有的保全監控裝置都會圍繞人臉辨識開展工作。由於臉部辨識可以比較準確地辨識出個人資訊,出於其他原因考慮,目前國外的臉部辨識與檢測幾乎停止。常見的用於臉部辨識的卷積神經網路演算法包括 ShereFace、FaceNet 等。臉部辨識的功能通常包含資訊辨識及情緒辨識,如圖 11-9、圖 11-10 所示。

圖 11-9　資訊辨識

圖 11-10　情緒辨識

11.3.5　其他任務

除了上述比較常用的應用之外，電腦視覺也應用在其他方面。

（1）物件追蹤：在連續的影片幀中定位物件，如圖 11-11 所示。

圖 11-11　物件追蹤

（2）光學字元辨識：辨識數字和字元，如圖 11-12 所示。

圖 11-12　辨識字元

（3）關鍵點檢測：檢測物件的一組預先定義關鍵點的位置，如人體或
臉部等，如圖 11-13 所示。

圖 11-13　關鍵點檢測

11.4 電腦視覺的基礎

不同的應用場景需要不同的技術，比如，在智慧零售中，通常需要分析商場中人員的行為和意圖，防範潛在竊賊，如圖 11-14 所示。

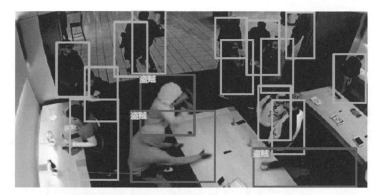

圖 11-14　智慧零售的行為／意圖型分析

不過，不管應用場景如何變化，其基礎只在兩部分：圖形圖型的編解碼和邊緣端的深度學習推理，也就是軟體和硬體。特別是在視覺處理技術越來越先進，深度學習推理越來越複雜的情況下，選擇合適的軟硬體，對於生產生活應用，具有實際意義，並且可以產生巨大的經濟價值。利用智慧硬體，尤其是 FPGA，已經成為深度學習在使用過程中的不錯選擇；而利用合適的程式語言進行深度學習應用的開發，也是深度學習在應用中不可或缺的一部分。

11.4.1 深度學習框架

深度學習框架，指的是用於設計、訓練、驗證和部署深度學習神經網路的軟體框架，目前比較常用的有 PyTorch（FaceBook 開放原始碼）（見圖 11-15）、TensorFlow（Google 開放原始碼）（見圖 11-16）、Mxnet（Amazon 開放原始碼）（見圖 11-17）及 Caffe2（見圖 11-18）等。

圖 11-15　Pytorch　　　　　　　圖 11-16　TensorFlow

圖 11-17　MxNet　　　　　　　圖 11-18　Caffe2

每個框架都有自己的特點，比如，TensorFlow 性能較好，在工業界的應用最為廣泛；PyTorch 簡單靈活，深受學術界歡迎；MxNet 清晰命令，在 Amazon 應用廣泛。但是，相對的，每個框架都存在一些問題。比如，可能並沒有針對不同類型的硬體進行全面最佳化，大部分框架只能在 CPU 或特定的 GPU 上運行，無法用於其他高性能晶片上；並且，這些深度學習的框架都比較龐大，資源消耗比較嚴重；最關鍵的一點是，不同框架訓練出來的結果，無法應用到其他框架中進行使用，不同的框架之間存在隔離。

那麼是否存在一種工具或方式方法，可將不同的框架進行統一，並且，針對不同的硬體，提供統一的最佳化，以便於深度學習的模型利用不同的硬體進行加速計算？

11.4.2　OpenCL

首先需要解決的是，針對不同的硬體，進行統一的運行或最佳化。幸運的是，學術界和工業界早就預料到了不同硬體在計算層面的不同，因而，很早就提供了用於跨異質硬體平台並存執行的開發語言 —— OpenCL（見圖 11-19）。

圖 11-19 OpenCL

OpenCL 是由 Khronos Group 管理的開放的、免版稅的工業標準,利用 C/C++ 實現的異質平行程式設計通用模型語言,可以運行在 CPU、GPU、FPGA 等不同晶片上,轉換不同的硬體,並且利用這些硬體進行計算加速,提升電腦的性能。OpenCL 解決了針對不同的硬體平台需要進行大量訂製和修改的問題,統一了硬體層面的抽象,簡化了異質(不同晶片)的程式設計實現。

11.4.3 OpenCV

OpenCL 解決了不同種類的硬體在計算層面不同的問題,但是在電腦視覺領域,不同的不僅是硬體,還有顯示、色彩等也不同。比如,RGB 和 CMYK 這兩種不同的色彩模式,其顯示效果就不一樣。是否存在一個通用的工具,能解決不同類型的顯示問題呢?答案就是 OpenCV(見圖 11-20)。

圖 11-20 OpenCV

OpenCV 是針對即時電腦視覺的免費跨平台可移植開發函數庫，內建了 2500 多個演算法和函數，並且支援 C/C++、Python 和 Java 等多種開發語言，還支援 OpenCL，為圖形圖型的處理提供了大量的預設工具集，是目前在開放原始碼圖形影像處理方面的先驅者。

11.4.4 OpenVINO

經過不懈努力，英特爾公司的技術人員終於將上述工具和類別庫整合到了一起，並且以最佳的方式進行了相互配合，抽象了不同的硬體平台，降低了系統耗電，並最佳化了系統的性能，最終，誕生了 OpenVINO。OpenVINO 是英特爾出品的人工智慧深度學習綜合工具集，包含了電腦視覺、深度學習和多媒體處理等多種功能，尤其是在深度學習方面，OpenVINO 的應用越來越廣泛。

OpenVINO 用途如下。

（1）支援深度學習模型的轉換與最佳化：支持多種深度學習框架，包括 TensorFlow、MxNet、PyTorch、Caffe2 等，並且還在不斷地增加其他深度學習框架。

（2）提供了羽量級的推理引擎：提供了羽量級的 API，用於在應用中進行深度學習推理。

（3）異質支持：支援針對異質流程的硬體平台，可以支援在 CPU、GPU、FPGA 以及 VPU 上進行深度學習推理。

（4）無縫擴充：支持針對各種裝置進行訂製化開發及擴充。

11.5 使用 OpenVINO 工具在英特爾 FPGA 上部署深度學習推理應用

本節主要介紹英特爾 OpenVINO 工具套件分發版的元件，解釋如何透過 Caffe、TensorFlow 等框架模型最佳化成推理引擎所需的格式，以及使用推理引擎來確定 CPU 或 FPGA 加速器。

11.5.1 OpenVINO 工具

英特爾 OpenVINO 工具套件分發版如圖 11-21 所示。

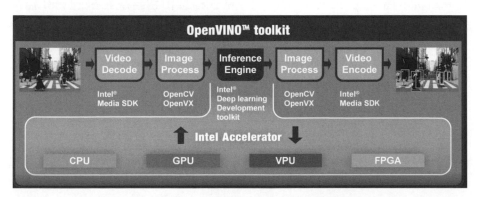

圖 11-21 英特爾 OpenVINO 工具套件分發版 (圖片來源：https://wpig-iotsolutionaggregator.wpgholdings.com/eng/solution/detail/iEi_TANK-870_1)

英特爾 OpenVINO 工具套件旨在提高電腦視覺解決方案的性能，以及減少所需要的開發時間。英特爾在該工具中提供了豐富的硬體選項，可以提高性能、降低耗電和最大化利用硬體，以便用更少的時間做更多的事情，並開啟新的平行設計。英特爾 OpenVINO 工具套件支持在所有英特爾架構上部署經過訓練的模型，這其中包括：CPU、GPU、FPGA、VPU 等。針對最佳執行最佳化、支持使用者進行驗證和調整、可輕鬆用於所有裝置執行時的 API，框架以下圖 11-22 所示。

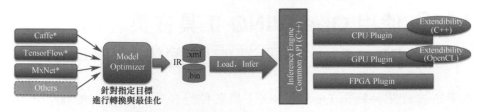

圖 11-22 深度學習部署工具套件框架

其中，模型最佳化器（Model Optimizer）是一個命令列工具，它從流行的 DL 框架（如 Caffe2、TensorFlow、MxNet 等）匯入經過訓練的模型，以及將來可能會使用的其他框架，使用它可以執行靜態模型分析並進行調整，以便在邊緣裝置上實現最佳性能。調整後的模型為 intel 的中間表示檔案或 IR 格式檔案，IR 格式檔案由包含網路層的 xml 檔案和包含權重的 bin 檔案組成。

然後，可以使用推理引擎（Inference Engine）對 IR 格式檔案進行載入和執行。推理引擎包含用於載入網路、準備輸入和輸出，以及使用各種外掛程式在指定的目標裝置上執行推理的 API。從深度學習網路的訓練到模型最佳化器的轉換與最佳化，再到推理引擎的應用，這個流程如圖 11-23 所示。

圖 11-23 流程示意圖

透過使用深度學習部署工具套件，可以透過易用的工具加速部署模型。另外，無論目標裝置是什麼，使用部署工具套件，就相當於使用相同的統一工具和推理引擎 API。這些 API 使用起來很簡單，並且獨立於 DL 框架和目標裝置。其優勢如下。

（1）加速部署：OpenVINO 有易用的工具：模型最佳化器、推理引擎、驗證應用。
（2）調整經過訓練的模型：模型最佳化器量化、批歸一化合並。
（3）轉換不同的目標裝置：CPU、GPU、FPGA 等。
（4）提供統一最佳化的推理即時運行：推理引擎：易用的推理執行時期的統一 API，API 獨立於訓練框架和目標裝置，羽量級設計，可在物聯網裝置上運行。

11.5.2　點對點機器學習

OpenVINO 部署工具套件是英特爾點對點機器學習產品的一部分。為了使深度學習網路得以部署，首先需要做的是對網路模型進行訓練。大多數時候，訓練是在資料中心進行的，而部署是在邊緣裝置上進行的，因此經過訓練的模型必須針對推理硬體進行最佳化，這就是模型最佳化器在準備模型階段的用途。然後，使用推理引擎讓最佳化後的模型在推理硬體上運行，推理引擎可以部署在指定的硬體上，包括 CPU、GPU、FPGA 或其他硬體。OpenVINO 的推理過程如圖 11-24 所示。

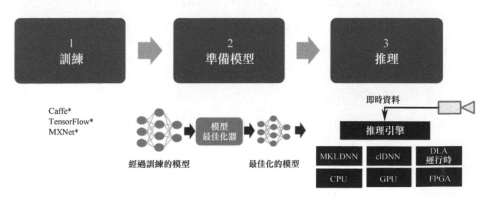

圖 11-24　OpenVINO 的推理過程

11.5.3 OpenVINO 安裝

在本節將介紹 OpenVINO 的安裝範例，首先需要去確認的是軟硬體的開發環境，這裡以 OpenVINO 2019 R1.1 的 Linux 版本為例介紹，其需要的軟硬體開發環境如下。

（1）OpenVINO 版本：2019 R1.1 FPGA with Linux。

（2）系統環境：CentOS 7.4（CentOS-7-x86_64-DVD-1804）。

（3）硬體環境：Arria 10 PAC 加速卡（Rush Creek）。

（4）依賴軟體套件：需要 Acceleration Stack 1.2 安裝套件及 OpenCL SDK 18.1。

安裝步驟如圖 11-25 所示。

```
[root@localhost home]# cd l_openvino_toolkit_fpga_p_2019.1.094/
[root@localhost l_openvino_toolkit_fpga_p_2019.1.094]# ls
EULA.txt  install_GUI.sh  install_openvino_dependencies.sh  install.sh  pset  PUBLIC_KEY.PUB  rpm  silent.cfg
[root@localhost l_openvino_toolkit_fpga_p_2019.1.094]# ./install_GUI.sh
```

圖 11-25　OpenVINO 2019 R1.1 安裝步驟

（1）首先需要安裝 Acceleration Stack 1.2，在 https://www.intel.com/ content/www/us/en/ programmable/products/boards_and_kits/dev-kits/altera/acceleration-card-arria-10-gx/getting-started.html/ 下載。

（2）下載 OpenVINO 壓縮檔：l_openvino_toolkit_fpga_p_2019.1.094.tgz，下載連結：https://software.intel.com/en-us/openvino-toolkit/choose-download/free-download-linux-fpga/。

（3）下載完成輸入指令：tar xvf l_openvino_toolkit_fpga_p_2019.1.094.tgz，解壓縮到 /home/ 目錄下。

（4）輸入指令：l_openvino_toolkit_fpga_p_2019.1.094；輸入指令：./install_GUI.sh。

（5）在彈出介面連續點擊 "next" 鍵，如圖 11-26 所示。

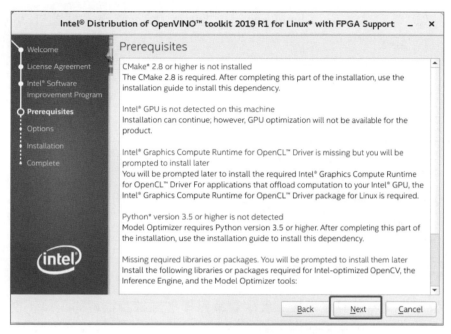

圖 11-26　OpenVINO 2019 R1.1 安裝步驟

（6）輸入指令：cd/opt/intel/openvino_2019.1.144/deployment_tools/demo/。

（7）輸 入 指 令：./ demo_security_barrier_camera.sh， 運 行 OpenVINO
R1.01 附帶的 demo。

① 如果輸出以下錯誤，如圖 11-27 所示。

```
(13/16): libstdc++-static-4.8.5-36.el7_6.2.x86_64.rpm
(14/16): nspr-4.19.0-1.el7_5.x86_64.rpm
(15/16): nss-softokn-freebl-3.36.0-5.el7_5.i686.rpm
(16/16): nss-softokn-freebl-3.36.0-5.el7_5.x86_64.rpm
-----------------------------------------------------
Total
Running transaction check
Running transaction test

Transaction check error:
  file /etc/ld.so.conf.d from install of glibc-2.17-260.el7_6.6.i686 conflicts with file from package intel-openvino-mediasdk-2019.1-094.x86_64

Error Summary
-------------

Error on or near line 69; exiting with status 1
[root@localhost demo]# 
```

圖 11-27　OpenVINO 2019 R1.1 測試步驟

② 輸入指令：vi demo_security_barrier_camera.sh，如圖 11-28 所示。

```
fi

if [[ $DISTRO == "centos" ]]; then
    sudo -E yum install -y centos-release-scl epel-release
    #sudo -E yum install -y gcc gcc-c++ make glibc-static glibc-devel libstdc++-static libstdc++-devel libstdc++ libgcc \
    #                       glibc-static.i686 glibc-devel.i686 libstdc++-static.i686 libstdc++.i686 libgcc.i686 cmake

    sudo -E rpm -Uvh http://li.nux.ro/download/nux/dextop/el7/x86_64/nux-dextop-release-0-1.el7.nux.noarch.rpm || true
    sudo -E yum install -y epel-release
-- INSERT --
```

圖 11-28 OpenVINO 2019 R1.1 測試步驟

③ 保存並重新輸入 ./ demo_security_barrier_camera.sh，即可運行成功。

11.5.4 模型最佳化器

模型最佳化器工具是連接深度學習網路模型訓練和推理的工具。模型最佳化器可以輸出一個統一的中間表示（IR）——一個描述層的 XML 檔案和一個帶有權重的二進位檔案，該檔案可由推理引擎使用者應用程式應用於各種英特爾硬體架構，包括 CPU、GPU 及 FPGA。目前，模型最佳化器支援來自框架（如 Caffe2、TensorFlow 和 Mxnet）的輸入模型，未來還將計畫使用更多框架。模型最佳化器主要工作流程如圖 11-29 所示。

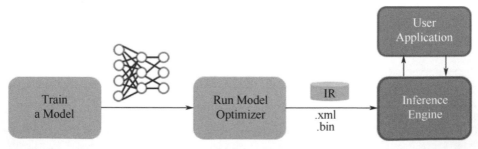

圖 11-29 模型最佳化器主要工作流程

模型最佳化器有兩個主要目的：生成有效的中間表示（IR）以及生成最佳化的中間表示（IR）。

生成有效的中間表示（IR），如果轉換過程無效，則推理引擎無法運行。模型最佳化器的主要職責是生成形成中間表示的兩個檔案（.XML和 .bin）。

生成最佳化的中間表示（IR），預訓練的模型包含對訓練很重要的層，如 Dropout 層。這些層在推理過程中是無用的，可能會增加推理時間。在許多情況下，這些層可以從產生的中間表示中自動刪除。但是，如果一組層可以表示為一個數學操作，因此可以表示為單一層，那麼模型最佳化器將辨識這些模式，並用一個層替換這些層。結果是一個中間表示，它比原始模型擁有更少的層。這減少了推理時間。

模型最佳化器功能中最佳化拓撲所做的工作主要是：

（1）節點合併；
（2）水平融合；
（3）批歸一化，以支持尺度變換；
（4）透過卷積折疊尺度變換；
（5）捨棄未用層（dropout）；
（6）FP16/Int8 量化；
（7）模型最佳化器可增加歸一化和平均值運算，因此部分前置處理可「增加」至深度學習模型：--mean_values（104.006，116.66，122.67），--scale_values（0.07，0.075，0.084）。

模型最佳化器本身是一個 python 指令稿，位於 OpenVINO 安裝的模型最佳化器目錄中。如表 11-1 所示為一些可在部署階段用於生成 IR XML 檔案的選項（Python 指令稿：$MO_DIR/ mo.py）。

表 11-1 模型最佳化器選項

部署選項	描述
--input_model	網路二進位權重檔案：TensorFlow* .pb/Caffe2* .caffemodel/MXNet* .params
--input_proto	Caffe2.prototxt file
--data_type	IP 精度（如 FP16）
--scale	網路歸一化因數（可選）
--ouput_dir	輸出目錄路徑（可選）

11.5.4.1 針對 Caffe2 的模型最佳化器

這裡介紹針對 Caffe2 的模型最佳化器，使用模型最佳化器將訓練的 Caffe2 框架下的模型轉為為推理引擎所需要 IR 類型的 .xml 和 .bin 檔案，其指令範例如下：

```
$ source $MO_DIR/venv/bin/activate
$ cd $MO_DIR/
$ python mo.py \
--input_model <model dir>/<weights>.caffemodel \
--scale 1 \
--data_type FP16 \
--output_dir <output dir>
```

執行指令輸出資訊如下：

```
Start working...
Framework plugin:CAFFE
Network type:CLASSIFICATION
Batch size:1
Precision:FP16
Layer fusion: false
Horizontal layer fusion:NONE
Output directory:/home/student/work
```

```
Custom kernel directory:
Network input normalization:1
Writing binary data
to:···/GoogleNet/GoogleNet.bin
```

11.5.4.2 針對 **TensorFlow** 的模型最佳化器

這裡介紹針對 TensorFlow 的模型最佳化器，使用模型最佳化器將訓練的 TensorFlow 框架下的模型，轉為為推理引擎所需要 IR 類型的 .xml 和 .bin 檔案，操作流程如下。

（1）位置：$MO_DIR/mo.py。
（2）設定步驟：
    ① 安裝先決元件：（Python*，Bazel*）；
    ② 安裝 TensorFlow，複製 TensorFlow 來源，檢查對應的分支，準備環境，建構 TensorFlow，安裝 TensorFlow 系統；
    ③ 透過 bazel 安裝圖形轉換工具；
    ④ 運行 model_optimizer_tensorflow/configure.py 指令稿；
    ⑤ 將模型最佳化器安裝為 Python 軟體套件（setup.py）。
（3）生成 protobuf 二進位檔案（.pb）：
    ① 複製模型儲存函數庫；
    ② 選擇特定版本；
    ③ 前往 slim 目錄並修改 synset 檔案的下載邏輯；
    ④ 透過 export_inference_graph.py 為模型生成推理圖形；
    ⑤ 建構凍結推理圖形的工具；
    ⑥ 透過 freeze_graph 凍結推理圖形。
（4）用 summarize_graph 為模型獲取輸入和輸出層名稱，建構並運行 summarize_graph。
（5）運行模型最佳化器（mo.py），為推理引擎生成 IR.xml 和 .bin 檔案。

```
$ cd $MO_DIR
$ python3 mo.py \
--input_model=$MODEL_DIR/<model>.pb \
--input=<name of input layer> \
--output=<name of output layer> \
--data_type=FP16 \
--input_shape 1,244,244,3 \
--model_name <Model Name>
```

11.5.4.3 針對 Caffe2 的 OpenVINO 模型最佳化範例 ResNet-50

以下是 Caffe2 模型針對 ResNet-50 網路模型的最佳化器範例,首先我們需要下載 OpenVINO 2019 R1.1 所支援 ResNet-50 的 proto 及模型檔案,下載網址如下。

proto: https://onedrive.live.com/download?cid=4006CBB8476FF777&resid=4006CBB8476 FF777%2117891&authkey=AAFW2-FVoxeVRck/。

Caffe model: https://onedrive.live.com/download?cid=4006CBB8476FF777&resid=4006CBB 8476FF777%2117895&authkey=AAFW2-FVoxeVRck/。

下載完成後,打開終端,執行以下命令,使用模型最佳化器轉換與最佳化模型:

```
cd /opt/intel/openvino_2019.1.144/deployment_tools/model_optimizer/
source /opt/intel/openvino_2019.1.144/bin/setupvars.sh
python3 mo_caffe.py --input_model /opt/caffemodel/ResNet50/ResNet-50-model.
caffemodel --input_proto /opt/caffemodel/ResNet50/ResNet-50-deploy.prototxt
```

在模型轉換成功後,將輸出 ResNet-50-model.xml 和 ResNet-50-model.bin 檔案,如圖 11-30 所示。

```
[root@intel model_optimizer]# python3 mo_caffe.py --input_model /opt/caffemodel/ResNet50/ResNet-50-model.caffe
otxt
Model Optimizer arguments:
Common parameters:
        - Path to the Input Model:      /opt/caffemodel/ResNet50/ResNet-50-model.caffemodel
        - Path for generated IR:        /opt/intel/openvino_2019.1.144/deployment_tools/model_optimizer/.
        - IR output name:       ResNet-50-model
        - Log level:    ERROR
        - Batch:        Not specified, inherited from the model
        - Input layers:         Not specified, inherited from the model
        - Output layers:        Not specified, inherited from the model
        - Input shapes:         Not specified, inherited from the model
        - Mean values:  Not specified
        - Scale values:         Not specified
        - Scale factor:         Not specified
        - Precision of IR:      FP32
        - Enable fusing:        True
        - Enable grouped convolutions fusing:   True
        - Move mean values to preprocess section:       False
        - Reverse input channels:       False
Caffe specific parameters:
        - Enable resnet optimization:   True
        - Path to the Input prototxt:   /opt/caffemodel/ResNet50/ResNet-50-deploy.prototxt
        - Path to CustomLayersMapping.xml:      Default
        - Path to a mean file:  Not specified
        - Offsets for a mean file:      Not specified
Model Optimizer version:        2019.1.1-83-g28dfbfd

[ SUCCESS ] Generated IR model.
[ SUCCESS ] XML file: /opt/intel/openvino_2019.1.144/deployment_tools/model_optimizer/./ResNet-50-model.xml
[ SUCCESS ] BIN file: /opt/intel/openvino_2019.1.144/deployment_tools/model_optimizer/./ResNet-50-model.bin
[ SUCCESS ] Total execution time: 14.98 seconds.
```

圖 11-30 轉換 ResNet-50 Caffe model

11.5.4.4 針對 TensorFlow 的 OpenVINO 模型最佳化範例

以下是針對 TensorFlow 的 OpenVINO 模型最佳化範例,首先需要下載模型原始程式,在這裡我們先創建 tf_models 目錄,然後把模型原始程式透過 git clone 命令下載到該目錄下。對應指令如下:

```
mkdir tf_models //創建tf_models目錄
git clone https://github.com/tensorflow/models.git tf_models //clone
tensorflow對應的原始程式
```

接下來需要下載 Inception V1 model checkpoint 檔案,在當前終端輸入指令:

```
cd tf_models //切換到tf_models目錄
wget http://download.tensorflow.org/models/inception_v1_2016_08_28.tar.gz
//獲取inception v1 checkpoint 檔案
tar xzvf inception_v1_2016_08_28.tar.gz //解壓縮
```

```
python3 tf_models/research/slim/export_inference_graph.py \
--model_name inception_v1 \
--output_file inception_v1_inference_graph.pb //生成包含拓撲結構的protobuf
檔案（.pb）。注意，此檔案不包含神經網路權重，不能用於推理。
python3 /opt/intel/openvino_2019.1.144/deployment_tools/model_optimizer/mo/
utils/summarize_graph.py --input_model ./inception_v1_inference_graph.pb
```

我們可以查看到該 pb 檔案的權重參數，如圖 11-31 所示。

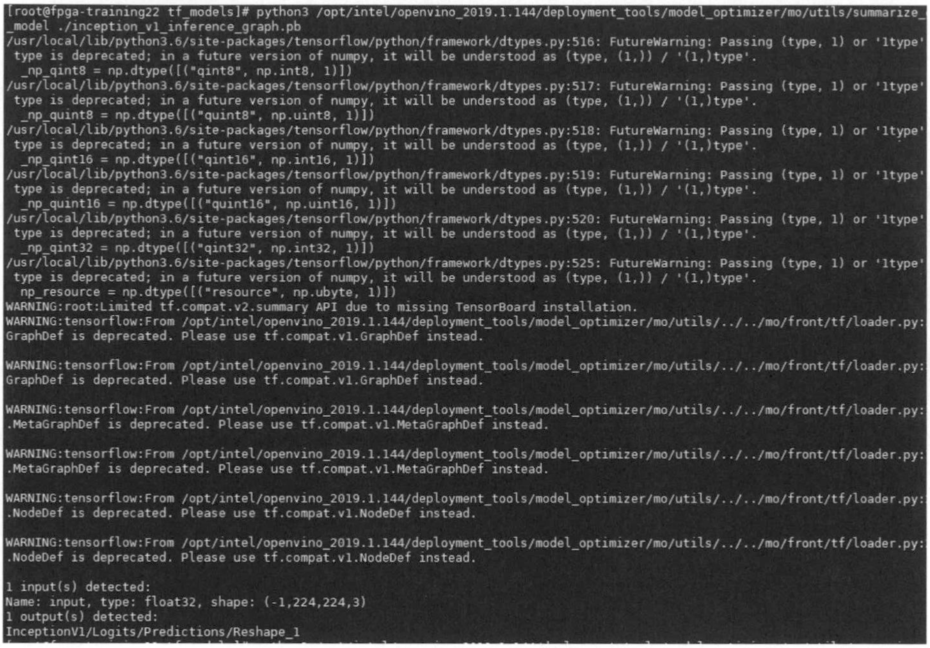

```
[root@fpga-training22 tf_models]# python3 /opt/intel/openvino_2019.1.144/deployment_tools/model_optimizer/mo/utils/summarize_
_model ./inception_v1_inference_graph.pb
/usr/local/lib/python3.6/site-packages/tensorflow/python/framework/dtypes.py:516: FutureWarning: Passing (type, 1) or '1type'
 type is deprecated; in a future version of numpy, it will be understood as (type, (1,)) / '(1,)type'.
  _np_qint8 = np.dtype([("qint8", np.int8, 1)])
/usr/local/lib/python3.6/site-packages/tensorflow/python/framework/dtypes.py:517: FutureWarning: Passing (type, 1) or '1type'
 type is deprecated; in a future version of numpy, it will be understood as (type, (1,)) / '(1,)type'.
  _np_quint8 = np.dtype([("quint8", np.uint8, 1)])
/usr/local/lib/python3.6/site-packages/tensorflow/python/framework/dtypes.py:518: FutureWarning: Passing (type, 1) or '1type'
 type is deprecated; in a future version of numpy, it will be understood as (type, (1,)) / '(1,)type'.
  _np_qint16 = np.dtype([("qint16", np.int16, 1)])
/usr/local/lib/python3.6/site-packages/tensorflow/python/framework/dtypes.py:519: FutureWarning: Passing (type, 1) or '1type'
 type is deprecated; in a future version of numpy, it will be understood as (type, (1,)) / '(1,)type'.
  _np_quint16 = np.dtype([("quint16", np.uint16, 1)])
/usr/local/lib/python3.6/site-packages/tensorflow/python/framework/dtypes.py:520: FutureWarning: Passing (type, 1) or '1type'
 type is deprecated; in a future version of numpy, it will be understood as (type, (1,)) / '(1,)type'.
  _np_qint32 = np.dtype([("qint32", np.int32, 1)])
/usr/local/lib/python3.6/site-packages/tensorflow/python/framework/dtypes.py:525: FutureWarning: Passing (type, 1) or '1type'
 type is deprecated; in a future version of numpy, it will be understood as (type, (1,)) / '(1,)type'.
  np_resource = np.dtype([("resource", np.ubyte, 1)])
WARNING:root:Limited tf.compat.v2.summary API due to missing TensorBoard installation.
WARNING:tensorflow:From /opt/intel/openvino_2019.1.144/deployment_tools/model_optimizer/mo/utils/../../mo/front/tf/loader.py:
GraphDef is deprecated. Please use tf.compat.v1.GraphDef instead.

WARNING:tensorflow:From /opt/intel/openvino_2019.1.144/deployment_tools/model_optimizer/mo/utils/../../mo/front/tf/loader.py:
GraphDef is deprecated. Please use tf.compat.v1.GraphDef instead.

WARNING:tensorflow:From /opt/intel/openvino_2019.1.144/deployment_tools/model_optimizer/mo/utils/../../mo/front/tf/loader.py:
.MetaGraphDef is deprecated. Please use tf.compat.v1.MetaGraphDef instead.

WARNING:tensorflow:From /opt/intel/openvino_2019.1.144/deployment_tools/model_optimizer/mo/utils/../../mo/front/tf/loader.py:
.MetaGraphDef is deprecated. Please use tf.compat.v1.MetaGraphDef instead.

WARNING:tensorflow:From /opt/intel/openvino_2019.1.144/deployment_tools/model_optimizer/mo/utils/../../mo/front/tf/loader.py:
.NodeDef is deprecated. Please use tf.compat.v1.NodeDef instead.

WARNING:tensorflow:From /opt/intel/openvino_2019.1.144/deployment_tools/model_optimizer/mo/utils/../../mo/front/tf/loader.py:
.NodeDef is deprecated. Please use tf.compat.v1.NodeDef instead.

1 input(s) detected:
Name: input, type: float32, shape: (-1,224,224,3)
1 output(s) detected:
InceptionV1/Logits/Predictions/Reshape_1
```

圖 11-31 生成

備註：該工具尋找到了名為 input、類型為 float32、圖型大小固定（224224,3）和批大小未定義為 -1 的輸入節點。輸出節點名為 inceptionv1/logits/predictions/reshape_1。

最後，在當前終端輸入以下指令進行模型轉換：

```
python3 /opt/intel/openvino_2019.1.144/deployment_tools/model_ optimizer/
```

```
mo_tf.py --input_model ./inception_v1_inference_graph.pb --input_
checkpoint ./inception_v1.ckpt -b 1 --mean_value [127.5,127.5,127.5]
--scale 127.5
```

轉換成功後結果如圖 11-32 所示。

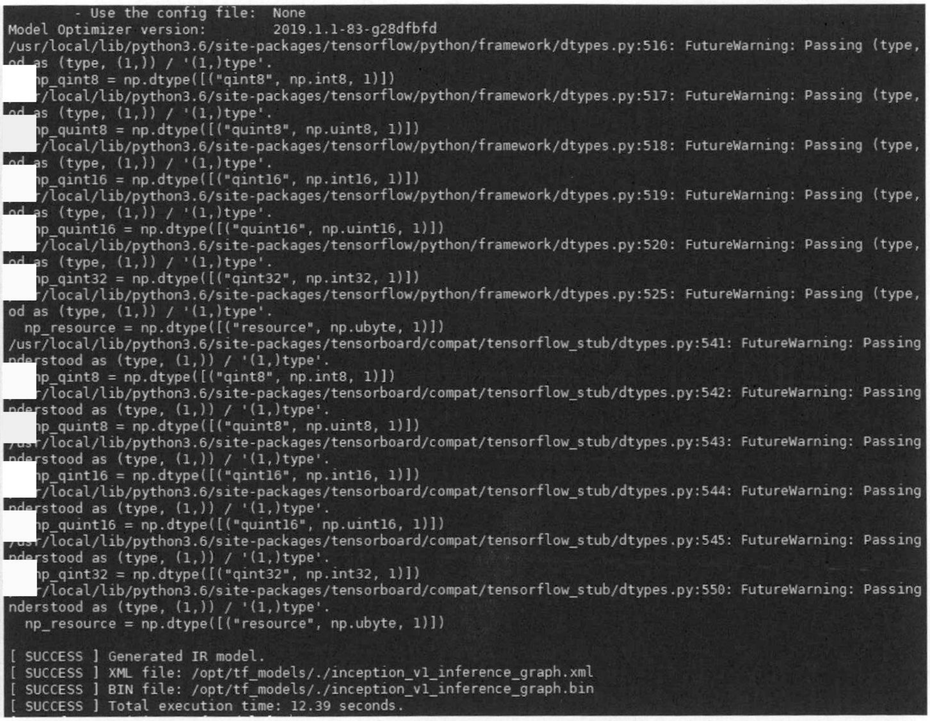

圖 11-32　轉換成 IR 模型

11.5.5　推理引擎

使用推理引擎 API 的使用者應用程式通常遵循此處的工作處理程序。該處理程序被分為初始化階段和主迴圈階段，如圖 11-33 所示。在初始化階段，將載入中間表示（IR）模型和權重，支援設定批次大小。然後將載入適當的外掛程式，將讀取網路載入到外掛程式中。最後，根據輸入和輸出的大小和批次處理大小分配輸入和輸出緩衝區。在主迴圈階段中，為輸入緩衝區填充資料，運行推理，然後解析輸出結果，之所以是迴圈階段，是因為對所有資料都要重複該過程。

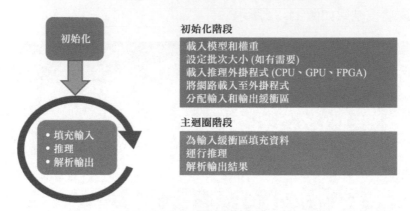

初始化

• 填充輸入
• 推理
• 解析輸出

初始化階段
載入模型和權重
設定批次大小 (如有需要)
載入推理外掛程式 (CPU、GPU、FPGA)
將網路載入至外掛程式
分配輸入和輸出緩衝區

主迴圈階段
為輸入緩衝區填充資料
運行推理
解析輸出結果

圖 11-33　推理引擎工作流程

使用推理引擎，使用者可以使用相同的統一的 API 來發表最佳化的推瞭解決方案，減少在各種不同目標硬體上的移植時間。推理引擎是透過呼叫 libinference_engine.so 函數庫來實現的。此函數庫可以支援載入和解析模型 IR、準備輸入和輸出，還支援針對指定硬體進行觸發推理。推理引擎的物件和函數是主推理引擎檔案的一部分，包含檔案 inference_engine.hpp。

目前推理引擎有三個外掛程式可用，未來還會增加更多，其特點分別如下。

（1）CPU MKLDNN 外掛程式（針對深度神經網路的英特爾 ® 數學核心函數程式庫）：
　　① 支援英特爾至強／酷睿／凌動 CPU 平台；
　　② 支持最廣泛的網路類別，支持以最簡單的方法啟用拓撲。

（2）GPU clDNN 外掛程式（針對深度神經網路的計算函數庫）：

① 支援第九代或更新版本的英特爾 HD 和 Iris 顯示卡處理器；

② 可擴充機制，支援透過 OpenCL ™ 開發自訂層。

（3）FPGA DLA 外掛程式：

① 支援英特爾 ® Arria 10 GX 或更新版本的裝置；

② FPGA 上支持的基本層集，不支持的層可透過其他外掛程式推理。

推理引擎是透過 C++ 啟用的，如表 11-2 所示為幫助執行推理引擎任務的重要類別。所有這些物件都在推理引擎名稱空間中。它可以完成網路載入和推理等主要任務。

表 11-2　推理引擎類別

類別	詳細信息
InferencePlugin，InferenceEnginePluginPtr	主要外掛程式介面
PluginDispatcher	為特定裝置尋找合適的外掛程式
CNNNetReader	透過指定 IR 建構和解析網路
CNNNetwork	神經網路和二進位資訊
Blob，TBlob，BlobMap	表示張量的容器物件
InputInfo，InputsDataMap	有關網路輸入的資訊

11.5.5.1　推理引擎 API 用法

介紹完推理引擎的基礎知識後，接下來介紹 API 的用法，以便執行推理。

1.　載入外掛程式

深度學習部署工具套件附帶了各種外掛程式。在這裡的範例中，首先我們透過傳遞外掛程式的目錄來創建 PluginDispatcher，將會幫助我們找到合適的外掛程式。我們創建的 PluginPtr 指向主外掛程式物件。然後，我們使用 dispatcher 為裝置載入外掛程式，以找到適合 FPGA 的外掛程式。

（1）FPGA 外掛程式：libdliaPlugin.so。
（2）其他外掛程式：libclDNNPlugin.so (GPU)，libMKLDNNPlugin.so (CPU)。
（3）外掛程式目錄：<OpenVINO install dir>/inference_engine/lib/<OS>/ intel64。

```
InferenceEngine::PluginDispatcher dispatcher(<pluginDir>);
InferenceEngine::InferenceEnginePluginPtr enginePtr;
enginePtr = dispatcher.getSuitablePlugin(TargetDevice::eFPGA);
```

2. 載入網路

我們從中間表示（IR）載入網路。為此，首先創建 CNNNetReader，然後使用 ReadNetwork 和 ReadWeights 函數來載入網路模型和權重。

```
InferenceEngine::CNNNetReader netBuilder;
netBuilder.ReadNetwork("<Model>.xml");
netBuilder.ReadWeights("<Model>.bin");
```

3. 準備輸入和輸出

我們準備了輸入和輸出 blob。對於輸入區塊，首先確定拓撲輸入資訊，然後遍歷所有的輸入區塊，用輸入資料填充張量，如圖型的每個畫素。輸入區塊的數量取決於輸入的大小、使用的通道數量和批次處理大小。我們還需要根據資料類型設定輸入精度。對於輸出 blob，只需要根據輸出格式進行分配並設定精度即可。

（1）輸入 Blob：
　　① 根據輸入大小、通道數量和批次大小等進行分配；

② 設定輸入精度；

③ 填充資料（如圖型 RGB 值）。

（2）輸出 Blob：

① 設定輸出精度；

② 根據輸入格式進行分配。

4. 將模型載入至外掛程式

此步驟即載入網路。使用 PluginEnginePtr，呼叫 load network，它將讀取的模型載入到外掛程式中。

```
InferenceEngine::StatusCode status=enginePtr->LoadNetwork(netBuilder.
getNetwork(), &resp);
```

5. 執行推理

隨著網路的載入，在本步驟中，我們能夠在 inputBlob 和 outputBlob 中執行實際的推斷。

```
status= enginePtr->Infer(inputBlobs, outputBlobs, &resp);
```

6. 處理輸出 blob

在推理之後，獲取輸出 blob 資料並檢查結果。

```
const TBlob<float>::Ptr fOutput =
std::dynamic_pointer_cast<TBlob<float>>(outputBlobs.begin()->second);
```

如圖 11-34 所示為使用推理引擎 API 的整個流程。圖的頂部顯示了過程，而底部是程式。在這裡的第一步，我們創建了 netBuilder，它是一個 CNNNetReader 物件。使用 netBuilder，我們讀取 IR 的 xml 和 bin 檔案。第二步，為 FPGA 創建 InferenceEnginePluginPtr。使用 pluginptr，我們將網路載入到外掛程式中。第三步，分配輸出 blob。然後根據輸入維度分配輸入 blob。一切準備就緒後，使用 engineptr 執行推斷呼叫的推斷。

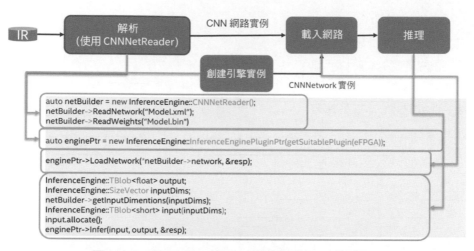

圖 11-34　使用 OpenVINO 推理引擎 API 的流程

11.5.5.2　推理前的前置處理

在執行網路時，瞭解輸入的格式很重要。一般來說圖型格式都是相互交織的 RGB、BGR、BGRA 格式等，如圖 11-35 所示，但是網路模型期望的通常是 RGB 平面圖形格式，如圖 11-36 所示。也就是你會先得到一個紅色平面，然後是綠色平面，再然後是藍色平面。因此，在執行推斷之前，需要編寫程式來對輸入資料進行前置處理。

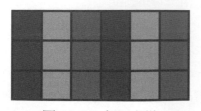

圖 11-35　相互交織

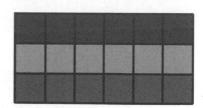

圖 11-36　RGB 平面圖形格式

為使推理引擎的性能達到最佳，需要增加 batch size 的大小。與此同時，也必須根據 batch size 大小來設定輸入與輸出物件。batch size 的設定方式如下。

```
netBuilder.getNetwork().setBatchSize(<size>);
```

11.5.5.3 推理引擎範例 1：classification_sample

OpenVINO tookit 附帶了許多範例，這些範例支持在 FPGA 上執行。這裡首先要介紹的範例是 classification_sample，它是一個簡單的圖型分類範例。其操作流程如下。

（1）首先，我們需要對 classification demo 進行編譯。

① 輸入指令：source /opt/init_openvino.sh，設定 OpenVINO 2019 R1.1 環境變數，init_openvino.sh 的內容如下：

```
source /opt/inteldevstack/init_env.sh
export CL_CONTEXT_COMPILER_MODE_ALTERA=3
export INTELFPGAOCLSDKROOT="/opt/intelFPGA_pro/18.1/hld"
export ALTERAOCLSDKROOT="$INTELFPGAOCLSDKROOT"
export AOCL_BOARD_PACKAGE_ROOT="$OPAE_PLATFORM_ROOT/opencl/opencl_bsp"
$AOCL_BOARD_PACKAGE_ROOT/linux64/libexec/setup_permissions.sh
source $INTELFPGAOCLSDKROOT/init_opencl.sh
export IE_INSTALL="/opt/intel/openvino_fpga_2019.1.144/deployment_tools"
source $IE_INSTALL/../bin/setupvars.sh
```

② 輸入指令 cd /opt/intel/openvino_2019.1.144/deployment_tools/inference_samples/。

③ 輸入指令 sudo./build_samples.sh，進行 build demo，build 完成後如圖 11-37 所示。

```
[ 62%] Building CXX object object_detection_sample_ssd/CMakeFiles/object_detection_sample_ssd.dir/main.cpp.o
Linking CXX executable ../intel64/Release/pedestrian_tracker_demo
[ 62%] Built target mask_rcnn_demo
[ 62%] Built target object_detection_demo
Linking CXX executable ../intel64/Release/perfcheck
Linking CXX executable ../intel64/Release/security_barrier_camera_demo
[ 63%] Built target object_detection_demo_ssd_async
[ 64%] Built target object_detection_demo_yolov3_async
Linking CXX executable ../intel64/Release/segmentation_demo
Linking CXX executable ../intel64/Release/smart_classroom_demo
[ 65%] Built target perfcheck
[ 72%] Built target pedestrian_tracker_demo
Scanning dependencies of target speech_sample
Scanning dependencies of target style_transfer_sample
[ 73%] [ 73%] Building CXX object speech_sample/CMakeFiles/speech_sample.dir/main.cpp.o
Built target security_barrier_camera_demo
[ 74%] [ 75%] Built target segmentation_demo
Building CXX object style_transfer_sample/CMakeFiles/style_transfer_sample.dir/main.cpp.o
Linking CXX executable ../intel64/Release/super_resolution_demo
Linking CXX executable ../intel64/Release/text_detection_demo
[ 82%] Built target smart_classroom_demo
[ 82%] Built target super_resolution_demo
Linking CXX executable ../intel64/Release/validation_app
[ 86%] Built target text_detection_demo
Linking CXX executable ../../intel64/Release/multi-channel-face-detection-demo
Linking CXX executable ../../intel64/Release/multi-channel-human-pose-estimation-demo
[ 93%] Built target validation_app
[ 94%] Building CXX object benchmark_app/CMakeFiles/benchmark_app.dir/statistics_report.cpp.o
[ 95%] Built target multi-channel-face-detection-demo
[100%] Built target multi-channel-human-pose-estimation-demo
Linking CXX executable ../intel64/Release/benchmark_app
Linking CXX executable ../intel64/Release/style_transfer_sample
[100%] Built target benchmark_app
[100%] Built target style_transfer_sample
Linking CXX executable ../intel64/Release/object_detection_sample_ssd
[100%] Built target object_detection_sample_ssd
Linking CXX executable ../intel64/Release/speech_sample
[100%] Built target speech_sample
Linking CXX executable ../intel64/Release/classification_sample_async
[100%] Built target classification_sample_async

Build completed, you can find binaries for all samples in the /root/inference_engine_samples_build/intel64/Release subfolder.
```

圖 11-37 inference sample 編譯

（2）編譯完成後，輸入指令：cd /root/inference_engine_samples_build/
intel64/Release/，如圖 11-38 所示。

```
[root@intel samples]# cd /root/inference_engine_samples_build/intel64/Release/
[root@intel Release]# ls
benchmark_app              end2end_video_analytics_opencv    hello_reshape_ssd              mask_rcnn_demo                      object_detection_sample_ssd    smart_classroom_demo
calibration_tool           hello_autoresize_classification   hello_shape_infer_ssd          multi-channel-face-detection-demo   out_e.bmp                      speech_sample
classification_sample      hello_classification              human_pose_estimation_demo     multi-channel-human-pose-estimation-demo  pedestrian_tracker_demo  style_transfer_sample
classification_sample_async hello_nv12_input_classification  interactive_face_detection_demo  object_detection_demo              perfcheck                      super_resolution_demo
crossroad_camera_demo      hello_query_device                lenet_network_graph_builder    object_detection_demo_ssd_async     security_barrier_camera_demo   text_detection_demo
end2end_video_analytics_ie hello_request_classification      lib                            object_detection_demo_yolov3_async  segmentation_demo              validation_app
[root@intel Release]#
```

圖 11-38 inference sample 編譯完成

① 輸入指令設定 FPGA PAC 卡的 bitstream，命令如下：

```
aocl program acl0 /opt/intel/openvino_2019.1.144/bitstreams/a10_dcp_
bitstreams/2019R1_RC_FP11_ResNet_SqueezeNet_VGG.aocx ;
```

② 運行 demo，在 /root/inference_engine_samples_build/intel64/Release/
目錄下，輸入指令：

```
./classification_sample -i /opt/intel/openvino_2019.1.144/deployment_
tools/demo/car.png -m ～/openvino_models/ir/FP32/classification/squeezenet/
1.1/caffe/squeezenet1.1.xml -d HETERO:FPGA,CPU
```

運行結果如圖 11-39 所示。

圖 11-39　運行結果

③ 上一步的 Through put 性能為 67fps，如果需要更好的性能，輸入指令：

```
./classification_sample `for i in {1..96};do echo -i "/opt/intel/openvino_
2019.1.144/deployment_ tools/demo/car.png";done` -m ～/openvino_models/
ir/ FP32/classification/squeezenet/1.1/caffe/ squeezenet1.1.xml -d
HETERO:FPGA,CPU
```

該指令調整 batchsize 為 96，輸出結果 Throughput 為 850fps，如圖 11-40 所示。

```
classid probability label
------- ----------- -----
817     0.8933635   sports car, sport car
479     0.0444779   car wheel
511     0.0444779   convertible
436     0.0060194   beach wagon, station wagon, wagon, estate car, beach waggon, station waggon, waggon
751     0.0060194   racer, race car, racing car
656     0.0022144   minivan
864     0.0008146   tow truck, tow car, wrecker
717     0.0008146   pickup, pickup truck
586     0.0008146   half track
408     0.0002997   amphibian, amphibious vehicle

Image /opt/intel/openvino_2019.1.144/deployment_tools/demo/car.png

classid probability label
------- ----------- -----
817     0.8933635   sports car, sport car
479     0.0444779   car wheel
511     0.0444779   convertible
436     0.0060194   beach wagon, station wagon, wagon, estate car, beach waggon, station waggon, waggon
751     0.0060194   racer, race car, racing car
656     0.0022144   minivan
864     0.0008146   tow truck, tow car, wrecker
717     0.0008146   pickup, pickup truck
586     0.0008146   half track
408     0.0002997   amphibian, amphibious vehicle


total inference time: 112.8548533
Average running time of one iteration: 112.8548533 ms

Throughput: 850.6501689 FPS

[ INFO ] Execution successful
[root@intel Release]#
```

圖 11-40　推理結果

11.5.5.4　推理引擎範例 2：interactive_face_detection_demo

這裡介紹的範例是 interactive_face_detection_demo，它是一個表情辨識的網路，能夠辨識圖型中人物的年齡、性別及表情。其操作流程如下。

（1）我們需要對 interface 進行編譯。

① 創建編譯目錄：

```
cd /opt/intel/openvino_2019.1.144/deployment_tools/inference_engine/samples
mkdir build
cd build
```

② cmake 預先編譯：

```
cmake -DCMAKE_BUILD_TYPE=Release /opt/intel/openvino_2019.1.144/
deployment_tools/inference_engine/samples
```

③ Make 編譯指令：

```
make -f CMakeFiles/Makefile2 interactive_face_detection_demo
```

（2）在編譯完成後，進行設定與執行。

① 進入編譯符的目錄：

```
cd /root/inference_engine_samples_build/intel64/Release/
```

② 下載 FPGA 的設定程式：

```
aocl program acl0 /opt/intel/openvino_2019.1.144/bitstreams/a10_dcp_
bitstreams/2019R1_RC_FP11_AlexNet_GoogleNet.aocx
```

③ 執行推理：

```
./interactive_face_detection_demo -m ~/openvino_models/models_bin/ face-
detection-retail-0004/FP32/face-detection-retail-0004.xml -m_ag ~/
openvino_models/models_bin/age-gender-recognition-retail-0013/FP32/age-
gender-recognition-retail-0013.xml -m_em ~/openvino_models/models_bin/
emotions-recognition-retail-0003/FP32/emotions-recognition-retail-0003.
xml -i /opt/obama.mp4 -d HETERO:FPGA,CPU -d_ag HETERO:FPGA,CPU -d_em
HETERO:FPGA,CPU -async
```

④ 可輸入指令查看支援的參數：

```
./interactive_face_detection_demo -h
```

支持的參數如圖 11-41 所示。

```
-h                          Print a usage message
-i "<path>"                 Required. Path to a video file (specify "cam" to work with camera).
-o "<path>"                 Optional. Path to an output video file.
-m "<path>"                 Required. Path to an .xml file with a trained Face Detection model.
-m_ag "<path>"              Optional. Path to an .xml file with a trained Age/Gender Recognition model.
-m_hp "<path>"              Optional. Path to an .xml file with a trained Head Pose Estimation model.
-m_em "<path>"              Optional. Path to an .xml file with a trained Emotions Recognition model.
-m_lm "<path>"              Optional. Path to an .xml file with a trained Facial Landmarks Estimation model.
    -l "<absolute_path>"    Required for CPU custom layers. Absolute path to a shared library with the kernels implementation.
      Or
    -c "<absolute_path>"    Required for GPU custom kernels. Absolute path to an .xml file with the kernels description.
-d "<device>"               Optional. Target device for Face Detection network (CPU, GPU, FPGA, HDDL, or MYRIAD). The demo wil
-d_ag "<device>"            Optional. Target device for Age/Gender Recognition network (CPU, GPU, FPGA, HDDL, or MYRIAD). The
-d_hp "<device>"            Optional. Target device for Head Pose Estimation network (CPU, GPU, FPGA, HDDL, or MYRIAD). The de
-d_em "<device>"            Optional. Target device for Emotions Recognition network (CPU, GPU, FPGA, HDDL, or MYRIAD). The de
-d_lm "<device>"            Optional. Target device for Facial Landmarks Estimation network (CPU, GPU, FPGA, HDDL, or MYRIAD).
-n_ag "<num>"               Optional. Number of maximum simultaneously processed faces for Age/Gender Recognition network (by
-n_hp "<num>"               Optional. Number of maximum simultaneously processed faces for Head Pose Estimation network (by de
-n_em "<num>"               Optional. Number of maximum simultaneously processed faces for Emotions Recognition network (by de
-n_lm "<num>"               Optional. Number of maximum simultaneously processed faces for Facial Landmarks Estimation network
-dyn_ag                     Optional. Enable dynamic batch size for Age/Gender Recognition network
-dyn_hp                     Optional. Enable dynamic batch size for Head Pose Estimation network
-dyn_em                     Optional. Enable dynamic batch size for Emotions Recognition network
-dyn_lm                     Optional. Enable dynamic batch size for Facial Landmarks Estimation network
-async                      Optional. Enable asynchronous mode
-no_wait                    Optional. Do not wait for key press in the end.
-no_show                    Optional. Do not show processed video.
-pc                         Optional. Enable per-layer performance report
-r                          Optional. Output inference results as raw values
-t                          Optional. Probability threshold for detections
-bb_enlarge_coef            Optional. Coefficient to enlarge/reduce the size of the bounding box around the detected face
-dx_coef                    Optional. Coefficient to shift the bounding box around the detected face along the Ox axis
-dy_coef                    Optional. Coefficient to shift the bounding box around the detected face along the Oy axis
-fps                        Optional. Maximum FPS for playing video
-loop_video                 Optional. Enable playing video on a loop
-no_smooth                  Optional. Do not smooth person attributes
-no_show_emotion_bar        Optional. Do not show emotion bar
```

圖 11-41　interactive_face_detection_demo 指令參數

11.5.5.5 推理引擎範例 3：classification_sample_async

這裡介紹的範例是 classification_sample_async，它也是一個圖型分類的模型，可以辨識動物種類。其操作流程如下。

（1）我們需要對 Benchmark Application C++ 進行編譯。

① 創建編譯目錄：

```
cd /opt/intel/openvino_2019.1.144/deployment_tools/inference_engine/ samples
dir build
cd build
```

② 預先編譯：

```
cmake -DCMAKE_BUILD_TYPE=Release /opt/intel/openvino_2019.1.144/
deployment_tools/inference_engine/samples
```

③ 編譯：

```
make -f CMakeFiles/Makefile2 classification_sample_async
```

（2）在編譯完成後設定 FPGA 並執行推理。

① 設定 FPGA：

```
cd /root/inference_engine_samples_build/intel64/Release/
aocl program acl0 /opt/intel/openvino_2019.1.144/bitstreams/a10_dcp_
bitstreams/2019R1_RC_FP11_ResNet_SqueezeNet_VGG.aocx
```

② 執行推理：

```
./classification_sample_async -i /opt/cat.jpg -m ~/openvino_models/
ir/FP32/classification/squeezenet/1.1/caffe/squeezenet1.1.xml -d
HETERO:FPGA,CPU
```

輸出 Throughput 為 390fps，推理結果如圖 11-42 所示。

```
[INFO ] Execution successful
[root@intel Release]# ./classification_sample_async -i /opt/cat.jpg -m ~/openvino_models/ir/FP32/clas
[ INFO ] InferenceEngine:
        API version ........... 1.6
        Build ................. custom_releases/2019/R1.1_28dfbfdd28954c4dfd2f94403dd8dfc1f411038b
[ INFO ] Parsing input parameters
[ INFO ] Parsing input parameters
[ INFO ] Files were added: 1
[ INFO ]     /opt/cat.jpg
[ INFO ] Loading plugin

        API version ........... 1.6
        Build ................. heteroPlugin
        Description ....... heteroPlugin
[ INFO ] Loading network files
[ INFO ] Preparing input blobs
[ WARNING ] Image is resized from (1365, 2048) to (227, 227)
[ INFO ] Batch size is 1
[ INFO ] Preparing output blobs
[ INFO ] Loading model to the plugin
[ INFO ] Start inference (1 iterations)
[ INFO ] Processing output blobs

Top 10 results:

Image /opt/cat.jpg

classid probability label
------- ----------- -----
285     0.9984084   Egyptian cat
287     0.0066733   lynx, catamount
281     0.0024550   tabby, tabby cat
282     0.0003322   tiger cat
289     0.0001222   snow leopard, ounce, Panthera uncia
292     0.0000061   tiger, Panthera tigris
286     0.0000022   cougar, puma, catamount, mountain lion, painter, panther, Felis concolor
279     0.0000001   Arctic fox, white fox, Alopex lagopus
269     0.0000001   timber wolf, grey wolf, gray wolf, Canis lupus
270     0.0000001   white wolf, Arctic wolf, Canis lupus tundrarum

total inference time: 2.5186960

Throughput: 397.0308426 FPS
```

圖 11-42 classification_sample_async 推理結果

（3）如果需要提高 Throughput，需要輸入指令：

```
./classification_sample_async `for i in {1..96};do echo -i "/opt/ cat.
jpg";done` -m ~/openvino_models/ir/FP32/classification/squeezenet/1.1/
caffe/squeezenet1.1.xml -d HETERO:FPGA,CPU
```

指令中調整 batch size 為 96，輸出結果 throughput 為 1350fps，如圖 11-43 所示。

```
289     0.0001222    snow leopard, ounce, Panthera uncia
292     0.0000061    tiger, Panthera tigris
286     0.0000022    cougar, puma, catamount, mountain lion, painter, panther, Felis concolor
279     0.0000001    Arctic fox, white fox, Alopex lagopus
269     0.0000001    timber wolf, grey wolf, gray wolf, Canis lupus
270     0.0000001    white wolf, Arctic wolf, Canis lupus tundrarum

Image /opt/cat.jpg

classid probability label
------- ----------- -----
285     0.9904084    Egyptian cat
287     0.0066733    lynx, catamount
281     0.0024550    tabby, tabby cat
282     0.0003322    tiger cat
289     0.0001222    snow leopard, ounce, Panthera uncia
292     0.0000061    tiger, Panthera tigris
286     0.0000022    cougar, puma, catamount, mountain lion, painter, panther, Felis concolor
279     0.0000001    Arctic fox, white fox, Alopex lagopus
269     0.0000001    timber wolf, grey wolf, gray wolf, Canis lupus
270     0.0000001    white wolf, Arctic wolf, Canis lupus tundrarum


total inference time: 70.7542226

Throughput: 1356.8094809 FPS

[ INFO ] Execution successful
```

圖 11-43　classification_sample_async 推理結果

在相同的 batchsize 的情況下（如 batch 為 96），CPU 的 throughput 性能為 940fps 左右，且每次輸出結果不穩定，如圖 11-44 所示。

```
281     0.0026224   tabby, tabby cat
282     0.0003894   tiger cat
289     0.0002152   snow leopard, ounce, Panthera uncia
292     0.0000049   tiger, Panthera tigris
286     0.0000032   cougar, puma, catamount, mountain lion, painter, panther, Felis concolor
270     0.0000005   white wolf, Arctic wolf, Canis lupus tundrarum
269     0.0000003   timber wolf, grey wolf, gray wolf, Canis lupus
279     0.0000002   Arctic fox, white fox, Alopex lagopus

Image /opt/cat.jpg

classid probability label
------- ----------- -----
285     0.9831890   Egyptian cat
287     0.0135740   lynx, catamount
281     0.0026224   tabby, tabby cat
282     0.0003894   tiger cat
289     0.0002152   snow leopard, ounce, Panthera uncia
292     0.0000049   tiger, Panthera tigris
286     0.0000032   cougar, puma, catamount, mountain lion, painter, panther, Felis concolor
270     0.0000005   white wolf, Arctic wolf, Canis lupus tundrarum
269     0.0000003   timber wolf, grey wolf, gray wolf, Canis lupus
279     0.0000002   Arctic fox, white fox, Alopex lagopus


total inference time: 99.5227396

Throughput: 964.6036709 FPS

[ INFO ] Execution successful
```

圖 11-44　調整 barchsize 後的推理結果

後記

2020 年初，一場意想不到的新冠疫情突然爆發，並隨之席捲全球，迅速影響人們的日常生活。我們開始習慣在家工作，習慣視訊會議，習慣不總是忙碌在路上，有更多的時間回顧和總結。本書即誕生於這個背景下。

毫無疑問，這個時代是科技創新最好的時代，人類也進入了一個全面科技創新的征程。5G、人工智慧、自動駕駛都從專業術語變成大家經常討論的熱門話題，甚至連光蝕刻機、半導體製程也成了街邊閒談的一部分，一時間，「晶片」成了一個火熱的名詞。

2015 年，英特爾公司斥資 167 億美金收購全球 FPGA 領域雙巨頭之一的 Altera，並把 FPGA 變成英特爾重要的產品板塊之一。至今為止，這筆收購還是英特爾歷史上最大的收購。正在筆者寫此文之際，AMD 半導體正在以超過 300 億美金的價格收購另一家 FPGA 巨頭 Xilinx，並在談判的最後階段。那麼，為什麼 FPGA 變得這麼重要？

先不談雲端運算、人工智慧，只看我們平時日常接觸比較多的手機 App。各種影片和直播類別軟體，佔據著人們大量的時間，同時也越來越受歡迎。類似這種 App 一是資料量很大，二是需要低延遲，也就是快。其實這些考驗的都是後台的資料中心。而現在整個資料中心或網際網路的資料不僅表現在量的爆炸式增長上，更表現在資料形態和格式的革命性變化中。而這些增長和變化給資料的處理，包括傳輸、計算和儲存，帶來了非常大的挑戰。在這樣的背景下，異質計算愈發重要和必須。而 FPGA 因其「靈活，可程式化，低延遲」的特點，可以更進一步地適應各種應用場景及其獨特的資料處理需求，成為異質計算中非常重要的一環。不僅在資料中心，包括 5G、人工智慧、機器視覺、自動駕駛等領域中，FPGA 也正發揮著越來越重要的作用。

本書可作為 FPGA 開發者的入門指導教材。循序漸進，從核心理論基礎到實際開發案例，希望對讀者們有所幫助。最後，感謝一直支持我的父母，我的太太文文和我的孩子夏夏。非常慶幸有你們的陪伴，希望生活可以一直這樣下去。

2020 年秋